Gregor Markl

DIE ERDE

DIE ERDE

Eine Reise durch ihre Geschichte

Erzählt von Gregor Markl

Deutsche Verlags-Anstalt
München

Bibliografische Information Der Deutschen Bibliothek

Die Deutsche Bibliothek verzeichnet diese Publikation in der Deutschen Nationalbibliografie;
detaillierte bibliografische Angaben sind im Internet über http://dnb.ddb.de abrufbar.

© 2004 Deutsche Verlags-Anstalt, München

Alle Rechte vorbehalten

Gestaltung und Satz: Verlagsservice Rau, München

Umschlaggestaltung: Berndt & Fischer, Berlin

Druck: Jütte-Messedruck GmbH, Leipzig

Bindung: Kunst- und Verlagsbuchbinderei GmbH, Leipzig

Printed in Germany

ISBN 3-421-05813-X

Inhalt

Bevor es richtig losgeht ...

Unsere Erde ist ein Planet (von mehreren) in einem Sonnensystem (von sehr vielen) in einer Galaxie (von Milliarden anderer Galaxien) in einem Universum (von dem wir nicht wissen, ob es nicht auch davon mehr als eines gibt). Dieses Universum entstand vor etwa 15 Milliarden Jahren, unser Sonnensystem mit der Erde vor etwa viereinhalb Milliarden Jahren und die Landschaft, wie wir sie heute in vom Menschen wenig oder gar nicht veränderten Gebieten kennen, nach der letzten Eiszeit vor etwa 10 000 Jahren.

Was will ich damit sagen? Die Erde ist nicht nur ein Stäubchen im Weltall, sie ist, so wie wir sie kennen, auch noch ein sehr junges Stäubchen.

Das ist die eine Sicht der Dinge, aus geologisch-kosmologischer Perspektive.

Aus Perspektive des Menschen, sogar der ganzen Menschheit, ist die Erde dagegen nicht nur unvorstellbar alt, nämlich 182 Millionen Menschengenerationen, sondern auch riesig groß und – in ihrer steinernen Festigkeit – absolut unveränderlich. Letzteres ist sicher falsch – die Erde verändert sich tagtäglich; über die Einschätzung der Größe und des Alters kann man streiten. Daher sollte es nicht allzu schwer fallen, die geologischen Hintergründe der Entstehung und Entwicklung unserer Erde zu verstehen, obwohl sie möglicherweise nicht unserem täglichen Lebensgefühl entsprechen.

Um dieser Geschichte der Erde folgen zu können, genügen ganz wenige Grundvoraussetzungen: Erstens ist die Erde ein elliptischer Himmelskörper (sie ist fast, aber nicht ganz rund), der um die Sonne kreist. Zweitens ist sie wie eine Zwiebel

Galaxien und Sonnensysteme

Materie im Universum ist in Abermilliarden von Galaxien konzentriert, riesigen, spiralförmigen Gebilden, die wiederum Abermilliarden von Sonnensystemen enthalten. Unsere eigene Galaxie heißt Milchstraße, und unser Sonnensystem, in dem die Planeten (darunter natürlich auch die Erde) um unsere Sonne kreisen, ist somit nur ein winziger Teil eines winzigen Teils des Universums.

schalenförmig aufgebaut. Der Erdkern besteht aus Eisen-Nickel-Metall, die darum befindliche Schale, der Erdmantel, besteht aus verschiedenen, aber relativ wenigen Gesteinstypen. Nur in der alleräußersten, sehr dünnen Haut, der Erdkruste, die immer wieder mit der Hülle eines Luftballons verglichen wird, kommen all die Gesteine vor, die wir aus dem täglichen Leben kennen, also beispielsweise Kalkstein und Granit. Von der Erdoberfläche nehmen Druck und Temperatur von etwa 1 bar und durchschnittlich etwa 5–15 Grad Celsius (in Mitteleuropa) in Richtung zum Erdkern auf etwa 5 000 000 bar und etwa 5000 Grad Celsius zu.

So, das war's. Jetzt kann's losgehen!

Zu Anfang ...

Wer am Freitag, dem 27. Juli, vor 4556 Millionen Jahren auf einem netten kleinen Planeten in einer gemütlichen Galaxie saß und mit einem starken Teleskop in den Himmel schaute, der hätte an der Stelle, wo sich heute unser Sonnensystem befindet, dessen Geburt miterlebt. Diese Geburt sah vermutlich nicht sehr spektakulär aus – viel Licht, das wäre wohl das Einzige, was man mit dem Teleskop hätte erkennen können –, und natürlich hätte man auch mehr als den Freitag und auch mehr als das ganze Wochenende benötigt, um dieser Geburt beizuwohnen. Ist es aber nicht eine schöne Vorstellung, dass vielleicht irgendwer den Entstehungszeitpunkt der Region des Universums mitbekommen hat, in der wir heute leben? Nehmen wir an, es gab zwei Jugendliche, die alles beobachtet haben. Nennen wir sie Paul und Melanie, und lassen wir uns von ihnen durch die Geschichte unserer Erde führen.

Es war also Freitag, der 27. Juli, vor 4556 Millionen Jahren. Paul saß im Erdkunde-Unterricht auf einem weit entfernten Planeten, den wir uns ruhig erdähnlich vorstellen können. Er wartete darauf, dass diese Stunde herumging, denn danach begannen die Sommerferien. Die Lehrerin verlas gerade die Themen für die Ferienprojekte. Die waren für jeden Schüler verpflichtende, selbständige kleine Forschungsaufgaben, die in den Sommerferien angefertigt werden mussten und, wenn sie gut waren, an dem Wettbewerb »Schüler forschen« teilnahmen. »Verkehrskonzepte in Ballungsgebieten, Pro und Kontra von Flussbegradigungen, Entstehung und Erosion von Gebirgen ...«, las die Lehrerin vor. Und dann kam das Thema, von dem Paul sofort wusste, dass es ihn die Ferien über nicht mehr loslassen würde: »... Entstehung und Entwicklung von Planeten ...« Er meldete sich. »Das würde ich gern machen.«

Auf dem Nachhauseweg lief Paul seiner Nachbarin Melanie über den Weg, die eine Klasse unter ihm auf derselben Schule war. »Na, was machst du als Ferienprojekt?« »Vulkanismus, das finde ich total spannend. Und du?« »Eigentlich etwas Ähnliches: Entstehung und Entwicklung von Planeten.« Sie lachten, und Paul schlug vor: »Vielleicht sollten wir uns zusammentun? Ich habe nämlich eigentlich

Datierung geologischer Körper und Ereignisse

Lange Zeit war nichts so problematisch wie die Datierung geologischer Ereignisse, also die Zeitangabe, wann ein geologischer Prozess stattfand. Bis heute gibt es Menschen, die die biblische Schöpfungsgeschichte wörtlich nehmen und daraus, gemäß den mittelalterlichen Lehren des irischen Bischofs Usher, die Geburt der Erde auf exakt das Jahr 4004 vor Christus legen. Bereits im 19. Jahrhundert war jedoch klar, dass dieses Alter nicht ausreicht, um die beobachteten biologischen Prozesse wie die Evolution der Organismen, geschweige denn die geologischen Prozesse wie etwa die Bildung von Gebirgen zu erklären. Den großen Durchbruch brachte die Entdeckung der Radioaktivität Ende des 19. Jahrhunderts. Da bestimmte Elemente mit konstanter Rate in andere Elemente zerfallen, kann man das Verhältnis dieser beiden Elemente, des Mutter- und des Tochter-Elementes, messen. Aus deren Verhältnis lässt sich ableiten, wie lange das Mutterelement schon zerfallen ist. Dies ist die nach wie vor beste und genaueste Methode der Altersdatierung.

Ein Beispiel: Uran zerfällt sehr langsam zu Blei. Wenn ich ein Gestein untersuche, das bei seiner Entstehung kein Blei, aber etwas Uran enthielt, so war das Verhältnis von Uran zu Blei am Anfang unendlich groß, wenn die Hälfte des Urans zu Blei zerfallen ist, so ist es eins, und wenn alles Uran zu Blei zerfallen ist, so ist das Verhältnis null. Wenn ich nun aus Experimenten weiß, wie schnell das Uran zerfällt, so kann ich aus dem gemessenen Verhältnis sofort ein Alter berechnen. Für Uran ist die so genannte Halbwertszeit, also die Zeit, in der die Hälfte des einmal vorhanden gewesenen Urans zu Blei zerfallen ist, etwa 4,5 Milliarden Jahre, also zufällig etwa so lang, wie die Erde alt ist. Seit der Erdentstehung ist also etwa die Hälfte allen irdischen Urans zu Blei zerfallen.

Andere Elemente zerfallen viel schneller, manche in Millionen von Jahren, andere in Tausenden von Jahren und wieder andere gar in Minuten und Sekunden. Je nachdem, welche Gesteine und damit verbundenen geologischen Prozesse ich datieren möchte, muss ich also unterschiedliche Elementpaare messen, von denen eines in etwa so schnell zerfällt, wie alt die zu datierenden Gesteine sind: Uran/Blei und Samarium/Neodym für sehr lange Zeiträume, Rubidium/Strontium für mittlere Zeiträume von Millionen bis mehrere 100 Millionen Jahre und Kalium/Argon für Zeiträume zwischen einigen tausend und einigen Millionen Jahren. Dies ist nur eine Auswahl, und die moderne Geochemie kennt viele Datierungssysteme, die die unterschiedlichsten Informationen liefern können.

nicht vor, eine der üblichen Literaturstudien daraus zu machen, sondern ich will wirklich selbst einen Planeten besuchen und seine Entwicklung verfolgen, und da wird es sich kaum verhindern lassen, über Vulkane zu stolpern. Wir müssen nur ein geeignetes Objekt finden.« Melanie war natürlich sofort begeistert.

Angeregt plaudernd bogen sie in ihre Straße ein und kamen an Pauls FORD vorbei. Der FORD war ein auf eine angenehme Reisegeschwindigkeit von 10 Lichtjahren pro Stunde, also etwa 95 Billionen km/h, getuntes **Fast Orbital Racing Device**, also ein

schöner stabiler »schneller Raum-Raser«, für den Paul gerade im Frühjahr seinen Führerschein gemacht hatte. Auf seinem Planeten hatten die meisten Bewohner solche Gefährte. Seit einem Zusammenstoß mit einem Kleinplaneten vor einiger Zeit war sein FORD zwar ein wenig unzuverlässig und wacklig geworden, doch immerhin besaß er als Sonderausstattung ein Zeitreisemodul und die Rundumabdichtung mit Unterwasserantrieb.

Wo glutflüssige Lava ins Meer fließt, entstehen dichte Wasserdampf-Schwaden

Diese sollten sich noch als sehr nützlich erweisen.

Vor Melanies Haus trennten sie sich. »Also, wenn du Lust hast, kannst du ja heute Abend rüberkommen, und dann schauen wir mit dem Teleskop mal nach, ob wir einen geeigneten Planeten mit aktivem Vulkanismus finden.« »Ja, klasse, bis dann.«

Während Paul und Melanie beim Mittagessen sitzen, können wir uns fragen: Wie realistisch ist so eine Vorstellung, dass vor 4556 Millionen Jahren zwei uns so ähnliche Lebewesen auf einem der Erde so ähnlichen Himmelskörper saßen, mit zwar etwas anderen Fortbewegungsmitteln, aber immerhin mit demselben Erdkunde-Unterricht? Die Antwort darauf gibt die Statistik: Angesichts der Tatsache, dass es Milliarden von Galaxien mit jeweils Milliarden von Sternen darin gibt, ist es nicht allzu unwahrscheinlich, dass es irgendwo auch zu dieser Zeit einen belebten Himmelskörper gab, auf dem Paul und Melanie zur Schule gingen. Der Phantasie sind in dieser Hinsicht keine Grenzen gesetzt, und die Wissenschaft sagt nur soviel dazu: Rein statistisch, nach den Gesetzen der Wahrscheinlichkeit, ist das alles möglich. Ob es tatsächlich so war, das ist ein anderes Thema . . .

Es stellen sich nun die nächsten Fragen: Warum können manche Himmelskörper bewohnt werden und andere nicht? Und was ist das überhaupt, ein Lebewesen? Gibt es nur eine Art von Leben, nämlich das, wie wir es aus unserem Alltag kennen? Ein Leben, für dessen Erhaltung wir massenweise Luft einatmen, die aus Sauerstoff und Stickstoff besteht, und Luft wieder ausatmen, die etwas weniger Sauerstoff, aber dafür mehr Kohlendioxid enthält als vorher? Wofür wir irgendwelche Speisen zu uns nehmen, die, wenn man sie chemisch analysiert, überwiegend aus Kohlenstoff, Wasserstoff und Sauerstoff bestehen? Oder gibt es noch ganz andere Arten von Leben? Muss das tägliche Überleben und die Vermehrung so funktionieren, wie wir das gewohnt sind, oder enthalten die Science-Fiction-Romane und -Filme ein Körnchen Wahrheit? Auch dies ist wieder eine Frage, die wir nicht mit Sicherheit beantworten können, aber wir werden ihr nachgehen und herauszufinden versuchen, warum zumindest in unserem Sonnensystem offenbar nur die Erde belebt ist – nach allem, was wir derzeit wissen.

Nachdem wir schon über Wahrscheinlichkeiten und Statistik reden, sollten wir uns nun noch einmal dem oben genannten Datum des 27. Juli zuwenden. Ehrlicherweise muss ich sagen, dass es auch eine Woche früher oder später hätte sein können, und wenn ich ganz ehrlich bin, dann wissen wir heute nur mit einer Unsicherheit von einer Million Jahren, dass die Geburt unserer Erde an jenem Freitag stattfand. Diese Unsicherheit ist zwar absolut gesehen groß – man stelle sich vor, man geht um 15 Uhr aus dem Haus und teilt mit, dass man um 19 Uhr mit einer Unsicherheit von einer Million Jahre wieder zurückkomme. Das würde vermutlich bei denen, die zu Hause mit dem Essen warten, keine große Freude aufkommen lassen. Relativ ist diese Unsicherheit aber sehr klein: 4556 Millionen plus oder minus einer Million Jahren, das heißt, dass man auf ein Viertausendfünfhundertsechsundfünfzigstel genau angeben kann, wann die Erde entstand. Auf obiges Gedankenbeispiel übertragen hieße das, dass man zu Hause mitteilen könnte: ich bin in vier Stunden wieder zum Abendessen zu Hause, mit einer Unsicherheit von 3,16 Sekunden. Den möchte ich sehen, der so pünktlich ist!

In der Geologie sind absolute und relative Zeiträume sehr verschieden, und sie sind mit unseren Alltagsvorstellungen kaum intuitiv zu erfassen. Im geologischen Sinne kurze Zeiträume, zum Beispiel die Evolution des Menschen seit etwa fünf bis sieben Millionen Jahren, sind für uns aufgrund unserer kurzen Lebensspanne einfach unvorstellbar lang. Ich werde in diesem Buch schildern, was wir über die Entstehung der Erde wissen beziehungsweise vermuten. Dies basiert auf der Arbeit von Tausenden von Planetenforschern und Geowissenschaftlern in den vergangenen Jahrzehnten und Jahrhunderten.

Planeten, Asteroiden, Meteoriten und Kometen

Es wird euch vielleicht nicht verwundern, dass das Sonnensystem und mit ihm unsere Erde sich vor langer Zeit gebildet haben, denn schließlich wohnen wir ja darauf, und so muss es auch irgendwann einen Anfang gegeben haben. Doch so selbstverständlich, wie uns alles erscheint, war es nun auch wieder nicht. Die Erde hätte sich ja auch ein paar Millionen Kilometer rechts von ihrer heutigen Lage und ein paar Millionen Jahre früher oder später bilden können. Hat sie aber nicht, und so sitzen wir heute genau hier, machen uns unsere Gedanken, schauen in den Sternenhimmel und stellen uns die unendlichen Distanzen vor. Da aber dieses Buch nicht unendlich lang werden soll, schauen wir einfach einmal kurz und knapp, was da eigentlich herumfliegt im Weltall – da gibt's nämlich verschiedene Sorten von »Objekten«, nicht nur Sterne.

Es läutete abends kurz vor zehn, als Paul gerade sein Teleskop im Dachgeschoss aufbaute. Pauls Mutter öffnete, und Melanie kam die Treppe hinaufgestürmt. Pauls fünf Jahre jüngere Schwester Julia, die gehofft hatte, allein mit ihrem Bruder die Sterne anschauen zu können, seufzte enttäuscht und beschloss, sich zu trollen. Wenn Paul mit Melanie zusammen war, hatte sie nicht viel zu melden.

Paul lachte Melanie an und drückte ihr ein Astronomie-Buch in die Hand, während er das Teleskop an einen Bildschirm anschloss, so dass sie beide gemeinsam den Himmel beobachten konnten. Es war mittlerweile fast dunkel, und auf dem Bildschirm erschienen lauter kleine Lichtpunkte, nahe und weiter entfernte Himmelskörper. Melanie schaute kurz, in welche Richtung das Teleskop zeigte, und schlug dann die dazu passende Himmelskarte im Buch auf. »Also, für Planeten brauchen wir ein Sonnensystem, denn die Planeten müssen ja um eine Sonne kreisen. Welches sollen wir nehmen?« Melanie schaute Paul und dann den Bildschirm an. »Schwierig, es gibt ja dermaßen viele. Es sollte nicht zu weit weg sein, und eigentlich wär's ja schön, wenn es noch ein relativ junges Sonnensystem mit jungen

Planeten wäre, dann könnte man deren ganze Entwicklung studieren, mit dem Zeitreisemodul.« »Wieso, du kannst doch auch in die Vergangenheit reisen, oder etwa nicht?« »Nein, das leider nicht, das wäre noch mal teurer gewesen, das konnte ich mir nicht leisten. Ich kann mit meinem FORD nur in die Zukunft und wieder in die Gegenwart zurück, aber nicht in die Vergangenheit, leider.«

In diesem Moment zeigte Paul auf den Bildschirm. »Schau mal, was ist denn das?« Ein riesiges Gebilde, das aussah wie eine leuchtende Wolke mit ein paar strahlenden Lichtpunkten darin, war links oben aufgetaucht, als Paul das Teleskop ein wenig bewegt hatte. Melanie blickte vom Bildschirm in ihr Buch und rief überrascht aus: »Das sieht ganz anders aus hier im Buch! Das scheint sich verändert zu haben, diese Wolke, schau mal.« Paul verglich das Bild am Bildschirm mit dem im Buch. Dann sah er die Anmerkung: »Hier bildet sich derzeit ein neues Sonnensystem, daher können kleinere Veränderungen gegenüber der Abbildung auftreten«, las er laut. »Das ist es, das schauen wir uns genauer an!« Beide waren ziemlich aufgeregt, denn bei stärkerer Vergrößerung erkannten sie, wie ungleichmäßig diese »Wolke« war, an manchen Stellen heller, an anderen dunkler, und irgendwie ellipsenförmig. »Lass uns eine kurze Zeitreise dahin unternehmen, nur mal zum Anschauen, ja?« Melanie sah ihn bittend an. »Darfst du denn so spät noch weg?«, wollte Paul daraufhin von ihr wissen. »Klar, kein Problem, ist doch Wochenende und noch dazu Ferien. Ich sage nur schnell zu Hause Bescheid, dass wir in spätestens zwei Stunden wieder da sind.« Und so machten sich die beiden auf zu einem Kurztrip an den Anfang unseres Sonnensystems.

Als sie dem Sonnensystem so nahe gekommen waren, dass sie es mit bloßem Auge gut überblicken konnten, verlangsamte Paul seinen FORD und hielt schließlich ganz an. Eine Weile betrachteten sie die riesige, für ihre Augen unbewegliche Materieansammlung und schwiegen. Plötzlich jedoch kam von rechts hinten etwas herangeflogen, dunkel, riesig, und extrem schnell, Melanie bemerkte es zuerst aus dem Augenwinkel und schrie erschreckt auf: »Was ist denn das?« In diesem Moment flog keine hundert Meter vor ihnen ein mehrere hundert Meter großer Gegenstand vorbei, unregelmäßig geformt, grauschwarz, und ehe man ihn richtig sehen konnte, war er auch schon wieder weg. »Da haben wir aber Schwein gehabt«, murmelte Paul, der auch erschrocken war. »Das war ein Meteorit.« »Ja, aber glühen die nicht? Der hier war ganz schwarz.« »Nein, die glühen nur dann, wenn sie durch die Reibung in der Atmosphäre, also Reibung mit der Luft, erhitzt werden, aber hier im All gibt es ja keine Luft, also auch keine Reibung, und daher sind sie kalt und dunkel. Ich schalte lieber den Autopiloten ein, damit er uns vor so etwas warnt und ausweicht. Außerdem brauchen wir ihn, wenn wir jetzt das Zeitmodul in Betrieb setzen, denn wer weiß, was hier, wo wir uns gerade befinden, in zehn Millionen Jahren los ist.« Nacheinander schaltete Paul also den Autopiloten und dann das Zeitmodul ein. Er wählte eine Zeitreisegeschwindigkeit von einer Million Jahren pro Minute. Der FORD ruckte hin und wieder ein paar Kilometer vor und zurück, um im Laufe der Zeit vorbeifliegenden Meteoriten auszuweichen, doch Paul und Melanie waren so gebannt von dem, was sich vor ihnen im Sonnensystem abspielte, dass sie dies kaum bemerkten.

Was werden die beiden beobachtet haben, während sie in Pauls FORD saßen und nicht nur die Lichtjahre, sondern auch die Jahrmillionen an ihnen vorüberrauschten? Vermutlich sahen sie eine große Gas- und Staubwolke, die sich immer mehr verdichtete und schließlich ineinander stürzte, angetrieben durch die Schwerkraft und unter Aussendung großer Mengen von Licht. Die vorher fein verteilte Materie ballte sich sozusagen unter ihrem eigenen Gewicht zusammen und produzierte Himmelskörper, wobei die Hauptmasse in nur einen einzigen Körper gesteckt wurde: die Sonne, die mehr als 99,9 Prozent der Masse unseres Sonnensystems enthält. Die Materie allerdings, die nicht zur Sonne wurde, verteilte sich nicht gleichmäßig um die Sonne he-

Eine typische Galaxie

rum, sondern in einer Art von Ringen, und in diesen Ringen aus dichterer Materie bildeten sich aus Staubteilchen kleine Körnchen, aus Körnchen Klumpen und aus Klumpen ganze große Himmelskörper. Die beiden konnten also zusehen, wie sich nach und nach aus diesen Materieringen die Planeten formten: von der Sonne, dem Zentrum unseres Sonnensystems, nach außen blickend, sahen sie Merkur, Venus, Erde, Mars, Jupiter, Saturn, Uranus, Neptun und ganz außen, weit weg von der Sonne, den kleinen Pluto (der eigentlich von manchen Forschern schon nicht mehr als Planet angesehen wird, da er eine ganz untypische Umlaufbahn um die Sonne hat). Vor kurzem, im Jahr 2004, wurde übrigens ein weiterer Himmelskörper entdeckt, Sedna, der nur zwei Drittel des Pluto-Durchmessers hat, noch weiter von der Sonne entfernt ist und der für einen einzigen Sonnenumlauf 10 500 Jahre benötigt. Obwohl in den Medien von einem neuen Planeten gesprochen wurde, der 74 Jahre nach Pluto entdeckt worden sei, ist seine Zuordnung noch unklar. Astronomen wollen ihn jedenfalls wegen seiner geringen Größe, seiner Entfernung zur Sonne und seiner Umlaufbahn nicht als Planeten anerkennen.

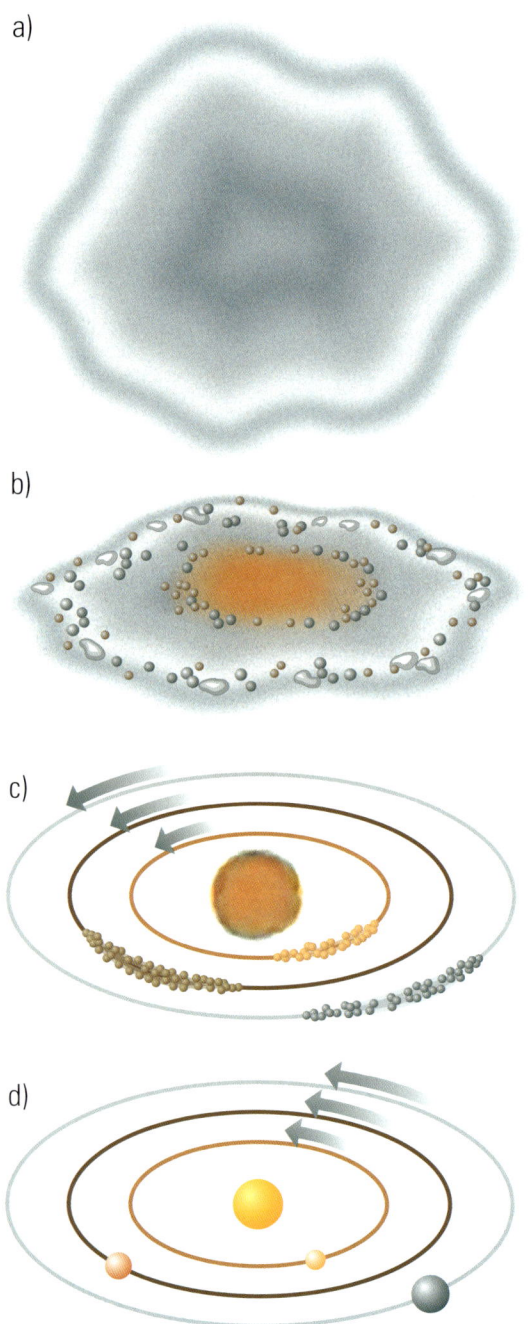

a)

b)

c)

d)

In einer Himmelsregion des inneren Sonnensystems kam aus irgendeinem Grund kein richtiger Planet zustande. Dieser Materiering liegt bis heute zwischen Mars und Jupiter und wird als **Asteroidengürtel** bezeichnet. Er besteht aus lauter kleinen und größeren Bruchstücken und Vorläufern von Planeten – sozusagen Planetenkindern, in der Wissenschaft **Planetesimale** genannt. Sie werden maximal eintausend Kilometer groß, sind meist aber viel kleiner, im Bereich von einigen Hundert Metern bis wenigen Kilometern.

Man weiß heute, dass die riesigen, relativ weit von der Sonne entfernten Planeten Jupiter und Saturn überwiegend aus leichten Elementen wie Wasserstoff und Helium bestehen, während die näher gelegenen Mars, Venus und Erde »Steinplaneten« sind, also viele schwerere Elemente wie Eisen, Alumi-

---

So entstand unser Sonnensystem

(a) Eine dünne Wolke aus Gas und Staub rotiert sehr langsam um sich selbst und beginnt, sich zusammenzuziehen.
(b) Dadurch bildet sich zunehmend eine Scheibe, die ihre größte Materiedichte im Mittelpunkt hat.
(c) Schließlich ist soviel Materie im Mittelpunkt der Scheibe konzentriert, dass sich der Vorläufer der Sonne bilden kann, während als Reste der Scheibe nur noch Materie auf bestimmten Ringen zurückbleibt.
(d) Nachdem sich die Materie der Ringe zu Planeten verdichtet hat, die um die Sonne umlaufen, ist unser heutiges Sonnensystem fertig.

nium, Silizium oder Magnesium enthalten. Diese Beobachtung könnte darauf
hindeuten, dass die Masseverteilung
in unserem Sonnensystem durch die
Schwerkraft bestimmt wurde. Zwei Fragen bleiben dann allerdings offen: Warum gibt es ganz außen in Form von
Uranus und Pluto nochmals Steinplaneten, und warum hat die Schwerkraft
dann im Asteroidengürtel nicht so funktioniert, dass sich auch dort ein großer
Planet bildete?

Eine gute Frage, die uns zunächst zu
einer anderen führt: Was ist eigentlich
ein Planet?

Ein **Planet** ist ein Himmelskörper, der
um einen anderen Himmelskörper, typischerweise um einen Fixstern, kreist,
während ein Fixstern im Vergleich mit
den anderen Fixsternen seiner Galaxie
seine Position nicht verändert (er heißt
nicht Fixstern, weil er besonders schnell,
sondern weil er fixiert ist).

Das »Fix« kann man aber auch weglassen, so dass man dann einfach einen Stern betrachtet. In unserer Ecke des Universums ist die Sonne ein Fixstern, kein besonders großer, im Vergleich mit anderen, aber für uns immerhin hell und warm.

Kreist ein Himmelskörper um einen Planeten, so wird er **Mond** genannt. Prinzipiell kann jeder Planet beliebig viele Monde haben, die Erde hat nur einen, aber der Jupiter beispielsweise hat vier größere und elf kleinere, von denen einer übrigens Europa heißt. In unserem Sonnensystem sind heute etwa drei Dutzend Monde mit einem Durchmesser von mehr als zehn Kilometern bekannt. Neben Planeten und Monden gibt es noch wie die Planeten um die Sonne kreisende, aber kleinere Objekte. Diese werden **Asteroiden** genannt (daher auch der Name Asteroidengürtel), und über diese werden wir nachher noch mehr hören.

So, jetzt wissen wir also, was Monde, Sterne und Planeten sind. Kurze Rekapitulation mit Spezialanwendung für unser Sonnensystem: Unsere Sonne ist ein Stern (Fixstern), der Jupiter ist ein Planet der Sonne, und Europa ist ein Mond des Jupiters (der den gleichen Namen hat wie ein Kontinent der Erde).

Die Geburt eines Sterns aus Materiewolken

Kommen wir nun zu den **Meteoriten**. Dies sind durch das All fliegende Gesteinsbrocken, die aus dem Zusammenprall anderer Himmelskörper entstanden (man nennt den Zusammenprall **Impakt**) und dabei weggeschleudert wurden.

Sie befinden sich auf Bahnen um die Sonne, können aber mit anderen Himmelskörpern zusammenstoßen. Meteoriten gibt es in allen Größen, von den kaum staubkorngroßen Mikrometeoriten (der häufigsten Art) bis zu riesigen, Kilometer- oder Zehner-Kilometer großen Monstren. Während Meteoriten aus Metall oder Gestein bestehen, bestehen **Kometen** überwiegend aus Eis, wobei dies nicht nur Wasser-Eis, sondern auch Kohlendioxid-Eis oder Ammoniak-Eis sein kann. Da sie nur aus leicht flüchtigen, also leicht schmelz- und verdampfbaren Substanzen bestehen, erreichen sie nie die Erdoberfläche, sondern verdampfen während ihres Fluges durch die Atmosphäre und hinterlassen dabei einen schönen, leuchtenden Schweif.

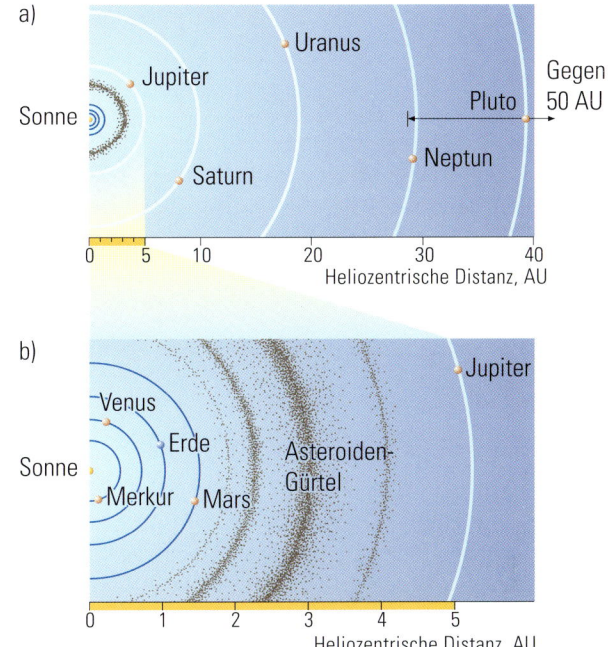

Natürlich sind nicht alle Meteoriten gleich. Es gibt drei verschiedene Arten von Meteoriten: die Eisen-, die Stein- und die Stein-Eisen-Meteoriten.

Während die Eisenmeteoriten fast ausschließlich aus metallischer Eisen-Nickel-Legierung bestehen, bestehen die Steinmeteoriten aus verschiedenen Mineralen, meist Silikaten, und enthalten häufig auch kleine Mengen von metallischem Eisen. Stein-Eisen-Meteoriten oder Pallasite, die seltenste Gruppe, enthalten Metall und Silikate in etwa gleichen Mengen. Man stellt sich vor, dass die Eisenmeteoriten aus dem Kern eines zerbrochenen Himmelskörpers stammen (entsprechend dem Erdkern, der ebenfalls aus Metall besteht), die Steinmeteoriten aus den äußeren, silikatischen Lagen des Himmelskörpers (entsprechend dem Erdmantel) und die Pallasite aus der Übergangszone zwischen Kern und Mantel des Himmelskörpers. Meteorite, die der Erdkruste entsprechen, gibt es nicht, da die Erdkruste vermutlich etwas im Sonnensystem Einmaliges darstellt. Das erkläre ich später noch genauer.

Innerhalb der Steinmeteoriten werden dann wiederum verschiedene Unterklassen von Meteoriten unterschieden. Unter ihnen sind die Chondrite von besonderem Interesse, da einige dieser Meteoriten aus der unverfälschten Urmaterie unseres Sonnensystems bestehen und sogar einige Reste von Materie enthalten, die länger existiert als unser Sonnensystem. Das Alter der Chondrite ist etwa 4,6 Milliarden

Dieser Pallasit, der Stein-Eisen-Meteorit Brenham, zeigt glänzendes Eisen-Nickel-Metall mit gelblich grünem Olivin

An diesem Meteorit (Slobodka) ist die beim Flug durch die Atmosphäre entstandene Schmelzkruste besonders gut zu erkennen

Widmannstättensche Figuren im Eisenmeteoriten Edmonton. Diese Figuren kennt man ausschließlich aus Meteor-Eisen

Jahre, also nur wenig älter als unsere Erde, und die chemische Zusammensetzung mancher dieser Chondrite ist bis auf ganz wenige Abweichungen identisch mit der Durchschnittszusammensetzung unseres Sonnensystems, die man erstaunlich gut abschätzen kann.

Die in diesen Meteoriten enthaltenen runden Kügelchen, die so genannten Chondren, sind also die ersten Zusammenballungen von Materie bei der Entstehung des Sonnensystems. Man kann sie sich als kleine Schmelztröpfchen vorstellen, die durch Verklumpung von Sternenstaub entstanden sind und die sich dann mit anderen solcher Kügelchen zu größeren Körpern verbunden haben. Manche dieser Chondrite wurden später nie wieder aufgeheizt und durchliefen keine geologischen Prozesse mehr außer dem Zusammenstoß, der sie als Meteorit zu uns schleuderte. Weil sie so alt und unverändert sind, können wir an ihnen die Vorgänge erforschen, die 4,6 Milliarden Jahre zurückliegen und die stattfanden, bevor unsere Erde überhaupt existierte. Sie sind somit für die Wissenschaft (und für unsere Neugier) sehr wichtig, und wir können froh sein, dass immer wieder Chondrite auf die Erde fallen.

Wenn die Meteoriten sehr groß sind, kann ein solcher Fall allerdings auch einen negativen Effekt haben: Er kann nämlich große Zerstörungen anrichten und große Einschlagskrater hinterlassen. Das Nördlinger Ries in Bayern ist zum Beispiel ein großer Meteoriten-Krater, der vor 14 Millionen Jahren entstand. Wir werden später noch von einem viel größeren und verheerenderen Meteoriten-Aufprall hören. Bei dem hohen Druck, der entsteht, wenn ein so gewaltiger Meteorit mit so hoher Geschwindigkeit mit der Erde zusammenstößt, kann Graphit (aus dem zum Beispiel die Mine im Bleistift ist), der vorher schon in den Gesteinen

Der größte Meteorit der Welt: der Hoba-Eisenmeteorit bei Tsumeb in Namibia

vorhanden gewesen war, zu winzigen Diamanten umgewandelt werden.

Meteoriten, die gefunden werden, werden nach ihrem Fundort benannt. Der letzte auf die Bundesrepublik gefallene Meteorit vom Frühjahr 2002 heißt zum Beispiel »Neuschwanstein«, weil er nur wenige Kilometer von diesem Schloss entfernt in den Bergwald fiel. Er wurde allerdings noch nicht komplett gefunden, sondern nur drei von mehreren Bruchstücken wurden bisher von Privatleuten geborgen – eine Möglichkeit für »Meteoritenjäger«, selbst etwas zu finden!

Der berühmteste Meteoritenfall ist vermutlich der von Ensisheim im Elsass von 1492, dessen Leuchterscheinungen in großen Teilen Mitteleuropas bemerkt worden waren. Entsprechend dem im Mittelalter herrschenden Verständnis der Welt, glaubte

Der Meteoritenfall von Ensisheim im Elsass von 1492 in einer zeitgenössischen Holzschnittdarstellung

Chondren, millimetergroße, runde Schmelztropfen, gehören zur ältesten Materie unseres Sonnensystems. Hier sind sie unter dem Mikroskop zu sehen, einmal bei gekreuzten Polarisatoren in polarisiertem Licht (bunt), einmal im normalen Licht (graubraun)

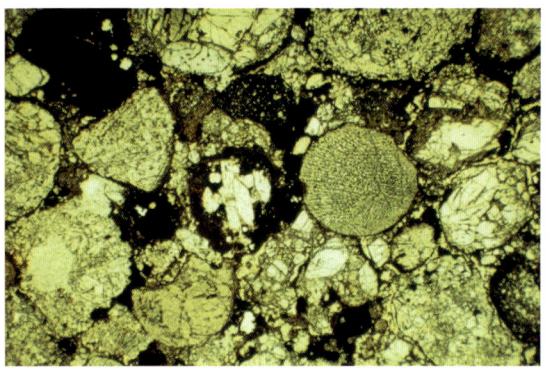

man, dass dieser Fall des Meteoriten entweder Großes ankündigte (was sich mit der Entdeckung Amerikas auch zu bewahrheiten schien) oder den Weltuntergang vorhersagte (was offenkundig eine Fehlinterpretation war).

Prinzipiell können Meteoriten überall auf die Erde herabfallen, und sie tun es auch. Da Fälle von Meteoriten mit einer Größe von mehr als ein paar Millimetern aber sehr selten sind, kann praktisch kein Mensch zu seinen Lebzeiten so ein Ereignis erleben – abgesehen von den Sternschnuppen, die das Verglühen eines Meteors oder eines Kometen in der Atmosphäre anzeigen. Zwar fallen heutzutage pro Jahr etwa 50 000 Tonnen Meteoriten auf die Erdoberfläche, doch handelt es sich meistens um so genannte Mikrometeoriten, die nur Millimetergröße haben und daher nicht entdeckt werden, wenn man nicht eigens mit ausgefeilten Methoden danach sucht. Wem das viel vorkommt, der sollte sich bewusst machen, dass die Erde in ihrer ganzen Geschichte lediglich um ein Zwanzigmillionstel ihres Gewichtes zugenommen hat, wenn man annimmt, dass jedes Jahr diese 50 000 Tonnen Meteoriten auf die Erde gefallen sind.

Jedes Mal, wenn man nachts am Himmel eine Sternschnuppe sieht, also einen leuchtenden, schnell wieder vergehenden Streifen, ist wieder einmal ein Meteorit oder ein Komet in die Erdatmosphäre hineingeflogen und fing dort durch die Reibung an zu glühen. Die meisten Meteoriten verglühen dabei vollständig, und nur sehr kleine, die keine große Reibung produzieren, da sie nicht so schnell fliegen, und relativ große Meteoriten erreichen tatsächlich die Erdoberfläche. Statistisch gesehen fallen auf die Bundesrepublik jedes Jahr drei Meteoriten mit einem Gewicht von über einem Kilogramm und etwa zwanzig Meteoriten mit einem Gewicht zwischen hundert Gramm und einem Kilo. Wie es allerdings mit Statisti-

Der berühmte Meteoritenkrater von Canyon Diablo, Arizona

ken so ist: tatsächlich beobachtet wurde nach dem Fall des Meteoriten von Kiel 1962 (der in ein Hausdach einschlug und dort ein großes Loch hinterließ) erst im Jahr 2002 wieder der Meteorit Neuschwanstein. Weltweit müssten pro Jahr sogar 4 100 Meteoriten mit mehr als einem Kilo Gewicht fallen, doch davon würden – da ja der größte Teil der Erdoberfläche von Ozeanen bedeckt ist – nur etwa 1 200 auf Land fallen. Tatsächlich werden nicht einmal in jedem Jahr Meteoriten-Fälle beobachtet.

Da Meteoriten – von den wenigen Mondproben des Apollo-Programms abgesehen – die einzigen Proben von anderen Himmelskörpern darstellen, sind sie, seit ihre außerirdische Herkunft im 18. und 19. Jahrhundert zweifelsfrei aufgeklärt wurde, für Sammler und Wissenschaftler sehr wertvolle Objekte. Bis in die 1970er Jahre hinein waren nur etwa zweitausend Meteoriten bekannt, die zum großen Teil lange nach ihrem Fall gefunden, zum kleineren Teil beim Fallen beobachtet worden waren. Seit den 1970er Jahren allerdings wurde eine riesige Anzahl von Meteoriten insbesondere in zwei Gebieten gefunden: in den Steinwüsten der Sahara und Australiens (nicht aber in den Sandwüsten) und auf dem Inlandeis der Antarktis. Gegensätzlicher könnten die Fundgebiete kaum sein, und so fällt es zunächst schwer zu erkennen, was sie gemeinsam haben. Dies ist aber beim zweiten Hinsehen ganz offensichtlich: Beides sind Gebiete, wo sehr geringe chemische Verwitterung herrscht und wo dunkle Gesteinsbrocken auf dem hellen Untergrund leicht gefunden werden können. So sonderbar diese Aussage auch zu Anfang wirkt, so einleuchtend ist sie, wenn man sich vorstellt, man sollte im Wald oder auf einem Weizenfeld nach einem Meteoriten suchen. Man würde sie, obwohl dort statistisch betrachtet genauso viele Meteoriten herumliegen wie in einem gleich großen Gebiet in der Sahara, nicht sehen.

Hier fiel 1962 ein Meteorit in ein Hausdach in Kiel

In der Antarktis kommt noch ein zusätzlicher geologischer Prozess hinzu, der die Meteoriten-Ausbeute beim Sammeln erheblich steigert, wenn man weiß, wo man hingehen muss. Denn nicht überall, sondern nur an ganz bestimmten Plätzen findet man dort die Meteoriten. Dazu ist es wichtig zu wissen, dass die Gletscher, die das Inlandeis der Antarktis bilden, langsam (ein Zentimeter pro Jahr) vom Zentrum der Antarktis zu deren Rand hinfließen. Da die Antarktis seit etwa 30 Millionen Jahren vergletschert ist, tun sie dies also schon ziemlich lange, und alle Meteoriten, die an irgendeiner Stelle auf das Eis fallen, werden mittransportiert.

Nun gibt es in der Antarktis an verschiedenen Stellen Gebirge, die aus den Gletschern hinausragen (die Gletscher sind zwischen zwei und vier Kilometer dick) und die den Gletscherfluss behindern. Wenn der Gletscher auf so ein Gebirge trifft, so kann er nicht weiter, sondern er wird entlang der Berge nach oben gedrückt, und dabei sublimiert das Eis in der extrem trockenen Luft der Antarktis. Sublimieren heißt, dass das Eis nicht erst schmilzt und dann bei weiterer Erwärmung verdampft, sondern dass es direkt ohne Schmelzprozess verdampft. Alles, was das Eis mittransportiert hat, bleibt dabei am Fuß des Gebirges liegen, denn die mittransportierten Gesteine können ja nicht gleichfalls verdampfen.

Im Endeffekt bedeutet dies, dass man am Fuß der rings um die Antarktis aufragenden Gebirge Ansammlungen von Meteoriten findet, die auf der ganzen riesigen Fläche der Antarktis über Millionen von Jahren hinweg herabgefallen sind. Wenn diese Fläche, die man somit absuchen muss, nur ein Hunderttausendstel der Gesamt-Gletscherfläche ist, so ist die Wahrscheinlichkeit, dort Meteoriten zu finden, 100 000-mal größer als sonst irgendwo auf der Welt! Deswegen wurden, nachdem vorher insgesamt nur etwa 2 000 Meteoriten gefunden worden waren, seit den 1970er Jahren 19 884 weitere Meteoriten dort von Wissenschaftlern geborgen. Diese Zahl schließt allerdings die Fragmente ein, von denen es wohl zehn- bis dreißigmal so viele gibt wie tatsächlich gefallene Meteoriten. Weitere etwa 3700 Funde stammen aus den Steinwüsten der Sahara und Australiens, wo zwar die Ausbeute pro Quadratmeter nicht so groß ist wie in der Antarktis, die aber dafür leichter erreichbar und deshalb auch stärker von Hobby-Sammlern abgesucht sind.

Derzeit sind weltweit also exakt 26 205 Meteoriten bekannt (Juni 2002). Erstaunlicherweise stammen diese Meteoriten nicht, wie man vielleicht vermuten könnte, von Tausenden von zerbrochenen Mutterkörpern, sondern lediglich von etwa zwanzig bis siebzig verschiedenen, anhand ihrer spezifischen chemischen Zusammensetzung unterscheidbaren Körpern, wobei nur zwölf verschiedene Mutterkörper Steinmeteoriten lieferten, die restlichen Eisenmeteoriten. Von einigen Meteoriten kennt man sogar ihren Ursprungskörper. Am sichersten ist man sich bei den Mond-Meteoriten, da man ihre mineralogische und geochemische Zusammensetzung mit den von Astronauten vom Mond mitgebrachten Gesteinsproben direkt vergleichen kann. Daneben gibt es eine Gruppe von bisher (im Jahr 2003) 28 Meteoriten, die mit größter Sicherheit vom Mars stammen. Als weiterer Mutterkörper, der vermutlich Meteoriten geliefert hat, ist der Asteroid Vesta im Gespräch.

So findet man die Meteoriten in der Antarktis und in der Sahara

Die Entstehung und Entwicklung des Mondes

Schon wieder nichts mit Erde und Erdgeschichte! Zuerst die Planeten und Meteoriten, jetzt also der Mond. Es ist wichtig, zuerst nach draußen zu schauen, um dann den Boden unter unseren Füßen besser zu verstehen.

Melanie und Paul kehrten nicht, wie von Melanie angekündigt, um halb ein Uhr nachts, sondern erst gegen halb drei wieder nach Hause zurück – sie hatten die Zeit aus dem Auge verloren, während sie in den Jahrmillionen herumreisten. Während in Pauls Elternhaus alles dunkel war und seine Eltern und seine Schwester offensichtlich schliefen, war bei Melanie das ganze Haus erleuchtet, und Melanies Mutter bekam einen mittleren Tobsuchtsanfall, als Melanie schließlich kleinlaut die Haustür aufschloss. Dies hatte zur Folge, dass Paul am nächsten Vormittag, als er bei Melanie klingelte und sie zu einer weiteren Tour durch Raum und Zeit abholen wollte, zunächst noch ein gutes Wort einlegen musste, damit Melanie wieder mitfliegen durfte.

Sie stiegen also in den FORD, Paul beschleunigte rasch auf maximale Reisegeschwindigkeit, und so schossen sie wieder dahin, auf das in der Entstehung begriffene Sonnensystem zu. Sie beschlossen, sich diesmal den Asteroidengürtel und die inneren Planeten etwas genauer anzusehen. Dazu schaltete Paul wieder das Zeitreisemodul und den Autopiloten ein. Schnell bemerkten sie, dass im Unterschied zu

Ein typisch »kartoffelförmiger« Asteroid

So muss man es sich vorstellen, wenn ein Planetenbruchstück (Asteroid) auf die Erde zurast.
In wenigen Minuten wird er irgendwo einschlagen und verheerende Verwüstungen anrichten

den typischerweise rundlichen oder eiförmigen Planeten der Asteroidengürtel aus
Millionen von sonderbar eckig geformten Körpern bestand, die aussahen, als würden sie Bruchstücke ehemals größerer Himmelskörper darstellen.

Während sie sich noch wunderten, woher denn nun all diese Bruchstücke
stammten und wie sie wohl entstanden sein könnten – schließlich hatte sich erst
kurz vorher, vor wenigen Millionen Jahren, das Sonnensystem gebildet –, zischte
plötzlich ein sehr großer Himmelskörper vorbei. Er war etwa so groß wie der dem
Asteroidengürtel nächste Planet, der Mars, und flog völlig quer zu den schön kon-
zentrisch um die Sonne angeordneten Materieringen. »Sieh dir das an! Ein Geis-
terplanet, ein Falschfahrer!«, sagte Paul zu Melanie, als er ihr den Himmelskörper
zeigte. Während Paul noch Witzchen machte, näherte sich der Himmelskörper
aber mit rasender Geschwindigkeit der Umlaufbahn eines kleinen, relativ
unscheinbaren und bisher von Paul und Melanie wenig beachteten Planeten, der
Erde, und während die beiden noch darüber diskutierten, woher denn wohl dieser
Mars-große Körper gekommen war, geschah etwas Unglaubliches: der Mars-große

Körper stieß frontal mit der Erde zusammen! Die größte Katastrophe, die die Erde je erlebt hat! Einen solchen Knall hatten sie noch nie erlebt, und sie mussten die Augen schließen vor dem Feuerball, der daraus entstanden war. Als sie wieder hinblickten, sahen sie allerdings, dass die Erde nicht zu lauter kleinen Bruchstücken zerfallen war, wie sie sie gerade eben im Asteroidengürtel betrachtet hatten. Sie war als zwar lädierter, aber dennoch mittelgroßer Planet erhalten geblieben, doch war ein Teil einfach aus ihr herausgeschlagen worden. Dieses Teil flog zwar von der Erde weg, doch wurde es offenbar gleichzeitig von der Masse der Erde »festgehalten« und somit auf eine Umlaufbahn um die Erde gezwungen. »Sieh nur, wieder einmal die Schwerkraft!«, sagte Paul entzückt. Er drehte den Zeitregler ein wenig zurück, stellte ihn auf relativ langsam ein und nahm dann die ganze soeben beobachtete Sequenz auf einer Digitalkamera auf – dies sollte der Start der Präsentation seines Ferienprojektes werden!

Was Paul und Melanie damals beobachtet haben, ihr werdet es schon erraten haben, war die Entstehung des Mondes durch den katastrophalen Zusammenstoß zweier großer Himmelskörper. Auf der damals eingeschlagenen Umlaufbahn befindet sich dieses ehemalige Teilstück der Erde, unser Mond, noch heute. Seit der Entstehung des Sonnensystems waren gerade 30 Millionen Jahre vergangen.

Mondkrater

Der Mond hat seit seiner Erstarrung nur einen einzigen geologischen Prozess erlebt, der seine Oberfläche veränderte: das Meteoriten-Bombardement. Jeder Einschlag schuf einen Krater, und heute hat der Mond über dreihunderttausend Krater von über einem Kilometer Durchmesser. Die größten davon kann man sogar mit bloßem Auge sehen, es sind die schwarzen »Flecken« auf dem ansonsten hellen Mond. Wenn man bedenkt, dass auf der Erde nur etwa 160 Krater bekannt sind, so ist dies eine gewaltige Zahl. Tatsächlich aber bestand natürlich nie eine größere Wahrscheinlichkeit für einen Meteoriten, auf dem Mond einzuschlagen als auf der Erde, und das wiederum bedeutet, dass in derselben Zeit, in der der Mond dreihunderttausend Krater »ansammelte«, die Erde aufgrund ihrer viel größeren Oberfläche etwa drei Millionen Einschläge erlebte, die Krater mit über einem Kilometer Durchmesser produziert hätten. Von diesen sind aber etwa siebzig Prozent ins Meer gefallen, und der größte Teil der Krater an Land ist durch geologische Prozesse unkenntlich gemacht worden.

Jetzt kann man auch verstehen, wie diese Bruchstücke im Asteroidengürtel entstanden waren: Sie waren die Reste früherer Zusammenstöße, bei denen die getroffenen Planeten nicht so glimpflich davongekommen waren wie diesmal die Erde. Sie waren komplett zertrümmert worden und wurden weiter zertrümmert, und wenn man ein Auge dafür entwickelte und sich nur genau genug umsah, so stellte man fest, dass es ständig irgendwo solche Zusammenstöße gab. Überall flogen Bruchstücke von früheren Zusammenstößen herum, die völlig exzentrische, also quer zu den Umlaufbahnen der Planeten liegende Flugbahnen hatten und daher immer wieder neue Zusammenstöße provozierten. Wir haben es also beim Asteroidengürtel mit einem kosmischen Trümmerfeld zu tun, mit Trümmern mehrerer größerer Körper. Dass die Planeten rund oder eiförmig waren, beweist, dass sie noch formbar, also vermutlich geschmolzen waren, während sie schon um ihre eigene Achse und um die Sonne rotierten. Die eckigen Trümmer mussten dagegen von schon erkalteten Körpern stammen und nicht noch einmal aufgeheizt und aufgeschmolzen worden sein, denn sonst wären sie ja auch rundlich geworden.

Wie im vorigen Kapitel erläutert, gibt es auch heute noch »fliegende Zeitbomben«, und nicht zu knapp. Die meisten dieser herumirrenden Brocken sind klein und bedeuten keine große Gefahr, doch gibt es eben immer wieder auch einige große, deren Aufprall katastrophale Folgen haben kann. In der ersten Zeit nach der Entstehung des Sonnensystems gab es enorm viele solcher Meteoriten und auch entsprechend große. Viel später sollte solch ein herumirrender Brocken noch eine riesige Katastrophe auf der Erde auslösen, doch das konnte damals natürlich noch niemand voraussehen. Da bei jedem Zusammenstoß die anfänglich großen Bruchstücke immer kleiner wurden und die kleinen Bruchstücke beim Zusammenprall mit sehr viel größeren Körpern wie etwa den Planeten keine weiteren Bruchstücke mehr produzierten, sondern einfach verdampften oder auf den Planeten liegen blieben, wurde der Meteoritenhagel der ersten Frühzeit bald weniger und steigerte sich nur einmal noch, etwa fünfhundert bis sechshundert Millionen Jahre nach der Entstehung des Sonnensystems, aus einem bis heute unbekannten Grund. Diese Zeit, vor 3,9 Milliarden Jahren, wird als **spätes Bombardement** bezeichnet, und es wurde hauptsächlich durch intensive Untersuchung des Mondes und seiner durch Krater aufgewühlten Oberfläche festgestellt. Wenn aber der Mond damals so stark von Meteoriten behagelt wurde, dann geschah dies auf der Erde sicher im gleichen Maß. Man schätzt, dass allein in der relativ kurzen Zeitspanne zwischen 4 und 3,8 Milliarden Jahren vor heute etwa 17 000 Einschläge von einer Größe die Erde erschütterten, die Einfluss auf damals eventuell vorhandenes Leben gehabt haben mussten: durch Temperaturerhöhung, Staubwolken, Klimaveränderungen oder Freisetzung giftiger Dämpfe. Ist es also ein Zufall, dass die frühesten Lebensspuren auf der Erde gerade 3,5 bis 3,8 Milliarden Jahre alt sind? Wurde früheres Leben auf unserem Planeten während des Bombardements ausgelöscht?

Der schöne, glatte, runde und zu Beginn noch glutflüssige Mond kühlte vermutlich innerhalb kurzer Zeit (also in wenigen Millionen Jahren) so weit ab, dass er eine feste Gesteinskruste erhielt. Bereits nach kurzer Zeit war diese übersät mit Kratern, eben den Spuren des Meteoriten-Bombardements. Bei der Abkühlung, und das ist etwas wirklich Besonderes, wurde seine gesamte Oberfläche, die vorher rot glühend gewesen war, einheitlich kalt und weiß. Nicht grau oder schwarz oder braun, nein: weiß! Und zwar nicht das Weiß von Schnee, sondern das Weiß von weißen Gesteinen, so genannten **Anorthositen**. Verglich man damals den Mond mit der von ihm umkreisten Erde, so war auch ihre Oberfläche inzwischen nicht mehr glühend rot, aber auch nicht weiß, sondern zum größten Teil schwarz durch vulkanische Gesteine, **Basalte**. Lediglich ein paar glühende rote Stellen, an denen Lava aus dem Erdinneren zutage trat, lockerten die dunkle Erdoberfläche auf. Aus ein und derselben Mischung, die aus dem Zusammenprall von der Erde und dem Mars-großen Objekt entstanden war, waren also der Mond und die heutige Erde entstanden, und doch sahen sie, kaum ein paar Millionen Jahre später, völlig unterschiedlich aus.

Während sich die Erde langsam entwickelte und veränderte (sichtbarstes Beispiel dafür war der Vulkanismus), blieb der Mond tot und still, und die einzigen Anzeichen von Veränderung waren gelegentliche Einschläge von Meteoriten, wie sie von Zeit zu Zeit auch auf der Erde vorkamen – allerdings nie wieder so riesig wie der Einschlag bei der Bildung des Mondes. Die Erde war offensichtlich im Inneren noch heiß, auch relativ nahe unter ihrer Oberfläche, dies bewiesen die vielen rauchenden Vulkane, während der Mond komplett erkaltet schien. Der Mond war also innerhalb relativ kurzer Zeit vollständig abgekühlt, während die Erde nur eine mehr oder weniger dünne, vermutlich nur wenige Kilometer dicke Schicht aus erstarrtem Material gebildet hatte, innerlich aber weiterbrodelte. Der Grund dafür liegt in der unterschiedlichen Größe der beiden Körper, denn es ist wie beim Abendessen: man kann immer zuerst die kleinen Kartoffeln essen, während die großen Kartoffeln, obwohl außen schon kühl, innen noch viel zu heiß sind.

Etwa sechshundert Millionen Jahre nach der Entstehung des Mondes fielen wieder sehr viel mehr Meteoriten auf Erde und Mond, und auf dem Mond begannen sich Tausende von Kratern zu überlagern. In den größten dieser Krater zeigte sich nun aber etwas, was es vorher nicht gegeben hatte: ebenso schwarzes Gestein, wie es vorher schon auf der Erde sehr verbreitet gewesen war: Basalt. Die größten Zusammenstöße zapften also tatsächlich tief im Innern des Mondes entweder noch geschmolzenes Gestein an oder sie schmolzen es durch die Energie des Zusammen-

Basalte

Basalte sind sehr harte, schwärzlich-graue Gesteine, die sich bei der Abkühlung von bestimmten Silikatschmelzen an Vulkanen bilden. Silikatschmelzen sind nichts anderes als stark erhitzte und dadurch verflüssigte Gesteine, denn die meisten Gesteine unserer Erde bestehen aus Silikatmineralen, also Mineralen, die das chemische Element Silizium als einen wichtigen Baustein enthalten. Basaltschmelzen entstehen im Erdinneren durch Temperaturerhöhung oder Druckentlastung und steigen dann in Richtung oder sogar bis ganz an die Erdoberfläche. Dort werden sie, da sie über eintausend Grad Celsius heiß sind, durch den Kontakt mit Luft oder Wasser regelrecht abgeschreckt. Je schneller die Abkühlung erfolgt, desto weniger Kristalle wachsen in der Schmelze und desto feinkörniger wird das Gestein. Basalte entstehen immer aus Schmelzen, die aus dem Erdmantel stammen, also der Zone unterhalb der etwa dreißig bis sechzig Kilometer dicken Erdkruste.

stoßes neu auf. Dieses geschmolzene Gestein drang in den großen Kratern an die Mondoberfläche und bildete nach dem Abkühlen runde, schwarze Basalt-Flächen an den Kraterböden, die wir heute noch sehen, wenn wir in den Mond schauen.

Nun kann ich euch etwas verraten, was keiner von uns je sehen wird, was aber eine Reihe unbemannter Raumflüge um die Rückseite des Mondes zeigten: Die Rückseite des Mondes ist zwar voller Krater, aber nach wie vor blütenweiß, auch noch nach 4 526 Milliarden Jahren. Die schwarzen Basaltflecken auf der ansonsten weißen Mondoberfläche kommen lediglich auf einer Hälfte des Mondes vor, und zwar auf der der Erde zugewandten! Die Erklärung für dieses Phänomen ist sehr einfach, denn ganz offensichtlich hatte die Schwereanziehung der Erde die Basalte dort, wo die Mondoberfläche schon durch besonders große Krater zernarbt und zerstört war, regelrecht an die Oberfläche gezogen, während es die Schmelzen aus eigener Kraft und gegen die Erdanziehung, auf der Rückseite des Mondes, nicht bis an die Oberfläche geschafft hatten. Wieder einmal die Schwerkraft also!

Aus dieser Beobachtung folgt aber noch etwas sehr Schwerwiegendes: Der Mond zeigt, obwohl er sowohl um sich selbst als auch um die Erde kreist, immer mit derselben Seite zur Erde. Zufall? Göttliche Planung? Oder doch nur die logische Folge aus den Gesetzen zu Drehimpuls- und Energie-Erhaltung der Physik? Für mich wird dieses Phänomen immer ein Wunder bleiben.

Wieso war der Mond weiß und die Erde schwarz?

Ohne alles schwarz-weiß malen zu wollen, ist es dennoch geboten, sich über die Farben von Himmelskörpern ein paar grundsätzliche Gedanken zu machen. Wir werden sehen, dass schon einfache Informationen wie die Farbe durchaus komplexe Erklärungen erfordern können.

Um die Frage zu beantworten, warum die Erde und der Mond relativ kurz nach ihrer gemeinsamen Entstehung so grundverschieden aussahen und heute immer noch aussehen, benötigt man nicht nur allgemeine Lebenserfahrung (die zum Bei-

Schwarze Basalte in ehemals riesigen Einschlagkratern auf dem weißen, anorthositischen Mond. Man beachte, dass bei späteren Einschlägen weiße Anorthosite über die schwarzen Basalte verstreut wurden (Mitte links)

spiel bei der Frage hilft, warum ein großer Körper langsamer abkühlt als ein kleiner), sondern erstens Gesteinsproben und zweitens Laborexperimente.

Gesteinsproben von der Erde hatte man natürlich schon immer, doch müssen es ja nicht nur irgendwelche Steine sein, sondern auch noch die richtigen. Solche schwarzen Basalte, wie sie vor vier Milliarden Jahren die Erdoberfläche überzogen, sind heutzutage an Land zwar nicht ganz selten, aber doch nicht mehr so häufig wie damals. Seit wenigen Jahrzehnten erst weiß man allerdings aus Bohrungen, die man von Schiffen aus seit den 1960er Jahren in der Tiefsee niederbrachte, dass nach wie vor praktisch der gesamte Meeresboden aus diesem Basalt besteht. Es ist also offensichtlich, dass diese Basalte die typischen Schmelzen der heißen Erde sind, und auch auf dem Mond kamen sie ja dann später, vor etwa 3,9 Milliarden Jahren, noch an die Oberfläche.

Was hat es dann aber mit diesen weißen Gesteinen auf sich, und woher weiß man überhaupt, dass die schwarzen Gesteine auf dem Mond ebenfalls Basalte sind? Diese Fragen wurden erst ab dem Jahr 1969 beantwortet, als das erste Mal ein Mensch den Mond betreten und Gesteinsproben mit auf die Erde zurückbringen konnte. Das sowjetische Luna- und das amerikanische Apollo-Programm brachten bis 1972 insgesamt 382 Kilo Mondgestein auf die Erde zurück, und zwar sowohl von der weißen als auch von der schwarzen Sorte. Erst danach stellte man fest, dass auch abgesplitterte Teile des Mondes, die offenbar bei großen Meteoriteneinschlägen aus dem Mond herausgeschleudert wurden, wiederum als Meteoriten auf die Erde zurückgefallen sind. Etwa dreißig solcher Meteoriten sind inzwischen bekannt. Diese Proben allerdings, die 382 Kilo und die dreißig Meteoriten, sind die einzigen direkten Proben, die wir vom Mond besitzen. Trotzdem reichen sie aus, um anhand von geochemischen Analysen die Geschichte des Mondes und seiner Entstehung aus der Erde zu beweisen.

Seit dem Anfang der 1970er Jahre also weiß man, dass es sich bei dem hellen Mondgestein um ein durch die vielen großen Meteoriteneinschläge stark zerbrochenes Gestein handelt, das in kleineren Mengen auch auf der Erde vorkommt, Anorthosit genannt wird und fast ausschließlich aus weißem Feldspat besteht. Auf der Erde ist es relativ selten, doch auf dem Mond bedeckt es, wie gesagt, die größten Teile der Oberfläche.

Um zu verstehen, dass auf dem Mond der Anorthosit so häufig ist, muss man wissen, dass dieses Gestein sich gern zusammen mit dem Basalt aus glutflüssiger Gesteinsschmelze bildet, auch auf der Erde.

Die weißen **Anorthosite** auf der Mondoberfläche bestehen also zum größten Teil nur aus einem einzigen Mineral, dem Feldspat, das übrigens auch das häufigste Mineral der Erdkruste überhaupt ist – in jedem Granit und jedem Gneis ist zum

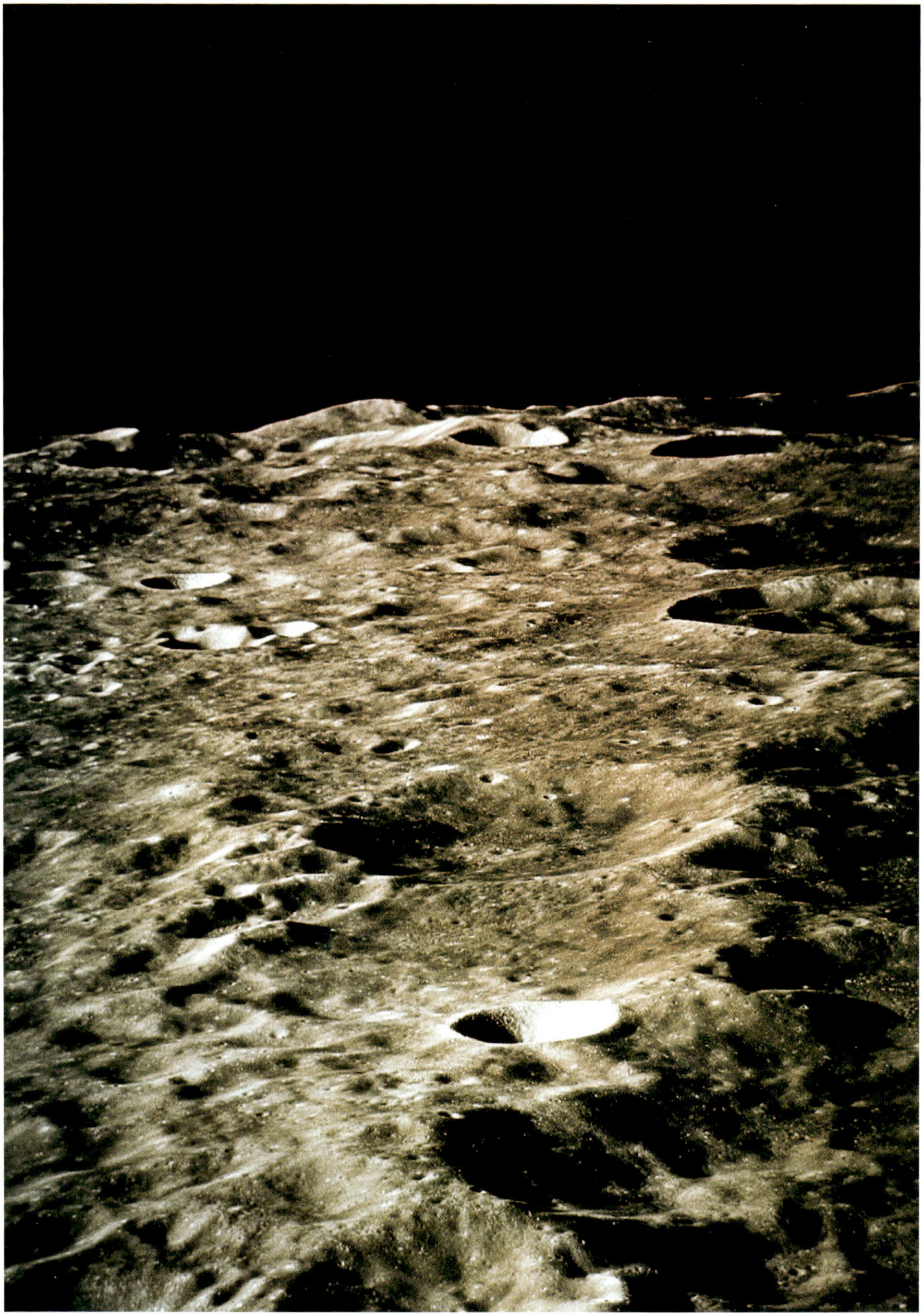

Die Mondoberfläche ist übersät von Kratern

Beispiel in großen Mengen Feldspat enthalten. Wenn sich die Basaltschmelze im Wasser oder an der Luft abkühlt, bildet der Feldspat Kristalle, er kristallisiert. Der Feldspat ist an der Erdoberfläche ungefähr gleich dicht wie die Schmelze, das heißt: Ein Kubikmeter der Basaltschmelze wiegt ungefähr genauso viel (etwa 2,7 Tonnen) wie ein Kubikmeter des Feldspates. Wenn sie exakt gleich dicht wären, würden die Kristalle in der Schmelze schweben, also weder absinken noch aufsteigen (das ist schon wieder eine Folge der Schwerkraft!). Wenn die Schmelze aber ein klein wenig dichter, also pro Kubikmeter ein paar Kilogramm schwerer ist als die Feldspat-Kristalle, so steigen die Kristalle nach oben, die Schmelze aber sinkt nach unten.

Das ist vergleichbar mit der Mischung von Holzstückchen und Wasser: Wenn man Holzstücke ins Wasser wirft und kräftig umrührt, bis die Holzstücke ganz unten im Wassereimer sind, so werden diese sofort nach oben getrieben und erscheinen wieder an der Wasseroberfläche, da ihre Dichte viel geringer ist als die des Wassers – das Holz schwimmt auf dem Wasser, genauso wie der Feldspat auf der Basaltschmelze schwimmt.

Auf dem Mond ist offenbar der gesamte Feldspat, der aus der Basaltschmelze kristallisierte, nach oben geschwommen und bildete quasi eine Haut auf der darunter liegenden Schmelze. Diese Haut ist zwar mindestens fünfzig Kilometer dick (so tief sind nämlich die tiefsten Krater, und diese haben den Boden dieser äußersten Schicht noch nicht erreicht), aber im Vergleich zum Monddurchmesser von etwa 3480 Kilometern ist es dennoch nur eine relativ dünne Haut.

Auf der Erde schwamm der Feldspat nicht auf der Schmelze, sondern er schwebte oder sank ab, das zeigen viele Basalte, die man auf der Erde heute noch finden kann. Das heißt also: auf dem Mond ist die Basaltschmelze dichter als auf der Erde. Nachdem diese Beobachtung lange Zeit ein Rätsel war – warum sollte dieselbe Schmelze unterschiedliche physikalische Eigenschaften haben? –, weiß man aus Laborversuchen seit den 1980er Jahren, woran es liegt: am Wasser- und Kohlendioxidgehalt. Die Basaltschmelzen der Erde enthalten ein wenig Wasser und Kohlendioxid, während die Schmelzen des Mondes vermutlich frei von diesen Stoffen waren. Dieser winzige Unterschied zeigt riesige Wirkung: das bisschen Wasser und CO_2 in irdischen Schmelzen verringerte die Dichte der Schmelze (man könnte auch sagen: verdünnte die Schmelze) gerade so, dass der Feldspat nicht mehr aufschwimmen konnte. Daher war die frühe Haut der Erde, als es noch keine Ozeane und Pflanzen, ja noch nicht einmal Böden gab, sondern nur Gesteine, schwarz und basaltig, während die Mondhaut weiß und anorthositig war.

Wie es immer in der Wissenschaft geht, so ist es auch in diesem Fall: jede beantwortete Frage wirft mindestens eine neue Frage auf. Hier lautet die Frage: Warum

Einige mineralogische Grundbegriffe

Ein **Mineral** ist eine hinsichtlich ihrer chemischen Zusammensetzung aus Elementen und ihrem Aufbau, (ihrer Struktur) einheitliche, normalerweise aus Kristallen bestehende, durch einen geologischen Prozess entstandene Verbindung oder ein Element. Um ein neues Mineral von einem anderen, bereits bekannten zu unterscheiden, muss es entweder bei schon bekannter Zusammensetzung eine neue Struktur aufweisen, oder es muss bei bekannter Struktur eine andere Zusammensetzung haben. Zum Beispiel haben Graphit und Diamant die absolut identische chemische Zusammensetzung: es handelt sich um reinen Kohlenstoff. Trotzdem haben sie verschiedene Strukturen und sind daher auch verschiedene Minerale, wie jeder leicht feststellen kann, wenn er den Preis eines mit Graphit-Mine bestückten Bleistifts mit dem eines diamantbesetzten Glasschneiders vergleicht – der Unterschied ist erheblich!

Ein **Kristall** ist ein geometrisches Gebilde, das aus einem einzigen Mineral besteht und das eine kontinuierliche Internstruktur besitzt (was allerdings in vielen Fällen nicht ohne weiteres mit dem Auge überprüft werden kann, sondern wozu aufwändigere Untersuchungsmethoden erforderlich sind). Kristalle können so spektakulär sein wie die schönen, allseits beliebten Bergkristalle oder Amethyste, doch auch kleine Sandkörnchen können Kristalle sein, obwohl sie meist nicht danach aussehen.

Ein **Gestein** ist ein geologischer Körper, der aus vielen Körnern eines oder mehrerer Minerale oder aber aus (natürlichem) Glas besteht. Ein Kalkstein beispielsweise besteht nur aus einem Mineral, dem Calcit, aber natürlich – wenn man sich die gewaltigen Kalkberge der Schwäbischen Alb oder des Schweizer Jura ansieht – besteht es aus unzähligen Körnern dieses Minerals. Ein Granit dagegen besteht aus verschiedenen Mineralien, typischerweise aus Feldspat, Quarz und Glimmer, die leicht anhand ihrer Farbe, Form und ihres Glanzes unterschieden werden können. Die **Schmelze** ist eigentlich nichts anderes als eine Flüssigkeit. Streng genommen ist Wasser die Schmelze des Minerales Eis, doch sagt das natürlich niemand so. Meist meint man mit Schmelze relativ zähe Flüssigkeiten, die gewöhnlich (aber beileibe nicht immer) viel Silikat enthalten und die typischerweise sehr heiß sind. Eine scharfe Abgrenzung zwischen Flüssigkeit und Schmelze gibt es jedoch nicht. Eine unterirdisch sich bewegende Gesteinsschmelze wird **Magma** genannt, tritt dieses Magma an der Erdoberfläche aus, so spricht man von **Lava**. Eine **Intrusion** ist ein geologischer Körper, der durch die Kristallisation einer Gesteinsschmelze im Erdinneren entstand.

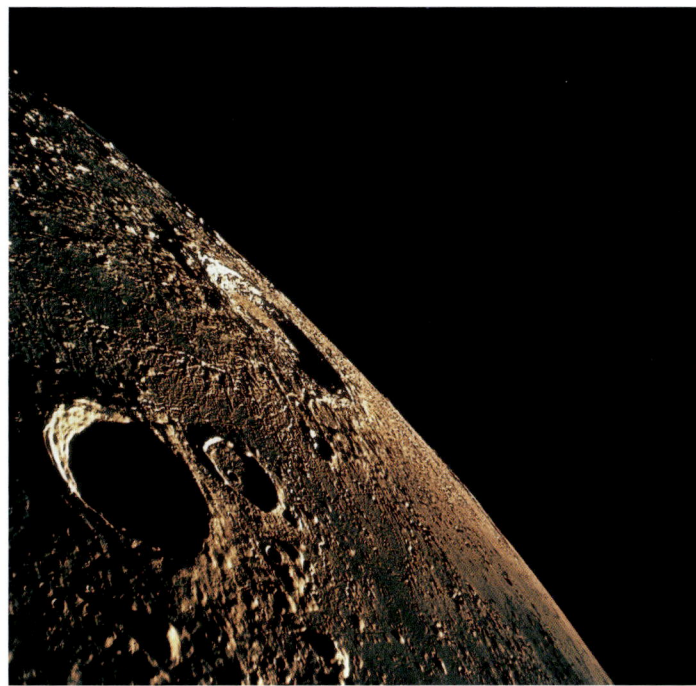

Die zernarbte Oberfläche des Mondes

ist denn auf dem Mond weniger Wasser in der Schmelze als auf der Erde, obwohl doch beide aus dem gleichen Material gebildet wurden? Auch dazu gibt es eine Theorie: Als der Mond, glühend heiß und geschmolzen, wie er war, von der Erde weggeschleudert wurde, verlor er den größten Teil der so genannten leichtflüchtigen Elemente, das heißt der Elemente, die besonders leicht verdampfen, also auch Wasser, das ja bereits bei hundert Grad Celsius verdampft. Er hatte einfach eine zu kleine Masse, als dass die Schwerkraft das Verschwinden dieser Gase hätte verhindern können, wie es auf der Erde geschah. Deswegen ist der Mond auch so ein lebensfeindlicher Himmelskörper: abgesehen davon, dass er keine Atmosphäre, also auch keine Luft zum Atmen, hat, besitzt er praktisch kein Wasser, und ohne Wasser ist Leben in der Form, wie wir es kennen, nicht möglich. Vor wenigen Jahren wurden zwar an einem der Mondpole ein paar hundert Tonnen Wasser in Form eines kleinen Gletschers entdeckt, aber das ist, für einen kompletten Himmelskörper, geradezu lächerlich wenig. Dies ist auch eines von vielen Hindernissen auf dem Weg zu einer derzeit durchaus ernsthaft diskutierten Besiedlung des Mondes durch den Menschen.

Die Jugend der Erde: die Kruste wächst, die Plattentektonik beginnt

So, da sind wir also endlich: Die Erde hat ihre Geburt und die komplizierten Nachwehen überstanden, und wir betrachten jetzt das Säuglingsalter und die schöne Jugendzeit. Noch bedeckt kein störendes grünes Gemüse die schönen Gesteine unseres Planeten, und wer diese Aussage befremdlich findet und lieber eine Blumenwiese als einen Lavastrom vor sich sieht, aus dem wird nie ein richtiger Geologe werden. Aber vielleicht kann man sich ja auch als Nicht-Geologe für die nächsten paar Seiten einmal an einer lebensfreien Erde erfreuen.

Paul und Melanie hatten der Entwicklung des Mondes gebannt zugeschaut, waren sogar einmal um ihn herumgeflogen, um die Unterschiede zwischen Mondvorder- und Mondrückseite zu betrachten, hatten das große Bombardement miterlebt und gefürchtet, der Mond, kaum entstanden, würde schon wieder zertrümmert werden. Nachdem das Bombardement allerdings vorüber war, schien der Mond wieder in die Starre zurückzufallen, die er davor schon einmal angenommen hatte: Nichts regte sich, nichts veränderte sich, und selbst als Paul die Geschwindigkeit der Zeitreise auf hundert Millionen Jahre pro Minute einstellte, veränderten nur Meteoriteneinschläge die Mondoberfläche, aber keine inneren Kräfte, keine Vulkane oder Gebirge. Der Mond hatte seine kurze Phase der geologischen Aktivität hinter sich gebracht, war abgekühlt und würde ab jetzt über Jahrmilliarden hinweg, lediglich durch Meteoriteneinschläge in seiner Oberflächenstruktur leicht angekratzt, aber ansonsten unverändert, um die Erde kreisen. Deshalb beschlossen Paul und Melanie, dass wohl der zugehörige Planet, die Erde, das geeignete Studienobjekt für ihre Ferienprojekte wäre.

Während der Mond nämlich erstarb, veränderte sich die junge Erde in einem Maße, dass man kaum folgen konnte und Paul nicht nur wieder zu 4,4 Milliarden Jahren zurückkehren, sondern auch die Reisegeschwindigkeit sehr stark verlangsamen musste. Was sie sahen, überzeugte sie, dass sie dorthin einen längeren, mehrtägigen Ausflug unternehmen sollten. Neben den schwarzen, zu Anfang praktisch die gesamte Erdoberfläche bedeckenden Basalten gab es nämlich Vulkane, aus denen noch glutflüssige Lava und heiße Gaswolken strömten, doch die Form der Vulkane war so unterschiedlich, dass es offenbar verschiedene Typen gab und dies eine genauere Untersuchung wert war. An einigen Stellen schien es außerdem in der Sonne blitzende Wasserflächen zu geben, die sich zunehmend (im Laufe von Millionen von Jahren) vergrößerten. Manche der Vulkane hatten schließlich begonnen, nicht mehr nur rabenschwarze Basaltlava auszuspucken, sondern es waren hellgraue Gesteine entstanden, die wie kleine Inseln in den Basalt- und Wasserflächen steckten. »Sieh nur, lauter Seen bilden sich in den Senken der Basalte, überall! Ein Planet für Bootsfahrer!« Melanie war begeistert.

Einige Hundert Millionen Jahre später waren auf der Erde dann allerdings nicht nur weiterhin die Vulkane aktiv, die heißes Material aus dem Erdinnern an die

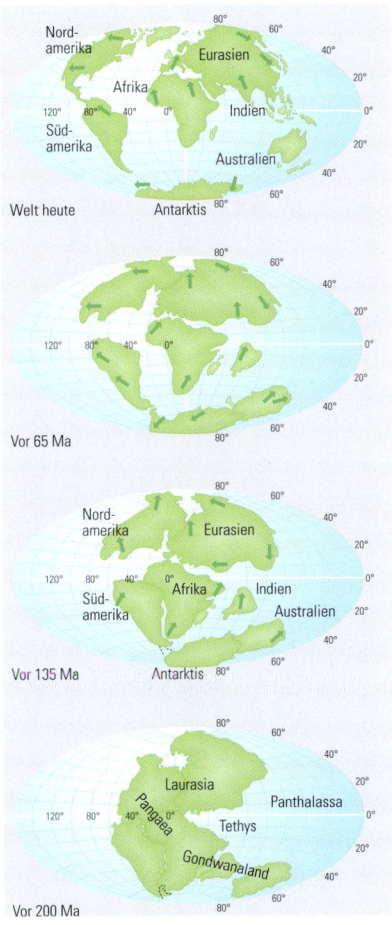

Unsere bewegte Erde

Langsam, aber stetig verändert sich die Lage der Kontinente zueinander in geologischen Zeiträumen. Unablässig bewegen sich die Kontinente gegeneinander, und wenn man einmal, wie hier geschehen, Momentaufnahmen der letzten 200 Millionen Jahre (Ma) rekonstruiert, so stellt man fest, dass sich die Landmassen manchmal als ein großer Superkontinent, manchmal aber weit verstreut als einzelne kleinere Kontinente anordnen. So war der letzte Superkontinent Pangäa vor 200 Millionen Jahren schon wieder am Auseinanderbrechen, vor 135 Millionen Jahren hatte sich die Karibik geöffnet, und der Atlantik begann sich zu bilden, vor 65 Millionen Jahren war der Südatlantik weit offen und drückte Afrika nach Norden, was zur Bildung der Alpen führte. Ständig geschieht etwas – zwar nur in cm/Jahr, aber unablässig.

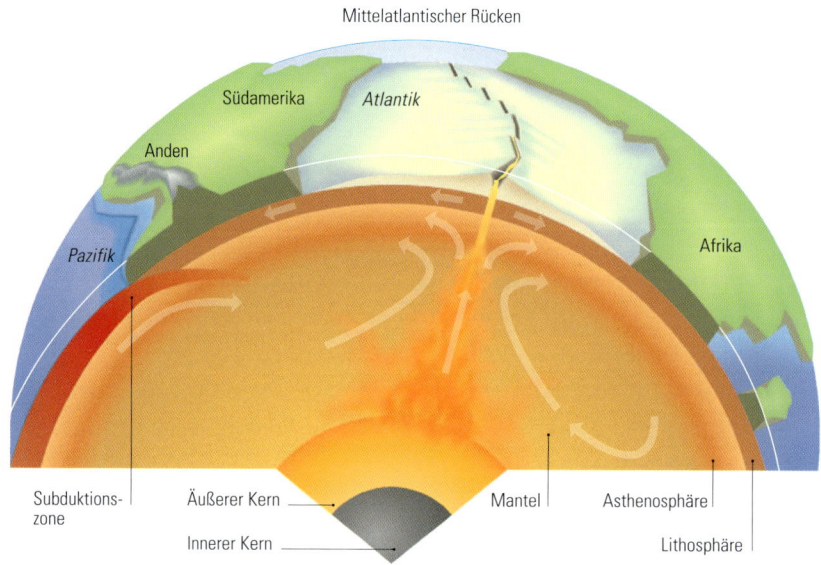

Mittelatlantischer Rücken

Südamerika   *Atlantik*

Anden

Afrika

Pazifik

Subduktions-   Äußerer Kern   Mantel   Asthenosphäre
zone

Innerer Kern   Lithosphäre

Hier sieht man die tektonischen Prozesse, die in unserer Erde ablaufen

Materialströme im Erdmantel treiben die Plattentektonik an, die dazu führt, dass sich Kontinentplatten ständig gegeneinander verschieben. Dabei wird dort, wo heißes Material aus dem Erdinneren nach oben steigt, entlang mittelozeanischer Rücken neuer Ozeanboden gebildet, während in Subduktionszonen Ozeanboden verschluckt wird.

Oberfläche schleuderten, sondern inzwischen waren auch große Flächen mit flüssigem Wasser bedeckt, Ozeane, und darin schwimmende Inseln. Die Ozeane überzogen die vormals so schwarze Erde mit einem silbrigen Glitzern, wenn die Sonne sich in ihnen spiegelte. Dies tat die Sonne aber keineswegs immer, denn auch Wolken gab es inzwischen, wobei es die – in kleinerer Menge – auch vorher schon gegeben hatte.

Paul und Melanie blickten voll Freude auf diese Erde hinab, sahen zu, wie an manchen Stellen neue Inseln entstanden und die vorhandenen langsam etwas größer wurden. Nach einiger Zeit allerdings stellten sie etwas schier Unglaubliches fest: Diese netten kleinen Inseln – manche waren nur einige Dutzend, andere immerhin einige Hundert Kilometer groß – bewegten sich, ganz langsam zwar, aber doch merkbar! Da die Erdoberfläche immer ein wenig bewegt erschien, während sie durch die Zeit reisten (denn auch hier schlugen wie auf dem Mond schließlich immer wieder Meteoriten ein, und die vielen Vulkanausbrüche produzierten Staub-

und Aschewolken sowie Lavaströme und Fontänen), war ihnen die viel langsamere Bewegung der Gesteinsinseln zunächst gar nicht aufgefallen. Aber während sie noch staunten und darüber diskutierten, wie und warum sich diese Gesteinsinseln bewegten, konnten sie zusehen, wie zwei kleinere dieser Inseln langsam aufeinander zugeschoben wurden und sich dabei so fest ineinander verkeilten, dass sie fortan wie zusammengebacken aneinander kleben blieben. Sie ahnten, dass sie hier einem ganz besonderen Vorgang auf der Spur waren. Ein Blick auf ihre Zeitreiseanzeige besagte, dass es nicht nur schon Viertel nach fünf ihrer Zeitrechnung war, sondern dass sie sich gerade eine Milliarde Jahre nach der Erdentstehung aufhielten, 3,6 Milliarden Jahre vor heute.

Die Stunden waren wieder wie im Flug vergangen, und sie mussten schleunigst nach Hause zurückkehren, wenn sie nicht noch einmal zu spät kommen wollten. Paul hielt also die Zeitreise an, kehrte in die Gegenwart zurück, wendete und beschleunigte auf die höchste Geschwindigkeit, die der Autopilot zuließ. »Lass uns morgen auf die Erde fliegen und uns das alles einmal genauer anschauen, ja? Hast du ein paar Tage Zeit?« Er sah zu Melanie hinüber. »Ja, das sollte schon gehen. Ich habe zwar versprochen, die Garagentore neu zu streichen, aber das kann ich auch nächste Woche machen. Wie wollen wir dort übernachten?« »Na, im Zelt, wie sonst? Oder hast du damit Probleme? Fürchtest du dich allein im Zelt auf einem fremden, leeren, unbekannten Planeten?« Paul musste mal wieder sticheln. Aber Melanie war schlagfertig und konterte sofort: »Erstens bin ich ja nicht allein im Zelt, und zweitens ist es dann deine Aufgabe, als großer, alter, starker Mann mich zu beschützen. Ist also weniger mein als vielmehr dein Problem.« Paul lachte, nickte und verlangsamte dann, da sie sich bereits ihrem Heimatstern näherten, wo sie pünktlich zum Abendessen eintrafen.

Am nächsten Morgen also packten sie ein großes Zelt, zwei Campingkocher, Schlafsäcke und Isomatten, Brote, Hartkäse, jede Menge Nudel- und Reispackungen sowie Tomatenpüree, Gemüsedosen und Getränke in den FORD, außerdem eine kleine geheimnisvolle Kiste, deren Inhalt Paul Melanie nicht verriet. Melanie schleppte ebenfalls eine kleine Kiste an, deren Inhalt sie allerdings sofort verriet: Schokolade, viele Tafeln, denn »man kann ja nie wissen«. Außerdem war der Kofferraum mit allerlei Krimskrams gefüllt, von Hämmern und Meißeln über verschiedene Bürsten, Kisten und Seile bis zu einer Lupe, einem kleinen Mikroskop und Thermohandschuhen – alles, was einmal nützlich sein konnte, wenn man draußen unterwegs war und sich für Geologie interessierte.

Pauls kleine Schwester Julia kam angelaufen: »Wie lange wollt ihr denn weg sein? Kann ich denn nicht mit? Ich will auch mal zelten gehen! Bitte, nehmt mich doch mit!« Paul ging zu ihr, nahm sie in den Arm und sagte: »Julchen, sorry, aber das ist nichts für dich. Wir werden da den ganzen Tag auf Vulkanen herumwandern oder rumklettern, und das ist ja nicht gerade deine liebste Freizeitgestaltung, oder? Und allein im Zelt können wir dich auch nicht zurücklassen. Wart noch ein paar Jahre, dann kannst du mit deinen Freunden und Freundinnen zelten gehen. Ich bring dir auch was Schönes mit.« »Von einem unbewohnten Planeten ohne Pflanzen und Tiere willst du mir was Schönes mitbringen? Ich wünsch euch jedenfalls viel Spaß. Passt auf euch auf, ja?«

Dann starteten sie und nahmen direkten Kurs auf die Erde. Links und rechts flogen wieder Sterne, Planeten, Kometen, Asteroiden und ein wenig Weltraummüll vorbei, denn letzteren gab es auch schon vor Entstehung des Menschen auf der Erde, er stammte nur von anderen belebten Planeten, von denen es eine Menge gab, wenn man sich einmal in den benachbarten Galaxien umschaute. Innerhalb von wenigen Stunden näherten sie sich der Erde. Um Treibstoff zu sparen und gleichzeitig die Erde aus der Nähe in Ruhe betrachten zu können, parkte Paul das FORD zunächst einmal auf dem praktisch gelegenen Mond. Aussteigen konnten sie dort allerdings immer nur ganz kurz, so lange nämlich, wie sie die Luft anhalten konnten, denn der Mond hatte ja keine Atmosphäre. In den FORD waren Sauerstoff-Tanks eingebaut, so dass man dort wieder Atem schöpfen konnte, denn sonst wären Weltraumreisen ja gar nicht möglich gewesen. Allerdings machte dieses kurze Aussteigen auf dem Mond besonders viel Spaß, denn sie stellten beiläufig fest, dass der Mond als kleiner Himmelskörper kaum eine Masseanziehung hatte und sie daher mühelos auf ihm Riesensprünge machen konnten. Melanie sprang zum Beispiel versehentlich, weil sie mit dieser geringen Schwerkraft so gar nicht vertraut war, aus acht Meter Entfernung genau in Pauls Arme, der sie mühelos auffing, da sie ja nur etwa ein Sechstel ihres normalen Gewichtes hatte.

Sie setzten sich also in den FORD, lutschten etwas Mondeis, das an einem der Pole herumlag, und schauten auf die Erde hinunter. Ein schöner Planet, nicht ganz rund zwar, eher ellipsenförmig mit abgeplatteten Polkappen und mit wundervollen Farben, besonders wenn man ein wenig in die Zukunft reiste: Blaues Wasser hob sich von tiefschwarzem, an manchen Stellen feurigrotem glühenden Gestein ab, das bisweilen die helleren grauen Gesteinsmassen enthielt.

Bevor Paul und Melanie auf der Erdoberfläche aufsetzten, stellten sie das Zeitreisemodul auf 1,1 Milliarden Jahre nach der Erdentstehung ein, also nach unserer Zeitrechnung auf 3,5 Milliarden Jahre vor heute. Den FORD parkte Paul auf einer der riesigen Inseln, am Rand einer trockenen Ebene, die in südlicher Richtung in eine hügelige Landschaft überging. Beim Aussteigen bemerkten sie, dass sie auch auf der Erde, obwohl diese eindeutig eine Atmosphäre hatte (es wehte ein starker Wind), kaum atmen konnten – offensichtlich enthielt diese Atmosphäre sehr wenig

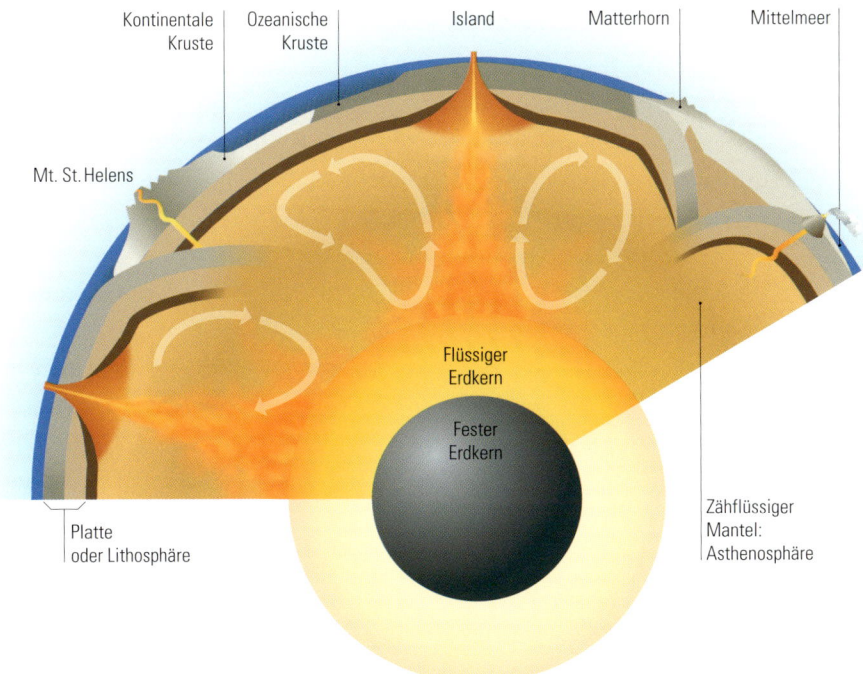

Kontinentale Kruste | Ozeanische Kruste | Island | Matterhorn | Mittelmeer

Mt. St. Helens

Flüssiger Erdkern

Fester Erdkern

Zähflüssiger Mantel: Asthenosphäre

Platte oder Lithosphäre

So sieht ein Schnitt durch die Erde aus

Der feste, überwiegend aus Eisen-Nickel-Metall bestehende Erdkern wird von einem ebenfalls metallischen, aber geschmolzenen äußeren Erdkern umgeben. Die aus diesem an den darüber liegenden Erdmantel abgegebene Wärme treibt die Konvektion im Erdmantel an, also die stetige Bewegung von teilgeschmolzenem oder sogar festem Material von der Kern-Mantel-Grenze nach oben, wo Vulkane über Hotspots wie z.B. Island ein sichtbares Zeichen dieser aufsteigenden Materieströme sind. An Subduk-

tionszonen wie z.B. links unter dem Mt. St. Helens wird dafür wieder Gestein von der Erdoberfläche in den Mantel versenkt. Bei dieser Versenkung können wieder Schmelzen entstehen, die zur Bildung von Inselbogenvulkanen oder von Vulkanen an aktiven Kontinenträndern führen (wie eben z.B. am Mt. St. Helens). Die ständige Bewegung der Kontinentplatten führt bei der Kollision von zweien dieser Platten dazu, dass Gebirge wie die Alpen entstehen (wie durch das Matterhorn gekennzeichnet).

Sauerstoff. Sie nahmen also neben ihren Rucksäcken mit Essen und Getränk auch Sauerstoffmasken und Druckluftbehälter mit, die genug Sauerstoff für eine Tageswanderung enthielten. Dann setzten sie sich in Marsch, in Richtung der Hügellandschaft.

Wiederholen wir also, was Paul und Melanie beobachteten: Schwarze und hellgraue Gesteine, verschiedene Vulkantypen, langsam wachsende und sich bewegende Inseln in ebenfalls wachsenden Ozeanen. Im Prinzip enthielten diese Beobachtungen alles, was auch heute noch unsere Erde geologisch antreibt und verändert.

Reden wir zunächst über die Ozeane: Wann sich wirklich die ersten Ozeane gebildet haben, ist nach wie vor unklar. Geologische und geochemische Hinweise sprechen dafür, dass spätestens vor 3,8 Milliarden Jahren Urmeere existiert haben müssen, die den heutigen Ozeanen vermutlich zumindest ähnlich waren. Natürlich weiß man nichts über den Salzgehalt, die Temperatur oder die Ausdehnung des damaligen Meeres. Im Jahr 2002 wurden fünf chemische Analysen an einem einzigen Mineralkorn von wenigen Millimeter Größe veröffentlicht. Dieses eine Korn des Minerals **Zirkon** ist das älteste Mineral, das bisher auf unserem Planeten (abgesehen von Meteoriten!) gefunden wurde, es wurde auf 4,4 Milliarden Jahre datiert. Seine Zusammensetzung legt nahe, dass es bereits zu dieser Zeit Ozeane gegeben haben könnte.

Nun zu den sich bewegenden Inseln: Man nennt sie **Mikrokontinente** oder **Terrane**, vom lateinischen Wort **terra** für Erde, da es sozusagen kleine Welten waren, die sich entwickelten. Diese Terrane sind die Grundbausteine aller heutigen Kontinente, die aus vielen solchen, miteinander verschweißten kleinen Landinseln bestehen. Die Bewegung der Terrane wird getrieben durch die **Plattentektonik**. Diese beschreibt die Bewegung der **Lithosphärenplatten** zueinander, wobei die **Lithosphäre** neben der Erdkruste auch noch den starren oberen Teil des Mantels umfasst. Unter den Ozeanen ist die Erdkruste etwa sechs bis neun, unter den Kontinenten etwa dreißig bis maximal siebzig Kilometer dick. Die Lithosphärenplatten sind fest und starr und »schwimmen« auf der darunter liegenden **Asthenosphäre**, also dem Teil des Erdmantels, der teilweise fest und zu einem geringen Teil geschmolzen ist und sich ganz langsam mit einigen Zentimetern pro Jahr bewegt.

Der Grund für diese Bewegung ist die Temperaturdifferenz zwischen dem Erdinneren und der Erdoberfläche. Wieder einmal kann ein Beispiel aus der Küche dies erläutern: Erhitzt man einen Topf mit Suppe auf einer Herdplatte, so wird die Suppe unten schneller heiß als oben, es gibt also einen Temperaturunterschied. Dieser Unterschied wird dadurch ausgeglichen, dass heißeres Material (Suppe) aufsteigt, da es eine geringere Dichte hat als das kalte, dafür aber das kalte nach unten sinkt. Insgesamt ergibt sich eine walzenförmige Bewegung, die heißes Material an die Oberfläche bringt. Dies genau geschieht auch im Erdmantel, wo heißes Material von der Grenze zwischen Erdmantel und Erdkern aufsteigt und dafür kaltes Material wieder absinkt. Diese walzenförmigen Bewegungen des Erdmantels schieben die darauf lagernden Lithosphärenplatten hin und her.

Blasenbasalt – die Löcher waren ehemals alle mit Gas gefüllt

So ein Gestein mit rotem Granat, blauem Amphibol und grünem Pyroxen wird aus Basalt, wenn man ihn in 60 Kilometern Tiefe bei 500 °C umkristallisiert: ein Eklogit

So sieht unser Erdmantel zu einem großen Teil aus: roter Granat mit grünlichem Olivin und Pyroxenen: ein Granatperidotit

Große, weiße Kalifeldspat-Kristalle in einem typischen Granit

Wenn man den Granit mit den großen Kalifeldspäten in einigen Kilometer Tiefe und bei einigen 100 °C deformiert, wird dieses Gestein daraus: ein Orthogneis

Granit kann mal grob- und mal feinkörniger sein, oft sogar im selben Handstück

Das Aufsteigen des heißen Materials ist am deutlichsten an den **Mittelozeanischen Rücken** zu sehen. Dort dringt geschmolzenes Erdmantelgestein (Basalt) aus der Asthenosphäre nach oben, und es entsteht dadurch eine neue ozeanische Kruste. Mittelozeanische Rücken sind Erhebungen in den Ozeanen, die zusammen die längsten Gebirge der Welt bilden – mehr als sechzigtausend Kilometer schlängeln sie sich auf dem Ozeanboden dahin und erreichen einige Tausend Meter Höhe, was allerdings meist nicht reicht, um über den Meeresspiegel hinaus zu schauen. So tief ist das Wasser dort.

Dort wo die kalten Gesteine der Erdoberfläche bis hinunter in den tiefen Erdmantel und an die Kern-Mantel-Grenze sinken, sind die **Subduktionszonen**. Sie liegen an den Rändern der Kontinente. Dort werden hauptsächlich Ozeanboden und gelegentlich auch kleine Kontinent-Fragmente nach unten gezogen oder gedrückt. Durch die Entstehung neuen Ozeanbodens an den Mittelozeanischen Rücken wird nämlich der ältere Ozeanboden zur Seite geschoben und muss dann entsprechend, damit im Mantel kein Loch entsteht, an den Ozeanrändern wieder versenkt werden. Die Plattentektonik ist also verantwortlich für die Veränderung der Kontinentformen, für Gebirgsbildungen und für die Versenkung von Ozeanboden-Material.

Die Natur bringt bisweilen riesige Kristalle zustande: hier ein Pegmatit mit metergroßen Kalifeldspäten (helle Kristalle) und einem halbmetergroßen Biotit (schwarze Tafel) aus der Antarktis

Nun ist es an der Zeit, die Gesteine dieser jungen Erde genauer zu betrachten. Die ersten Gesteine auf der Erdoberfläche waren Basalte, also Gesteine, die aus an der Erdoberfläche austretenden Schmelzen gebildet wurden. Solche Gesteine werden als **magmatisch** (aus einem Magma gebildet) bezeichnet und speziell als **vulkanisch**, wenn sie an der Erdoberfläche abkühlen und auskristallisieren. Ein typischer Basaltstrom, der heutzutage zum Beispiel die Hänge des Vulkans Ätna in Sizilien hinunterfließt, kühlt innerhalb weniger Stunden bis Wochen ab und besteht aus Glas (das sich bei der Abschreckung, der sehr schnellen Abkühlung, bildet) und/oder millimetergroßen Kristallen. Ein solches Gestein wird **Vulkanit** genannt. Basalte sind die bekanntesten, aber nicht die einzigen Vulkanite.

Schmelzen, die nicht bis an die Oberfläche vordringen und in einigen Kilometer Tiefe stecken bleiben, benötigen dagegen bis zu mehrere Hunderttausend Jahre zum Abkühlen, können dabei aber Kristalle bis zu mehreren Meter Größe ausbilden. Sie werden **Plutonite** genannt, und ihr bekanntester Vertreter ist wohl Granit.

Kalifeldspatkristalle aus einer Pegmatitdruse von Hornberg, Schwarzwald

Quarzkristalle, von Eisenoxid überzogen und daher schwarz. Grube Michael, Schwarzwald

Ein Glimmerkristall aus dem Tessin, Schweiz

Hornblendekristalle in Schiefer vom Gotthard, Schweiz

Rauchquarzkristalle vom Gotthard, Schweiz

Große rote Granatkristalle mit schwarzem Amphibol von Gore Mountain, New York

Dies ist ein Gestein, das grauweißen **Quarz**, verwachsen mit meist schwach rosa gefärbtem Feldspat und glänzenden, dunkelbraunen bis schwarzen Schüppchen von **Biotit**, einem Glimmer, enthält. Letzterer ist leicht an seiner blättrigen Art und seinem funkelnden Glanz zu erkennen. Meist sind die einzelnen Körner etwa zwei bis zehn Millimeter groß.

Mit dem Granit verwandte Gesteine sind z. B. **Tonalit** und **Diorit**, die aber wenig oder keinen Quarz und an manchen Stellen auch einmal keinen Glimmer, sondern dafür ein anderes schwarzes Mineral, die **Hornblende**, enthalten. Diese plutonischen Gesteine bauten zumindest zu einem guten Teil die Terrane auf und waren die Keimzellen der kontinentalen Kruste: im weitesten Sinne granitische bis tonalitische Gesteine und deren vulkanische Gegenstücke, die **Rhyolithe** und **Andesite** heißen. Sie sind reich an **Silizium** und **Kalium**, aber arm an **Magnesium** und **Eisen**, und so stellen sich unsere Kontinente noch heute dar.

Ein Granatamphibolit aus der Antarktis: rote Granate in schwarzer Hornblende

Dort, wo die beiden kleinen Terrane kollidiert, also zusammengestoßen und ineinander verkeilt waren, hatten sich andere Gesteine gebildet, die **Metamorphite**. Diese entstehen aus allen anderen Gesteinsarten durch **Umkristallisation**, also Neubildung von Mineralen auf Kosten der alten. Dies geschieht bei erhöhtem Druck und Temperaturen im Erdinneren, zwischen etwa 200 und 1 100 Grad Celsius. Gesteinsmetamorphose findet in überwiegend festem Zustand statt, die Gesteine schmelzen also nicht komplett. Unterhalb von 200 Grad Celsius findet noch keine Umkristallisation statt, oberhalb von 1 110 Grad Celsius sind alle irdischen Krustengesteine geschmolzen und werden daher zu **Magmatiten**. Häufig geht die Umkristallisation mit einer Verformung einher, die durch die gewaltigen Kräfte z.B. beim Zusammenstoß von zwei Terranen entsteht. Die bekanntesten Metamorphite sind die Gneise. Bei der metamorphen Umkristallisation bilden sich auch neue Minerale, die gar nicht in den vorherigen Gesteinen vorhanden gewesen waren. So wachsen zum Beispiel aus Basalt bei extrem hohem Druck kleine, rote, rundliche Bällchen des Minerals Granat. Dies alles geschieht aber im festen Zustand und ohne dass dabei etwas schmilzt.

So sieht es aus, wenn Kontinente kollidieren und sich »in Falten legen«: der Himalaya aus der Luft

Der Zusammenstoß von Mikrokontinenten oder auch von richtig großen Kontinenten ist außer für die Metamorphose noch für ein weiteres, wichtiges Phänomen verantwortlich: die Bildung von Gebirgen. Durch das Zusammenschieben der Gesteinsmassen werden diese nämlich übereinander gestapelt und hoch aufgetürmt (das ist ja auch der Prozess, bei dem die Deformation geschieht). Die Alpen und der Himalaya sind durch genau solche Prozesse entstanden und wachsen auch heute noch im Millimetertempo pro Jahr weiter nach oben, wobei die Verwitterung, man nennt sie **Erosion**, solche Gebirge auch in geologisch kurzer Zeit wieder abtragen kann.

Im Zusammenhang mit der Erosion müssen wir noch die dritte wichtige Klasse von Gesteinen erwähnen: die **Sedimentgesteine**. Verwittern nämlich durch Regen, Frost und Sonneneinstrahlung die Gesteine der Erdoberfläche, so zerbrechen und zerbröseln sie oder lösen sich sogar in Wasser auf (natürlich langsam und in kleinen Mengen, nicht wie eine Brause-Tablette). Diese Bruchstücke oder Lösungen werden wegtransportiert und an anderer Stelle wieder abgelagert, dort heißen sie **Sedimente**. Sedimente sind durch Wind, Flüsse, Gletscher, im Meer oder in Seen abgelagerte Feststoffe, die bei ihrer Verfestigung Sedimentgesteine bilden können.

Sedimente entstehen durch verschiedene Prozesse an der Erdoberfläche und können nach diesen Prozessen unterschieden werden: **Äolische Sedimente** sind zum Beispiel vom Wind herangewehte und dann liegen gebliebene Sandkörner; der **Löß** ist ein wichtiges und sehr fruchtbares äolisches Sediment. **Chemische Sedimente** entstehen durch **Ausfällung**, etwa von Kalk aus kalkhaltigem Wasser bei Verdunstung. **Biogene Sedimente** bestehen aus Teilen abgestorbener Tiere, beispielsweise Muschelschalen, während **klastische Sedimente** abgelagerten Verwitterungs-

schutt darstellen, also verfestigtes Geröll, Flusssand, Strandsand oder einfach Gebirgsschutt. Die Kalksteine der Schwäbischen Alb oder die Kreidefelsen auf Rügen, der Sandstein des Nordschwarzwaldes und die Salzlager der Norddeutschen Tiefebene sind verschiedene Beispiele für klastische, biogene und chemische Sedimente, die die Böden und die Landschaftsformen unserer Umwelt bestimmen.

Es ist wichtig, sich vor Augen zu halten, dass die verschiedenen Gesteinstypen sich fortwährend ineinander umwandeln. Dies bezeichnet man als den **Kreislauf der Gesteine**. Beispielsweise verwittert Gestein an der Erdoberfläche, zerfällt, und die dabei aufgelösten Bestandteile oder übrig gebliebenen Körner bilden an anderer Stelle chemische oder klastische Sedimente. Wenn diese etwa an den Subduktionszonen absinken und aufgeheizt werden, kristallisieren sie zuerst zu metamorphen Gesteinen um, bevor sie schließlich aufschmelzen können und dann bei der Abkühlung der Schmelzen magmatische Gesteine bilden. Diese können dann durch Erosion freigelegt, umkristallisiert, verwittert oder wiederum aufgeschmolzen werden. Diese Vorgänge, in wenigen Sätzen beschrieben, dauern natürlich Hunderte von Millionen Jahren.

Glühende Lava ergießt sich aus schwarzen Basaltmäulern

Jetzt wissen wir ziemlich genau, woraus die oberen Schichten unserer Erde bestehen – die Kontinente überwiegend aus Plutoniten und Metamorphiten mit einer dünnen Haut aus Sediment, die Ozeanböden aus Basalt – und welche Prozesse die Erde verändern: Vulkanismus und Subduktion, Gebirgsbildung und Erosion. Nun ist es Zeit, sich etwas völlig Neuem zuzuwenden.

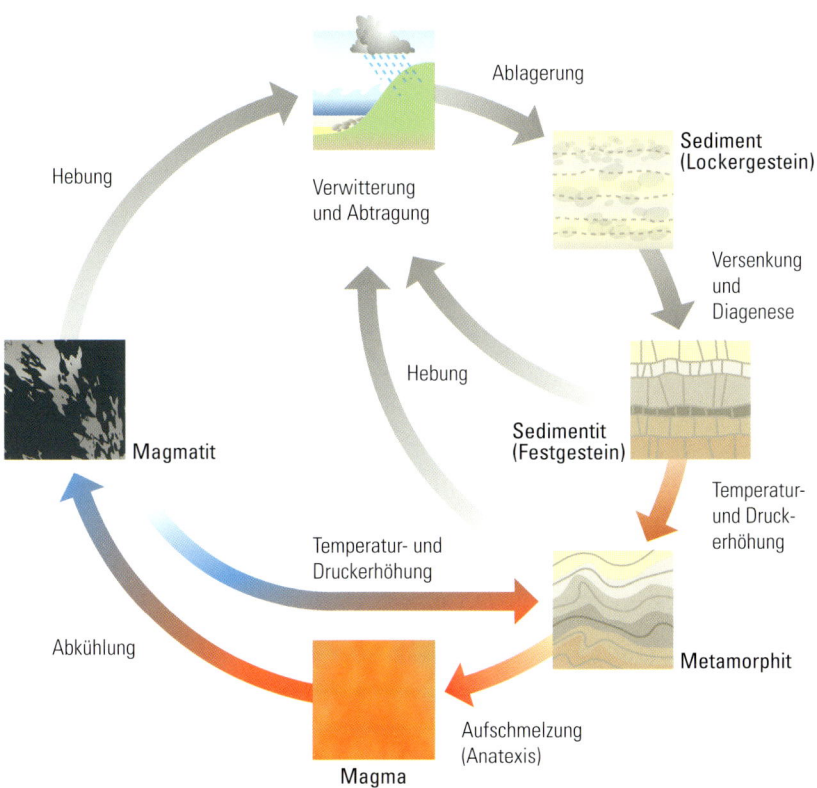

Ablagerung

Hebung

Verwitterung und Abtragung

Sediment (Lockergestein)

Versenkung und Diagenese

Hebung

Sedimentit (Festgestein)

Magmatit

Temperatur- und Druckerhöhung

Temperatur- und Druckerhöhung

Metamorphit

Abkühlung

Aufschmelzung (Anatexis)

Magma

Der Kreislauf der Gesteine

Gesteine befinden sich in fortwährender Veränderung, die allerdings nach menschlichen Maßstäben langsam vor sich geht. Fangen wir oben an: vorhandene Gesteine werden durch Verwitterung aufgelöst oder zerfallen, ihre Bestandteile werden vom Wasser fort transportiert und an anderer Stelle wieder abgelagert. Daraus entsteht ein Sediment, das, wenn immer mehr Sediment sich darauf ablagert, zunehmend verfestigt wird. Man spricht dann von einem Sedimentit. Dieses kann wieder verwittern und somit zu seinem Ausgangspunkt zurückkehren, es kann aber auch durch tektonische Prozesse ins Erdinnere versenkt werden, wo es durch Druck- und Temperaturerhöhung zu einem Metamorphit umkristallisiert. Wird die Temperatur so hoch, dass das Gestein aufschmilzt, kann die Schmelze sich vom Rest des Gesteins trennen und in andere Krustenbereiche abwandern, »intrudieren«. Erkaltet diese Schmelze wieder und kristallisiert aus, so spricht man von Magmatiten. Auch Schmelze, die aus Vulkanen an der Erdoberfläche austritt, erstarrt zu solchen magmatischen Gesteinen.

Das erste Leben auf der Erde

Wie majestätisch das klingt! Ehrfurcht vor dem großen Plan der Natur breitet sich in uns aus. Tiefe Gedanken über den Sinn und Zweck des Lebens scheinen angebracht, wenn man den Beginn des Lebens sozusagen hautnah erlebt.

Wenn man dann allerdings hinschaut: nichts als schleimige Bakterien, Archaeen und Blaualgen, die da vor 3,5 Milliarden Jahren das Leben repräsentierten und im Flachwasser herumschwammen. Von dieser Beobachtung ernüchtert, tröstet man sich: Rom wurde auch nicht an einem Tag erbaut.

Nach einem zweistündigen Marsch durch die überwiegend aus Granit bestehenden Hügel kamen Paul und Melanie zum Ufer einer kleinen Lagune. Sie setzten sich in den Sand – der bei der Verwitterung des Granits entstanden war – und nahmen ihr Mittagessen zu sich: Käsebrote und eine Tafel Schokolade. Das Essen war etwas umständlich wegen der Sauerstoff-Maske, die sie ständig auf- und absetzen mussten. Es war sonnig, warm und überhaupt das perfekte Ferien-Feeling. Während Paul sich hinlegte, die Augen schloss und kurz darauf eingeschlafen war, stapfte Melanie am Strand entlang. Muschel- und Schneckenschalen konnte sie nicht suchen, denn Muscheln und Schnecken gab es ja noch nicht. Also hielt sie nach schönen Steinen Ausschau, war aber dabei wenig erfolgreich. Allerdings fie-

Moderne Stromatolithen in der Lagune von Shark Bay, Australien

len ihr, als sie am Rande der Lagune in der Sonne stand und aufs Wasser schaute, sonderbare rundliche Gebilde auf. Sosehr sie sich auch bemühte, sie konnte vom Ufer aus nicht entscheiden, was das denn wohl sein könnte. Also zog sie Hosen und Schuhe aus und watete in das flache, warme Wasser der Lagune hinaus. Es war kaum einen halben Meter tief und kristallklar. Der Boden war aus körnigem Sand. Beim Näherkommen stellte Melanie fest, dass diese rundlichen Gebilde aus dem Sand emporwuchsen, selbst hellbeige, also sandfarben waren, dass sie bis knapp an die Wasseroberfläche reichten und sonderbar ausgebeulte, rundliche Formen besaßen. Sie konnte sich keinen Reim darauf machen, was für Gebilde das wohl waren und woraus sie bestanden, und so kehrte sie um, nahm ihren Hammer

aus dem Rucksack und watete noch-mals hinaus, um ein Stück abzuschla-gen. Die Gebilde waren viel weicher als die harten Granite, die sie auf dem Weg zerschlagen hatte, und sie waren im Inneren fein geschichtet, **lami-niert**. Während dunklere Lagen ganz weich und glitschig schienen, waren die helleren aus hartem Gestein.

Melanie kehrte mit dem abgeschla-genen Stück ans Ufer zurück, zog sich ihre Hose wieder an und weckte Paul: »Schau mal, was für sonderbare Sa-chen da im Wasser herumstehen.«

> ## Wieso sprudelt Kalk mit Säure?
>
> Kalk ist eine Verbindung aus Kalzium, Kohlenstoff und Sauerstoff, Kalzium-karbonat genannt. Wenn man ihn mit Säure betropft, dann zersetzt er sich in **Kalzium-Ionen** und in **Kohlen-dioxid**, das als Gas entweicht. Diese **Kohlendioxid**-Blasen sind es, die den Kalk zum Sprudeln bringen.

Verschlafen rieb sich Paul die Augen, gähnte, doch kaum dass er den Stein genauer betrachtet hatte, wurde er wach. »So etwas habe ich ja noch nie gesehen! Was glaubst du, was das ist?« »Keine Ahnung, deshalb habe ich dich doch geweckt.« Paul hatte eine Idee und holte das kleine Fläschchen Salzsäure aus seinem Rucksack, das er wie den Hammer immer mit sich herumschleppte (seine Freunde lachten ihn deswegen aus, aber das war Paul gleichgültig – er wollte für alle Fälle gerüstet sein), träufelte ein paar Tropfen auf den Stein, und siehe da: Es brauste und sprudelte! »Kalk! Das ist ein Stück Kalk!«

Paul und Melanie sahen sich überrascht an. »Wo kommt der denn her?« »Na, of-fensichtlich aus dem Wasser. Lass uns das Stück hier mal mit zum FORD nehmen und unter dem Mikroskop betrachten – vielleicht sehen wir noch etwas, das uns weiterhelfen könnte.« Sie wanderten also zum FORD zurück, holten das alte Mikro-skop heraus, das Paul im Kofferraum hatte, und legten ein kleines Stück des sonder-baren Kalksteins darauf. Während in den hellen Lagen nichts besonders Spannendes zu sehen war, rief Melanie, die das Stück betrachtete, überrascht aus: »Das sieht ja aus wie kleine Tierchen! Schau mal, Paul.« Paul blickte ebenfalls ins Mikroskop, und in der Tat: die schleimige, dunkle Masse schien aus Millionen kleiner Lebewesen zu bestehen. Paul und Melanie hatten Leben auf der Erde gefunden!

Heute wissen wir, was Paul und Melanie nicht wissen konnten: Es handelte sich um Blaualgen. Die rundlichen Gebilde, die Melanie in der Lagune gefunden hatte, bezeichnen wir als **Stromatolithen**. Es sind Algenmatten, die immer wieder von Sediment bedeckt werden, weiter wachsen, wieder zusedimentiert werden und dann mit der Zeit bis zu metergroßen rundlichen Gebilden heranwachsen. Sie sind 3,5 Milliarden Jahre alt und damit die ältesten bekannten Fossilien. Heutzutage gibt es lebende Stromatolithen noch an weltweit einer einzigen Stelle: vor der Westküste Australiens.

Wir vermuten, dass die Blaualgen tatsächlich die ersten Lebewesen waren, die durch Bildung solcher Stromatolithen größere Dimensionen anzunehmen in der Lage waren, auch wenn diesem Leben natürlich wohl schon einige Zeit verschiedene einzellige Kleinstlebewesen vorangegangen waren. Wie lange den Stromatolithen schon andere Lebensformen vorausgingen, wissen wir leider nicht genau, doch Vermutungen reichen bis 3,9 Milliarden Jahre zurück, also bis kurz nach dem »späten Bombardement«. Sicher allerdings wissen wir, dass vor etwa 3,5 Milliarden Jahren Leben auf der Erde in Form der Stromatolithen existierte.

Die Entstehung des Lebens mit seinen verschiedenen Theorien würde ein eigenes Buch füllen, und so beschäftigen wir uns hier nur oberflächlich damit. Ein Wort allerdings sei noch dazu gesagt: Ist euch allen klar, dass wir hier von unser aller Vorfahren reden? **Mikroben**? Falls nicht, sollte ich vielleicht doch noch ein paar Worte über die Verwandtschaftsverhältnisse des Lebens verlieren.

Alles Leben, das heute auf der Erde existiert, von der kleinsten Mikrobe, von der unscheinbarsten Pflanze bis zum größten Blauwal und bis zum Menschen, hat gemeinsame Vorfahren, wobei gerade derzeit darüber diskutiert wird, ob es wirklich ein einzelnes Individuum von einer Art war oder ob es sich eher um eine eng miteinander verflochtene Kolonie weniger verschiedener Lebewesen handelte. Durch die Evolution, durch Anpassung an die verschiedenen klimatischen Gegebenheiten und Lebensräume, entstand die Vielfalt der Lebensformen (**Biodiversität**), die wir heute kennen und noch hundertfach mehr, die im Laufe der Erdgeschichte ausgestorben sind. Der letzte gemeinsame Urahn (genannt **LUCA**, von **last universal common ancestor**, letzter, universeller, gemeinsamer Vorfahr), dem aber vielleicht bereits viele verschiedene, heute ausgestorbene Lebensformen vorangegangen waren, lebte vor 3,5 – 4 Milliarden Jahren. Interessanterweise sind die Lebensfor-

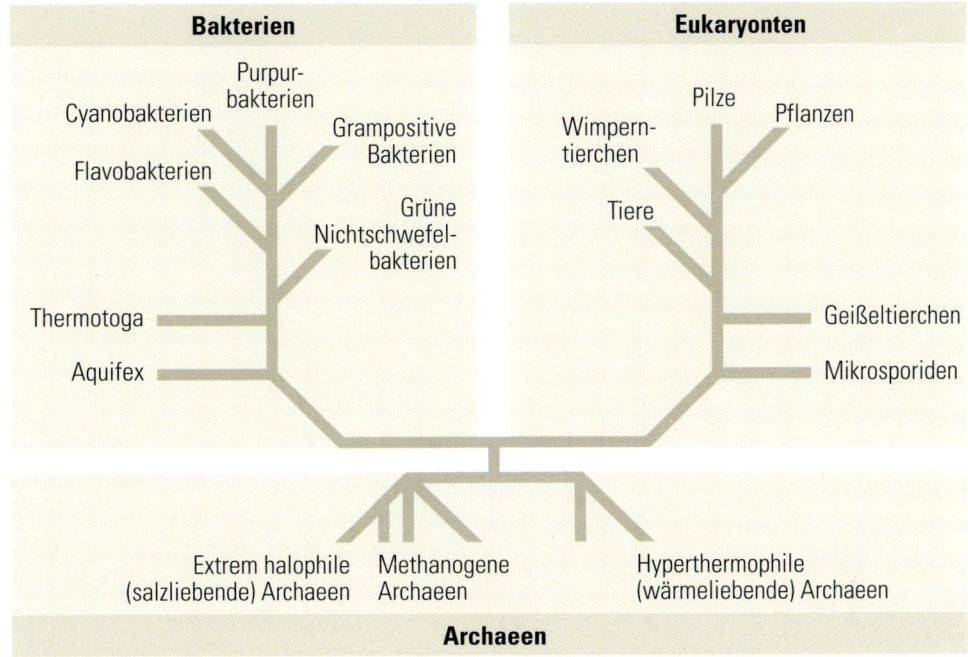

Bakterien

Cyanobakterien

Purpur-
bakterien

Grampositive
Bakterien

Flavobakterien

Grüne
Nichtschwefel-
bakterien

Thermotoga

Aquifex

Eukaryonten

Pilze

Wimpern-
tierchen

Pflanzen

Tiere

Geißeltierchen

Mikrosporiden

Extrem halophile
(salzliebende) Archaeen

Methanogene
Archaeen

Hyperthermophile
(wärmeliebende) Archaeen

Archaeen

Der Stammbaum des Lebens

Der Stammbaum des Lebens umfasst die drei großen Abteilungen der Archaeen, die vermutlich die urtümlichsten Lebensformen auf unserem Planeten darstellen, der Bakterien und der so genannten Eukaryonten, zu denen unter anderem Tiere, Pflanzen und wir gehören. Zu den Archaeen gehören auch die Extremisten, die bei hohen Temperaturen über 100 °C (Hyperthermophile) oder in extremen Salzlaugen (Extreme Halophile) leben können.

men, die diesem gemeinsamen Urahn heute am nächsten stehen, **thermophile**, also hitzeliebende **Archaeen**, einzellige Lebewesen, wie sie heute noch in heißen Quellen vorkommen. Da die Erde am Anfang heiß war und erst nach und nach abkühlte, ist es eigentlich nicht verwunderlich, dass die ersten Lebensformen besonders hitzebeständig oder sogar hitzeliebend waren.

Eine Theorie besagt übrigens, dass Kometen das erste Leben auf die Erde gebracht hätten, da sie die dafür notwenigen chemischen Bausteine enthalten. Die im März 2004 gestartete »Rosetta«-Mission der europäischen Raumfahrt-Agentur ESA soll dies klären, indem ein Landegerät einen Kometen anfliegt und untersucht. Die Ergebnisse wird man allerdings nicht vor 2014 erwarten können, da allein der Flug dorthin schon etwa zehn Jahre dauert.

Die Entwicklung von Leben hatte eine wichtige Folge, die man allerdings erst versteht, wenn man sich klar macht, wie das uns bekannte Leben überhaupt funktioniert. Wie also wachsen zum Beispiel diese Blaualgen? Sie nehmen Kohlendioxid aus der Luft auf und basteln in einem komplizierten chemischen Prozess den Kohlenstoff daraus mit Wasserstoff aus dem in der Lagune reichlich vorhandenen Wasser zusammen. Etwas Sauerstoff wird auch mit eingebaut, und fertig ist im Prinzip die Alge – eine C-H-O (Kohlenstoff-Wasserstoff-Sauerstoff)-Verbindung. Der Großteil des Sauerstoffs wird bei diesem Prozess allerdings wieder an die Atmosphäre abgegeben, wie bei der **Photosynthese**, die heutige Pflanzen betreiben. Dies führte nun dazu, dass im Laufe von Jahrmilliarden der Kohlendioxid-Gehalt der Atmosphäre langsam abnahm, der Sauerstoff-Gehalt aber anstieg.

Es gab also eine Atmosphäre voll Kohlendioxid (oder, eventuell, auch **Methan**) und Ozeane voll Wasser: Was hinderte die Blaualgen daran, sich unkontrolliert und immer weiter zu vermehren? Warum wucherten sie nicht explosionsartig weiter und überzogen alle Strände? Die Antwort ist sehr einfach: Irgendwann bestünde die Luft nur noch aus Sauerstoff und Stickstoff, der Kohlenstoff wäre komplett in den Algen beziehungsweise in den kalkigen Sedimenten eingebaut, die ja auch Kohlenstoff enthalten. Durch diese Randbedingung gibt es einen Zustand, in dem neue Algen nur noch wachsen können, wenn entweder andere dafür absterben und ihr Kohlenstoff durch Verwesung und Zersetzung wieder für die neuen Algen zur Verfügung steht oder wenn von irgendwo anders her Kohlenstoff an die Erdoberfläche transportiert wird. Es stellt sich dann also ein Gleichgewicht ein zwischen dem Kohlenstoff, der verbraucht, und dem, der nachgeliefert wird, und damit bleibt, sobald dieses Gleichgewicht einmal stabil ist, die Gesamtmasse der Algen in etwa konstant (wenn nicht aus einer anderen Quelle, zum Beispiel aus dem Erdmantel, ständig neuer Kohlenstoff zugeführt wird). Es ist also wieder ein Kreislauf, wie der Kreislauf der Gesteine, nur dass diesmal Leben eine Rolle in diesem Kreislauf spielt.

Schauen wir ihn uns einmal genauer an, diesen **Kohlenstoff-Kreislauf**, da er doch für das Leben so wichtig ist. Er beschreibt, in welchen Reservoiren auf der Erde Kohlenstoff vorkommt und durch welche Prozesse er zwischen diesen Reservoiren hin- und herbewegt wird. Prinzipiell gibt es vier wichtige Reservoire: die **Lithosphäre** (womit in diesem Fall der gesamte Gesteinsteil der Erde gemeint ist, also Erdkruste, -mantel und -kern), die **Hydrosphäre** (was neben Ozeanen auch Bäche, Flüsse und Seen einschließt), die **Atmosphäre** und die **Biosphäre**. Letzteres ist der Kohlenstoffanteil aller Lebewesen (wozu neben Algen auch zum Beispiel Blumenkohl, Regenwälder, Geologieprofessoren, Pandabären und Autorennfahrer gehören), doch werden auch **fossile** Lagerstätten von Biomasse, die wir als Brenn-

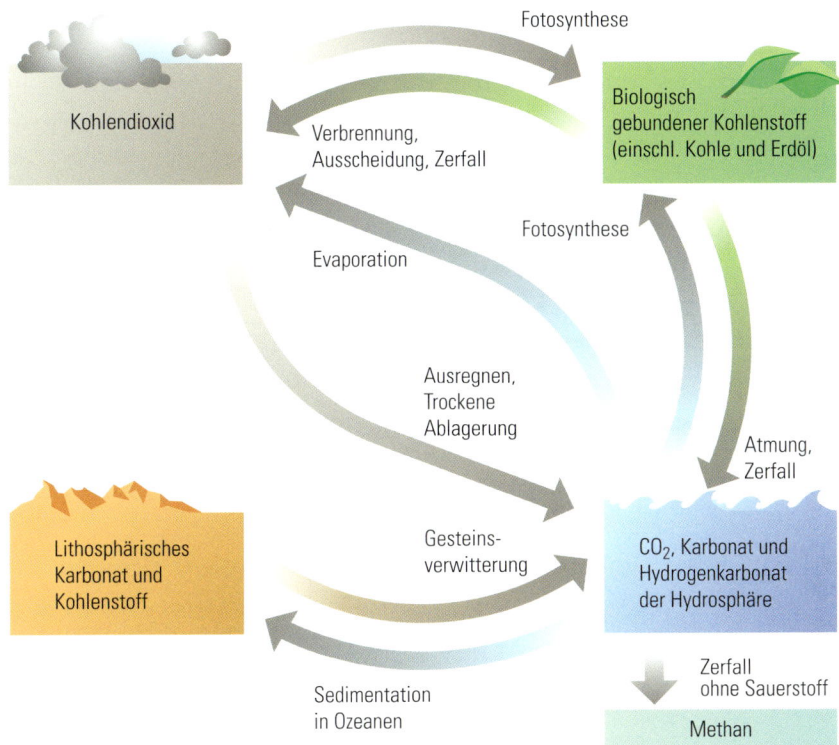

stoffe nutzen, also Erdöl und Erdgas hinzugezählt. Wie Kohlenstoff von einem
Reservoir ins andere gelangt, also z.B. durch Verdunstung, Ausfällung, Verwitterung
oder Photosynthese, zeigt die obige Abbildung.

Überlegen wir weiter. Woher kann Kohlenstoff an der Erdoberfläche freigesetzt
werden, so dass er für die Bildung von Lebewesen zur Verfügung steht?

Erstens von oben, aus dem Weltraum, also durch Meteoriten. Einige Meteoriten
können durchaus größere Mengen an Kohlenstoff enthalten, doch die pro Jahr oder
auch Jahrmillion auf die Erde fallenden Meteoriten machen einen so kleinen

Methanhydrat

Methanhydrate sind brennbare Verbindungen aus Methan und Wasser. Obwohl in der Chemie schon länger bekannt, wurde erst in den letzten zwanzig Jahren entdeckt, dass riesige Mengen dieser nur um den Gefrierpunkt und bei hohem Druck vorkommenden Methanhydrate in bestimmten Regionen der Erde auf und direkt unter dem Ozeanboden liegen. Dies ist deshalb von Bedeutung, da diese Methanhydrate riesige Energievorräte darstellen, die bisher noch gar nicht in die Rohstoff-Prognosen eingegangen sind, in denen immer noch nur die klassischen fossilen Brennstoffe (Kohle, Erdöl, Erdgas) eine Rolle spielen. Tatsächlich wird ihr Vorkommen auf 10 000 Milliarden Tonnen geschätzt, was im Vergleich zu den gesamten Kohle-, Erdöl- und Erdgas-Vorräten etwa die doppelte Menge an Kohlenstoff bindet! Andererseits können sich diese Methanhydrate bei geringer Erwärmung oder Druckentlastung schlagartig zu Methan und Wasser zersetzen. Man weiß daher noch überhaupt nicht, wie diese Verbindungen abbaubar sein könnten. Es wird von einigen Leuten übrigens auch darüber spekuliert, dass verschiedene Schiffsunglücke, bei denen Schiffe ohne erkennbaren Grund, ohne schwierige Wetterlage etwa, einfach gesunken sind, mit solchen aufsteigenden, riesigen Methanblasen zusammenhängen. Solche Blasen können leicht so groß sein, dass auch Ozeandampfer Schiffbruch erleiden. Schließlich muss man bedenken, dass bei einer Klima- (und Meeres-)Erwärmung diese Methanhydrate eventuell in großem Umfang zersetzt und dadurch riesige Mengen Methan an die Atmosphäre abgegeben würden. Da Methan als erheblich stärkeres Treibhausgas wirkt als Kohlendioxid, könnte dies eine katastrophale Folge der derzeitigen Klimaveränderung sein. All diese Fakten machen Methanhydrate zu intensiv erforschten Phänomenen des Ozeanbodens.

Bruchteil des Gewichts der Erde aus, dass man diese Menge vernachlässigen kann.

Zweitens von unten, also aus dem Erdinneren. Dies ist ein sehr viel größerer Betrag, denn die Vulkane bringen ständig Kohlendioxid und Methan aus dem auch heutzutage weiterhin entgasenden Erdmantel an die Oberfläche. Hier besteht also ein steter Zustrom von Kohlenstoff zur Erdoberfläche, was wir auf der »Haben«-Seite unserer Kohlenstoff-Bilanz notieren können.

Drittens Zersetzung anderer Lebewesen. Wenn die Algen einmal absterben, stehen ihre Bestandteile wieder von neuem für den Bau von Lebewesen zur Verfügung. Also noch ein Punkt auf der »Haben«-Seite.

Wenden wir uns nun der »Soll«-Seite der Kohlenstoff-Bilanz zu, auf der er verbraucht wird. Neben der Biomasse gibt es noch eine riesige Senke (so wird ein Reservoir auch genannt), wo Kohlenstoff für lange Zeiträume fest gebunden wird: **Karbonatgestein**, vereinfacht auch Kalkstein genannt. Kalksteine wie auf der Schwäbischen Alb oder auf Rügen binden eine riesige Menge Kohlenstoff in Form von **Karbonat-Ionen**. Der größte Teil dieses Kalks besteht aus ehemaligen Skelettteilen von Lebewesen, also etwa von Muschelschalen, ein anderer Teil aber fällt einfach aus dem Wasser aus, wenn die Grenze der Kalk-Löslichkeit im Wasser erreicht ist. Dies funktioniert wie zu Hause in der Waschmaschine oder wenn man Salzwasser zu lang kocht und verdampft (wobei dann natürlich Salz anstelle von Kalk ausfällt). Diese Kalkberge ergeben damit gleich noch einen weiteren, vierten Punkt auf unserer obigen »Haben«-Liste, denn: Verwitterung von Kalk setzt auch Kohlenstoff frei.

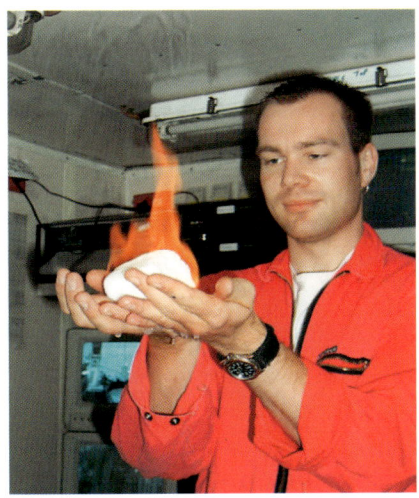

Es gibt brennende Steine, wie ein Bremer Wissenschaftler hier vorführt: Das weiße Methanhydrat stammt vom Meeresboden und kann, da Methan in ihm eingeschlossen ist, angezündet werden

Wenn man länger darüber nachdenkt, gibt es noch einige weitere Kohlenstoff-Reservoire, nämlich die Erdöl-, Erdgas- und Kohle-Vorkommen in Sedimenten und die **Methanhydrate** auf und unter dem Meeresboden. Außerdem geht Kohlenstoff der Biosphäre auch durch die Subduktion verloren, also durch die Versenkung von Kohlenstoff zurück in den Erdmantel.

Wir können somit eine vereinfachte Gleichung aufstellen, die fundamental für das Verständnis von Leben ist, nämlich die Kohlenstoff-Bilanz an der Erdoberfläche, wobei C das chemische Symbol für Kohlenstoff ist und wir vereinfacht einmal die Blaualgen als die gesamte Biomasse betrachten, was vor 3,5 Milliarden Jahren vielleicht noch einigermaßen korrekt war:

$$C_{\text{neue Blaualgen}} = \frac{C_{\text{Mantelentgasung}} + C_{\text{Kalkverwitterung}} + C_{\text{Algensterben}}}{- C_{\text{neuer Kalk}} - C_{\text{subduziert}} - C_{\text{Erdöl, Erdgas, Methanhydrat}}}$$

Wenn man wollte, könnte man rechts noch den (massemäßig wirklich unbedeutenden) $C_{\text{Meteoriten}}$ hinzufügen und den Verlust von Gas in den Weltraum, was zwar mehr ausmacht, aber auch die Bilanz nicht dominiert. Korrekterweise muss ich

Spektroskopie

Spektroskopie ist eine Methode, die Licht in einzelne Farben zerlegt. So wie ein Regenbogen nichts anderes ist als Licht, das an Milliarden Wassertröpfchen gebrochen und dadurch in seine »Spektralfarben« zerlegt wird, so kann man Licht auch an Kristallen brechen und in seine Farben zerlegen. Weißes Licht ist eine Mischung aller Farben, das sieht man am Regenbogen, bei dem ja weißes Sonnenlicht in die vielen Farben zerlegt wird. Jede dieser Farben, die man sehr fein zerlegen kann, wird von einem bestimmten Energiezustand eines bestimmten Elementes in einer Licht-quelle hervorgerufen. Durch die spektroskopische »Zerlegung« von Licht kann man darauf schließen, welche Elemente in der Lichtquelle besonders häufig vorkommen und welche wohl selten sind oder ganz fehlen. So kann man chemische Zusammensetzungen von Sternen bestimmen, auf die ein Mensch nie seinen Fuß setzen wird, indem man einfach das von ihnen ausgesandte Licht spektroskopisch analysiert. Auf solchen Argumenten basiert auch die Abschätzung der Durchschnittszusammensetzung unseres Sonnensystems.

hinzufügen, dass es Erdöl, Erdgas und vielleicht auch Methanhydrat vor 3,5 Milliarden Jahren noch nicht gab. Diese Dinge spielen erst später in der Erdgeschichte eine Rolle.

All die Reservoire bzw. Prozesse, die in obiger Gleichung mit einem Minus versehen sind, binden Kohlenstoff, der dem Leben damit nicht zur Verfügung steht. Allerdings ist dieser ganze Kreislauf in ständiger Veränderung. Die absoluten Mengen an Kohlenstoff bleiben dabei unverändert, aber der Kohlenstoff kann zwischen den verschiedenen Reservoiren ausgetauscht, also hin- und herbewegt werden. So steckte zu Beginn der Erdentwicklung aller Kohlenstoff im Erdmantel und möglicherweise als Methan und CO_2 in der Atmosphäre, danach bildeten sich langsam die ersten Karbonate (überwiegend der bereits oft erwähnte Kalk) und die ersten Lebewesen, daraus im Verlaufe langer Zeiten die ersten Erdöl-, Erdgas- und Kohlelagerstätten und schließlich die belebte Erde, wie wir sie heute kennen. Haben wir ein stabiles Gleichgewicht erreicht oder verändert es sich weiter? Kaum eine Frage ist heute für uns wichtiger, und kaum ein geowissenschaftliches Forschungsthema wird derzeit in der Öffentlichkeit kontroverser diskutiert. Ich kann in diesem Buch darauf keine Antwort geben.

Bevor wir mit Paul und Melanie zusammen einige Vulkane betrachten und schließlich in der Erdgeschichte voranschreiten, sollten wir uns jetzt noch der

Frage zuwenden, was denn an unserer Erde so besonders ist, dass sie Leben her-
vorbringen konnte – im Unterschied, so vermuten wir derzeit, zu den anderen Planeten unseres Sonnensystems. Ob diese Vermutung korrekt ist, wird auf dem Mars
gerade seit Anfang 2004 von verschiedenen europäischen und amerikanischen
Missionen untersucht – wir dürfen gespannt sein, und es ist gut möglich, dass das
folgende Kapitel in wenigen Jahren überholt ist, wenn auf dem Mars doch Lebensspuren (wenn auch nicht gerade kleine, grüne Männchen, sondern eher ungleich
langweiligere Mikroben) nachgewiesen werden.

Moderne Stromatolithen in der Shark Bay, Westaustralien

Warum ist die Erde so anders als die anderen Planeten?

Im folgenden Kapitel erfahren wir, wie ungewöhnlich und einzigartig gerade der Ort ist, an dem wir wohnen (womit nicht Riesa oder Bad Münstereifel gemeint sind, sondern die Erde allgemein). Wie unwahrscheinlich waren wohl die Zufälle, die zusammenkommen mussten, um einen südbadischen Drei-Sterne-Koch hervorzubringen (der wohl anerkanntermaßen zur Krone der Evolution gehört), einen Salamander oder eine Stubenfliege (ohne die es vermutlich zur Not auch gegangen wäre)? Dieses Kapitel wird versuchen, diese Frage zu beantworten.

Dazu müssen wir noch einmal ganz kurz die oben schon angesprochenen Fakten wiederholen: Die Planeten unseres Sonnensystems sind von innen nach außen, also von der Sonne weg aufgezählt: Merkur, Venus, Erde, Mars, Jupiter, Saturn, Uranus, Neptun, Pluto. Während die inneren Planeten Merkur, Venus, Erde und Mars Gesteinsplaneten sind, bestehen die beiden größten Planeten Jupiter und Saturn überwiegend aus Gas (vor allem aus Wasserstoff, Helium und Methan,

Die Beobachtung solcher Rinnen auf der Marsoberfläche veranlasste Wissenschaftler, das Vorhandensein von Wasser auf dem Mars zu postulieren

Solche Oberflächenformen gibt es auf der Erde nur, wenn Wasser beteiligt ist – diese hier stammen aber vom Mars

daneben noch aus Ammoniak, Schwefelwasserstoff und einigem mehr), die drei äußersten Planeten dann wieder überwiegend aus Gestein. Nur vom Mars haben wir durch Meteorite wirkliche Gesteinsproben, die Zusammensetzung der anderen Planeten ist nur aus spektroskopischen Untersuchungen und durch Missionen von Raumsonden bekannt. Soweit wir derzeit wissen, existiert Leben nur auf der Erde; da aber gerade in den letzten Jahren zunehmend klar wurde, dass auch auf der Erde Lebensformen existieren, mit denen wir nicht gerechnet hatten – zum Beispiel schwefelfressende Bakterien, Archaeen, die sich bei über hundert Grad in heißen Quellen am wohlsten fühlen und am kräftigsten vermehren oder auch Bakterien, die tief im Inneren von Gesteinen in mehr als zehn Kilometer Tiefe leben –, ist nur soviel sicher: Höhere Lebensformen, also etwa der oben erwähnte Dreisternekoch, sind in unserem Sonnensystem sicher auf die Erde beschränkt, während niedrige Lebensformen, die zum Beispiel den Bakterien oder den erst vor kurzem neu entdeckten Archaeen ähneln könnten, eventuell auch auf anderen Himmelskörpern und eventuell gar auf anderen Planeten unseres Sonnensystems vorkommen könnten. In anderen Sonnensystemen und anderen Galaxien kann man aber natürlich auch höheres Leben nicht ausschließen.

Über Leben auf dem Mars wird ja schon seit längerem spekuliert, und zwar nicht nur über die legendären grünen Männchen, sondern wegen sonderbarer Spuren in einem Meteoriten, die eine Zeit lang als Spuren von Lebewesen gedeutet wurden. Derzeit lebt das Interesse am Mars gerade wieder auf, es befinden sich drei Roboter mit analytischen Geräten auf seiner Oberfläche (von denen allerdings nur zwei funktionieren), und es werden bemannte Missionen dorthin geplant, da festgestellt wurde, dass der Mars bis vor geologisch nicht sehr langer Zeit offenbar Schnee und Wasser auf seiner Oberfläche besaß. Da Wasser als eine der wichtigsten Lebensgrundlagen angesehen wird, rückt der Mars immer mehr ins Zentrum des Interesses von Astrobiologen, die über das Leben auf anderen Himmelskörpern nachdenken.

Bevor wir nun auf die besonderen Umstände zu sprechen kommen, die auf unserer Erde die Entwicklung von Leben erlauben, sei noch eines vorangestellt: Alles, was wir derzeit überblicken können, befindet sich in unserem Sonnensystem. Neun lächerliche Planeten, ein paar Dutzend Monde, das ist alles, wovon wir etwas mehr kennen als ihre bloße Existenz und einige physikalische Kennwerte. Wir können also die Besonderheit unserer Erde nur innerhalb des Sonnensystems darstellen, nicht aber mit anderen Sonnensystemen oder gar anderen Galaxien vergleichen. Da allein in unserer Galaxie Millionen von Sonnensystemen und im Weltall wiederum Milliarden von Galaxien existieren, ist es extrem unwahrscheinlich, dass wir die einzigen höheren Lebewesen im Universum sind, die einzigen, die

Mars – der Rote Planet

sich über Dinge wie »Erdentstehung« Gedanken machen oder Bücher über geologische Prozesse lesen. Ich finde diesen Gedanken weder beruhigend noch beunruhigend – für mich ist es einfach eine Tatsache, dass es mit großer Wahrscheinlichkeit noch Millionen von Himmelskörpern gibt, die belebt sind (vielleicht auch mit einer anderen Art von Leben, als wir es kennen), aber die wir wohl nie zu Gesicht bekommen werden und mit denen wir vermutlich auch nie in Kontakt treten können. Letzteres ist eigentlich auch tröstlich und nimmt zumindest mir die Angst vor diesen Unbekannten. Die Existenz von weiterem Leben im Universum stellt übrigens weder die Existenz Gottes, eines Schöpfers, in Frage noch beweist sie sie: Sie ist davon einfach unabhängig. Wenn es einen Schöpfer gab, warum hätte er dann nur einen belebten Planeten erschaffen sollen? Wenn es keinen gab, haben auf der Erde offenbar auch die Naturgesetze ausgereicht, um Leben hervorzubringen, und die werden ja wohl auch auf anderen Gestirnen gelten.

Warum bin ich mir so sicher, dass es noch weitere belebte Sterne oder Planeten gibt? Ganz einfach: Bei allen glücklichen Zufällen, die zur Entstehung von höherem Leben auf der Erde nötig waren – so unwahrscheinlich und besonders sind sie dann doch nicht, dass sie nicht unter einigen Trillionen Sonnensystemen noch ein paar Mal vorkommen könnten. Nun aber zu den Tatsachen.

Die Marsoberfläche ist eine rote Steinwüste, die ihre Farbe durch das Eisenoxid Hämatit bekommt

Was ist notwendig, damit Leben entsteht? Zunächst einmal eine Definition für »Leben«: Leben selbst zu definieren ist erstaunlich schwer. Als Grundlage können wir nur das nehmen, was wir von der Erde kennen, und hierbei handelt es sich um chemische Reaktionen zwischen organischen Molekülen unter Beteiligung von Wasser, bisweilen auch von Sonnenlicht. Auf den ersten Blick könnte man vermuten, Leben hätte etwas mit Vermehrung, Selbst-Ordnung oder der Reaktion auf Umwelteinflüsse zu tun, da all dies doch typisch für Lebewesen zu sein scheint, doch kann man all dies auch in nicht-lebenden Systemen finden: Feuer, das sich selbst ausbreitet und durch Funkenflug neue Brandherde schafft, symmetrische, also wohlgeordnete Kristalle und Bimetallstreifen, die sich bei Temperaturerhöhung verformen, sind Beispiele, die die drei obigen Kriterien ebenfalls erfüllen.

Es hat sich daher herausgestellt, dass die nützlichste Definition von Leben die folgende ist: Ein System lebt, wenn es der Darwinschen Evolution folgt: **Reproduktion** (Vermehrung), **Mutation** (Veränderung) und **Selektion** (Auswahl). Dies beantwortet die Frage »Was macht Leben?«, auf die übrigens auch »Stoffwechsel« eine Antwort wäre, aber es ist momentan auch die nächste Annäherung an die Definitionsfrage »Was ist Leben?« Wir haben das Problem, dass wir ausschließlich das Leben auf der Erde kennen. Das heißt, unsere Theorie des Lebens bezieht sich

Leben auf Ammoniak- und Silizium-Basis

Leben, wie wir es kennen, fußt – ganz grob gesagt – hauptsächlich auf Kohlenstoff und Wasser und auf Reaktionen und Energieumsatz zwischen diesen Stoffen. Es wurde überlegt, ob eine gänzlich andere Form von Leben, die wir auf der Erde bisher nicht beobachtet haben, die aber mit unserem vergleichbar sein könnte, auch auf Silizium und Ammoniak beruhen könnte. Silizium würde dabei der Ersatz für Kohlenstoff, Ammoniak Ersatz für Wasser sein. Letzteres ist womöglich tatsächlich eine plausible Idee, da der Schmelz- und der Kochpunkt von Ammoniak bei −78 und bei −33 °C liegen, was im Universum wohl häufigere Temperaturen sind als die auf der Erde angetroffenen. Ammoniak ist ein gutes Lösungsmittel und besteht aus Stickstoff und Wasserstoff, zwei im Kosmos häufigen Elementen. Entsprechend könnte man durchaus vermuten, dass vielleicht auf erdähnlichen, aber kälteren Himmelskörpern Ammoniak die Basis für eine andere Art von Leben bildet. Silizium dagegen kann zwar, wie Kohlenstoff auch, Bindungen mit Wasserstoff eingehen (Silane), diese sind aber erheblich instabiler als diejenigen des Kohlenstoffs und binden sich sehr schnell mit Sauerstoff zu Siliziumdioxid. Dieses wiederum ist so stabil, dass weitere chemische Reaktionen (und Leben beinhaltet nun einmal chemische Reaktion in Form des Stoffwechsels!) nur sehr schwer ablaufen. Daher wäre dieser Ersatz für Kohlenstoff wohl eher ungeeignet. Aber wer weiß, was die Natur auf anderen Himmelskörpern für Überraschungen bereithält?

auf **einen** Typ von Leben (denn genetische Untersuchungen zeigen, wie oben schon gesagt, dass alles Leben auf der Erde auf eine oder sehr wenige Ursprungsformen zurückgeführt werden kann) und auf einen einzigen Planeten. Auf der anderen Seite ist selbst der eine Lebenstyp auf dem einen Planeten, der Erde, zu komplex, um ihn präzise definieren zu können. Dies ist der Hauptgrund, warum die Frage nach möglichem Leben auf anderen Planeten, derzeit speziell auf dem Mars, die Wissenschaft so sehr bewegt.

Leben benötigt neben den Stoffen, aus denen Lebewesen aufgebaut sind, immer **Energieumsatz**, also die Zufuhr von Energie, die für Bewegung, Wachstum, Vermehrung oder Wärmeregulation benötigt wird. Auf der Erde haben unterschiedliche Lebewesen unterschiedliche Mechanismen »erfunden« (sie wurden dorthin **evolutioniert**), um die benötigte Energie zu beschaffen und zu binden. Generell unterscheidet man zwei wichtige Gruppen: die **Autotrophen**, die ihre Energie aus nicht-biologischer Quelle beziehen, und die **Heterotrophen**, die anderes organi-

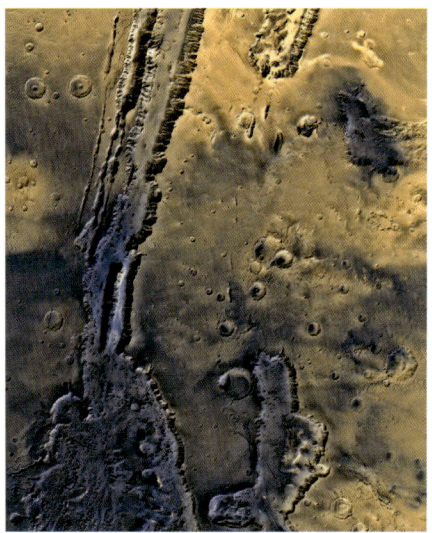

Die Marsoberfläche zeigt – wie der Mond auch – viele Krater, aber deneben weitere, bisher nicht verstandene Strukturen, wie sie auf dem Mond nicht vorkommen. Ehemalige Seen?

sches Material, normalerweise andere Lebensformen, als Nahrung verbrauchen. Typische Autotrophen sind Pflanzen, die ihre Energie aus dem Sonnenlicht entnehmen und mit dessen Hilfe über die Photosynthese Kohlendioxid und Wasser zu komplizierteren organischen Molekülen zusammenbasteln, aus denen dann am Ende beispielsweise eine Mohrrübe besteht. Heterotrophe Organismen sind wir selbst. Weitere Heterotrophe sind praktisch alle Tiere.

Trotz der oben dargestellten Schwierigkeiten machen wir es uns jetzt einfach: Wir betrachten das Leben in der Form, die wir gewohnt sind, also als **organische** Materie. Organisch ist hier im chemischen Sinne gemeint, also ein Körper, der aus organischen Molekülen besteht, überwiegend aus den Elementen Kohlenstoff, Wasserstoff und Sauerstoff mit kleineren Beimengungen an Schwefel, Phosphor, Stickstoff, Natrium, Kalium, Kalzium, Chlor usw. Ein Gestein? Nicht organisch! Ein Eisenklotz? Nicht organisch! Ein Bernstein? Nun, da wird's schon schwierig; sosehr er sich wie ein Stein anfühlt, so besteht er doch aus versteinertem Baumharz, also wieder einmal aus Kohlenstoff, Wasserstoff und Sauerstoff. Folglich: organisch!

Diese organischen Verbindungen haben eines gemeinsam: Sie sind bei hohen Temperaturen nicht sehr stabil. Sie fangen an zu brennen, zu schmelzen, zu verdampfen, wenn sie über etwa zweihundert Grad erhitzt werden. Hier haben wir also die erste Randbedingung für höheres Leben herausgearbeitet: Auf einem bewohnbaren Himmelskörper sollte es nicht heißer als etwa 100 – 130 Grad werden. Das schränkt die Möglichkeiten für die Entstehung von Leben schon ziemlich ein.

Da wir gerade bei Temperaturen sind: Wie sieht's mit der Kälte aus? Kann es beliebig kalt werden? Da stellt man Erstaunliches fest. Zwar entwickeln sich Mikroben erst ab Temperaturen von etwa minus fünfzig Grad aufwärts, das heißt, nur bei diesen Temperaturen finden **Redoxprozesse**, Vermehrung, Wachstum, Evolution, somit »Leben« statt, doch manche Lebensformen wie Pflanzensamen und gewisse Formen niederer Tiere können problemlos auf Temperaturen nahe dem absoluten Nullpunkt abgekühlt werden (−273,15 Grad Celsius), ohne dass sie ihre Fähigkeit verlieren, beim anschließenden Aufwärmen wieder aufzuleben, also sich wieder zu vermehren. Dies bedeutet, dass das aktive Leben zwar auf den engen Temperaturbereich zwischen etwa −50 und +130 Grad Celsius beschränkt ist, dass aber Lebewesen gleichsam tiefgefroren, vermutlich über Millionen von Jahren, verharren und somit theoretisch auch per Meteorit von Himmelskörper zu Himmelskörper transportiert werden könnten. Dies ist eine der Grundlagen für die oben angesprochene, auch heute keineswegs widerlegte Theorie, dass die Anfänge des Lebens sich gar nicht auf der Erde selbst entwickelt hätten, sondern per »Meteoriten-Post« auf die Erde kamen und hier lebensfreundliche Bedingungen vorfanden, unter denen sie sich vermehren und weiterentwickeln konnten. Nur zur Sicherheit möchte ich hier hinzufügen: Ich hoffe, ihr stellt euch keinen Pottwal vor, der auf einem Meteoriten geflogen kam! Wir sprechen von Mikroben oder sogar nur von komplizierten organischen Molekülen, die den Startschuss für das Leben auf der Erde gegeben haben könnten.

Gut, die Randbedingungen eins und zwei sind geklärt, um nicht nur lebens-kon-servierende, sondern lebens-freundliche Bedingungen zu schaffen: Maximal- und Minimal-Temperatur. Was benötigen wir noch? Kohlenstoff, Wasserstoff und Sauerstoff. Aus einem Stück Gestein, das aus Eisen, Magnesium, Sauerstoff und vielleicht Chrom besteht, wird sich nie Leben entfalten können, auch bei den angenehmsten Temperaturen nicht. Jedenfalls nicht so, wie wir Leben definiert haben.

Wie sich zeigt, wenn man versucht, etwas Lebendiges zu züchten, genügt aber nicht nur das Vorhandensein der Elemente, sondern erst ihre Kombination macht es: Wasser, also H_2O, ist nötig, es ist das Lebenselixier schlechthin. Versucht einmal, eine chemische Reaktion ohne Wasser hinzubekommen. Gut, wenn man den Flammenwerfer auf einen Haufen organischer Moleküle richtet (etwa Zucker), passiert schon etwas, er verbrennt. Aber das ist natürlich keine für das Verständnis von Leben wichtige Reaktion. Ansonsten läuft alles nur im Wasser ab. Unsere ganze Nahrungsaufbereitung braucht Wasser, sonst können wir weder verdauen noch Schädliches wieder aus dem Körper entfernen, noch die benötigten Stoffe zu den Stellen im Körper transportieren, an denen sie benötigt werden. Blut ist hauptsächlich Wasser, unsere Zellen sind mit Wasser gefüllt, wir selbst bestehen zu über siebzig Prozent aus Wasser.

Und nicht nur wir benötigen Wasser. Auch Pflanzen benötigen es, denn ohne Wasser keine Photosynthese, die ja aus Kohlendioxid und Wasser verschiedenste Kombinationen von Kohlenstoff-, Sauerstoff- und Wasserstoff-Verbindungen herstellt (bekannt zum Beispiel als Eiche, Salat oder rote Rose). Wenn man Bakterien oder andere Einzeller untersucht, so sind diese entweder mit Wasser gefüllt oder sie schwimmen in irgendwelchen Lösungen herum, sei es Blut, Ozean- oder Bachwasser. Mit dem Wasser hängen übrigens auch die oben erwähnten Temperaturgrenzen zusammen, denn nur das flüssige Wasser hilft dem Leben auf die Sprünge. Eis oder Wasserdampf eignen sich nicht dafür, die wichtigste Eigenschaft des Wassers nämlich, seine Fähigkeit, Substanzen zu lösen und Ionen (geladene Teilchen) zu transportieren, ist ausschließlich dem flüssigen Wasser vorbehalten, nicht aber dem Eis oder dem Wasserdampf. Ob es Leben auch ohne Wasser geben kann, ist wieder einmal eine Frage für Theoretiker und Spekulanten.

Die wichtigsten Randbedingungen haben wir damit beisammen: Wasser, Kohlenstoff und Temperatur. Hört sich das nun gar so besonders an? Ein bewohnbarer Himmelskörper muss Kohlenstoff und Wasser enthalten und darf nur zwischen etwa –50 und 130 Grad Celsius kalt beziehungsweise warm sein? Eigentlich nicht, und das ist es ja auch, was mich so sicher macht, dass es noch viele andere belebte Himmelskörper gibt. Andererseits stellen wir fest, wenn wir die anderen Planeten und Monde unseres Sonnensystems betrachten: Sie erfüllen diese so einfachen Bedingungen keineswegs. Entweder sind sie zu heiß oder zu kalt (oder sogar beides, abwechselnd, je nachdem, wie nah sie der Sonne sind und welche Seite sie ihr zukehren), oder sie enthalten praktisch kein Wasser (denken wir an den Mond).

Warum sind diese Bedingungen nun so selten? Zufall? Weit gefehlt! Leicht erklärlich: Sie hängen hauptsächlich von der Entfernung des jeweiligen Planeten von der Sonne ab, die in unserem Sonnensystem nun einmal die mit Abstand größte Energiequelle ist und damit auch maßgeblich die Temperatur bestimmt. Zu nah an der Sonne – zu heiß. Zu weit weg von der Sonne – zu kalt. Sehr einfach also. Die Erde hat genau die richtige Entfernung von der Sonne, um die für das Leben richtigen Temperaturen bereitzustellen. Und sie hat die richtige Umlaufbahn, so dass diese Temperaturen einigermaßen konstant bleiben und nicht, wie z.B. auf der Oberfläche des Mars, täglich zwischen minus hundert und plus zwanzig Grad schwanken. Auch dies ist wichtig! Allerdings ist die tägliche Temperaturschwankung auf dem Mars schon in nur etwa fünf bis zehn Zentimeter Tiefe unter der Oberfläche auf nur noch drei bis zehn Grad gedämpft, die oberste, meist sandige Gesteinsschicht wirkt also wie eine Isolationsschicht. Betrachtet man die Temperaturen auf der Venus (auf der Oberfläche ziemlich konstant etwa 460 Grad durch einen gigantischen Treibhaus-Effekt der CO_2-Atmosphäre) und Jupiter (zwischen –160 Grad in der unteren Atmosphäre und etwa 930 Grad bei hohen Breitengraden auf der Oberfläche) und bedenkt man, dass die Temperaturen auf den weiter außen liegenden Planeten schnell weiter abnehmen, so scheint sich nur der Mars als potentiell ebenfalls lebensfreundlich anzubieten, zumindest unter der schützenden Sedimenthaut in ein paar Dutzend Zentimeter Tiefe, wo es auf dem Mars um etwa minus fünfzig Grad »warm« ist. Einige Theoretiker bringen derzeit noch den Jupiter-Mond Europa ins Spiel, von dem angenommen wird, dass er eventuell geeignete Bedingungen für Leben bieten könnte – aber damit hat es sich dann auch schon mit möglicherweise lebensfreundlichen Himmelskörpern im Sonnensystem.

Ist unsere Erde also etwas sehr Besonderes oder nicht? Der Physiker, der Astronom und vielleicht sogar noch der (Astro-)Biologe mögen sagen: eigentlich nicht. Der Geologe aber stellt fest: oh doch, und wie! Hier kommt nämlich noch etwas ins Spiel, von dem wir nicht nur vermuten, dass es heutzutage im Sonnensystem einmalig ist, sondern von dem wir es wissen: die Plattentektonik. »Ja, ja,

Durch oxidierte Eisenverbindungen ist die Marsoberfläche intensiv rot gefärbt

schon recht, ist ja gut«, höre ich euch sagen, »da kann sich aber auch wirklich nur ein Geologe drüber freuen und kein normaler Mensch.«

Abgesehen davon, dass auch Geologen normale Menschen sind, werde ich euch gleich erklären, warum auch für euch diese Plattentektonik etwas ist, was ihr nie im Leben missen wolltet. Ohne sie gäbe es nämlich keine Hügel und Gebirge, keine Täler, keine Flüsse, keine Kontinente, eventuell nicht einmal Ozeane. Es gäbe lediglich Vulkaninseln, wenn es denn die Ozeane gäbe, ansonsten säßen wir auf durch Meteoriteneinschläge im Lauf der Jahrmillionen fein gemahlenem Schutt herum, wie man ihn auf dem Mond besichtigen kann, der bereits vor über vier Milliarden Jahren erkaltete, oder auf dem Mars, wo dies – wenn überhaupt - erst in den letzten Hundert Millionen Jahren geschah. Dieser Schutt wäre Basaltschutt, sehr reich an Magnesium, Chrom und Nickel und nicht besonders gut für das Wachstum von höheren Pflanzen (obwohl es wahrscheinlich zur Not schon ginge, wenn genug Wasser und Nährstoffe vorhanden wären).

Dass all dies mit der Plattentektonik zusammen hängt, habe ich oben schon erklärt: Gebirge bilden sich durch von der Plattentektonik angetriebene Zusammenstöße zweier Kontinente, Reliefunterschiede, die dabei entstehen, haben klimatische Unterschiede zur Folge, die wiederum die Erosion verstärken. Auf einer Erde ohne Relief würden sich keine großen Erhebungen und keine tiefen Schluchten bilden.

Ohne die Plattentektonik gäbe es auch keine kontinentale Kruste, und ohne sie hätten wir keine Erzlagerstätten. Die netten Goldohrringe, die praktischen Aluminium-Karosserien, die eisernen Werkzeuge, die blitzenden Kupferdachrinnen, die nervigen Mobiltelefone (die innen ein Wunderwerk aus Eisen, Aluminium, Silizium und seltenen Metallen wie Tantal und Gold beherbergen) – all dies gibt es nur, weil die Natur diese ansonsten so seltenen Elemente konzentriert und somit für uns erst nutzbar gemacht hat. Wie dies geschieht und wie es genau mit der Plattentektonik zusammenhängt, erfahrt ihr später, für den Moment muss ich euch einfach bitten, es mir zu glauben.

»Warum haben denn nun ausgerechnet wir diese Plattentektonik und die anderen nicht?« Es hat mit der Innentemperatur der Erde zu tun, denn Plattentektonik kann nur funktionieren, wenn es im Inneren der Erde die durch die Temperaturdifferenz zwischen Kern und Oberfläche angetriebene Bewegung der **Mantelkonvektion** gibt.

Dieser Mechanismus der aufsteigenden und ausströmenden Schmelze aus dem Erdmantel bildete die kontinentale Kruste, dieser Mechanismus filterte auch Elemente wie Gold, Blei, Zink oder Eisen heraus und brachte sie an die Erdoberfläche, und dieser Prozess brachte das Wasser mit. Das hätte natürlich auf allen Planeten stattfinden können, zumindest auf den Gesteinsplaneten. Warum aber ist er nur auf der Erde immer noch in Betrieb? Weil sie die richtige Größe und – hier auch wieder – den richtigen Abstand von der Sonne hat. Ist ein Himmelskörper zu klein, so strahlt er seine Wärme viel zu schnell ab und erkaltet – wie der Mond. Ehe der sich so recht eine Plattentektonik zulegen konnte, war er auch schon erkaltet. Und ist er groß genug, um das zu verhindern, so ist es immer noch eine Frage der Energiebilanz: wie viel kommt von außen, also von der Sonne, dazu und wie viel wird nach außen, in den Weltraum, abgegeben.

Die Erde hat also genau das richtige Mittelmaß, richtige Größe, richtige Position im Sonnensystem, richtige Zusammensetzung (mit viel Wasser), keine zu dichte Atmosphäre wie die Venus, keine zu dünne wie der Mond, keine zu aggressive und damit lebensfeindliche wie der Jupiter. Und jetzt dürft ihr euch, zu guter Letzt, ein bisschen freuen, denn das ist doch wahrhaftig etwas Seltenes, dass alle diese Eigenschaften auf einmal zusammenkommen. Unsere Erde ist also doch etwas Besonderes!

Wie funktioniert ein Vulkan?

In diesem Kapitel erreichen Paul und Melanie einen Vulkan. Sofort stellen sich praktische Fragen: Kann, darf und soll man den Vulkan besteigen? Auch ungefährlich aussehende Vulkane haben ihre Tücken und sollten auf keinen Fall einfach so, ohne Rücksprache mit den zuständigen Wissenschaftlern, bestiegen werden. Alles andere kann tödlich sein! Abgesehen davon hören wir in diesem Kapitel etwas über Bomben, Lapilli und Pelees Tränen – klingt nach Gewalt? Irrtum!

Die erste Nacht im Zelt auf dem fremden Planeten hatten sie überstanden. Es war eigentlich sogar ganz gemütlich gewesen in ihrem Zelt. Am Abend vorher hatten sie auf ihrem Campingkocher gekocht, waren dann noch zusammengesessen und hatten über ihre Entdeckungen und Beobachtungen diskutiert. Paul machte sich eine Menge Notizen, denn das war sein Thema, die Entwicklung der Erde. Melanie sollte nun heute zu ihrem Recht kommen, indem sie den ersten Vulkan ansteuerten. Er war zu weit weg, um hinzulaufen, und so näherten sie sich ihm jetzt in Pauls FORD.

»Schauen wir mal, wo wir landen können.« Paul blickte sich um. Oben am Gipfel des Vulkans gab es zwar eine Fläche, auf der man einen FORD abstellen könnte, aber das kam ihm doch etwas gewagt vor, direkt neben dem Krater. So entschied er sich für eine flache Stelle am Fuß des Vulkans, wo Kies und Geröll herumlagen.

Jetzt mussten sie sich entscheiden: »Wir sind hier am Fuß eines tätigen Vulkans«, erklärte Paul. »Dass er tatsächlich tätig ist, erkennt man daran, dass kleine Rauchwolken oben aus dem Krater kommen. Sollen wir hinaufklettern oder sollen wir uns nur die Steine hier unten anschauen? Hinaufklettern ist natürlich – außer dass es anstrengend ist – auch etwas gefährlich, denn wenn der Vulkan ausbricht, sitzen wir in der Patsche.« »Aber wird er denn ausbrechen?«, fragte Melanie. »Kann man das nicht vorhersagen, irgendwie?« »Klar kann man das *irgendwie*, aber *wir* können es nicht, jetzt und hier. Allerdings handelt es sich eindeutig um einen **Basaltvulkan**, und die brechen meist nicht so katastrophal aus wie zum Beispiel ein **Andesitvulkan**. Außerdem denke ich schon, dass man es vorher bemerken sollte,

Vorhersage von Vulkanausbrüchen

Vulkanausbrüche können zwar auch heute noch nicht mit Sicherheit und mit langen Vorlaufzeiten vorhergesagt werden, doch gibt es bestimmte Anzeichen, ob ein Ausbruch bevorsteht oder nicht. Da ein Vulkan nichts anderes ist als ein Berg, in dessen Innerem glutflüssiges Magma brodelt und sich bewegt, ereignen sich an den meisten aktiven Vulkanen häufig kleinere Erschütterungen, Erdbeben, die durch die Schmelz-Bewegungen verursacht werden. Außerdem treten an vielen Vulkanen heiße Dämpfe aus. Man kann also zwei Dinge messen: die kleinen, normalerweise ungefährlichen Erdbeben, die als **seismische Aktivität** bezeichnet werden, und die Temperatur der Dämpfe. Wenn Magma aus den Tiefen der Erde nach oben steigt (und das muss es ja vor einem Ausbruch), so stellt man eine Zunahme der seismischen Aktivität und der Temperatur der Dämpfe fest. Außerdem kann man mit sehr genauen Messinstrumenten manchmal Veränderungen an der Form des Berges selbst feststellen, also etwa ein Aufwölben, wenn das Magma nach oben drückt. Diese Messungen werden zur Vorhersage von Vulkanausbrüchen herangezogen, doch einen genauen Ausbruchszeitpunkt kann man auch daraus nicht gewinnen, man kann es lediglich auf wenige Wochen oder bestenfalls Tage eingrenzen.

wenn eine Eruption ansteht. Was meinst du, sollen wir es wagen?« Melanie war sowieso schon ganz Feuer und Flamme. »Klar, komm, da wird schon nichts passieren, gerade jetzt, wenn wir da oben sind. Lass uns hochsteigen.«

Sie stiegen also aus und zogen sich ihre Bergstiefel an. »Was glaubst du, wie lange werden wir bis zum Gipfel brauchen?« Melanie blickte Paul fragend an. Der schaute nach oben. »Ich nehme an, der Vulkan ist etwa tausend Meter hoch, und es gibt keinen gebahnten Weg. Viele dieser aus der Ferne so angenehm aussehenden Rutschbahnen aus Geröll sind mühsam zum Hochklettern, da man immer einen Schritt nach vorne macht, aber dabei zwei zurückrutscht.« Melanie lachte. »Hinzu kommt, dass ich ja nicht weiß, wie fit du bist und ob du durchhältst«, neckte er sie. »Ich kann dir nur sagen: Ich brauche etwa zweieinhalb bis drei Stunden da hinauf.« Verschmitzt blickte Melanie ihn an: »Ich wette mit dir, dass ich vor dir über den Kraterrand schaue!« Sie packte ihren Rucksack, in den sie ihre Wasserflasche, ein paar Tafeln Schokolade und zwei belegte Brote gepackt hatte, drehte sich um und ging los, geradewegs auf den nächsten Hang zu. Paul packte seinen Rucksack und folgte ihr.

Es stellte sich heraus, dass Melanie erheblich besser in Form war, als Paul gedacht hatte und so kamen sie zügig voran. Auch nach eineinhalb Stunden stürmte sie immer noch voraus, und Paul kam kaum noch hinterher. Immer wieder hob sie begeistert einen Stein auf, zeigte ihn Paul und fragte ihn, ob er ihr dazu etwas erklären könne. Sonderbare, wie Würste geformte Steine fand sie, und andere, die relativ leicht und von Hohlräumen durchzogen waren. Einmal fand sie sogar durchsichtige, rundliche, wie flachgedrückte Murmeln aussehende Gebilde, die aus grünem Glas zu bestehen schienen. Daneben gab es aber auch eckige und rundliche Brocken ganz anderer Gesteine, die im Basalt eingeschlossen waren. Besonders häufig waren hell grünliche, die Paul **Dunit** nannte.

Nach zwei Stunden hatten sie bereits drei Viertel ihres Weges hinter sich und beschlossen, eine Rast zu machen. Dabei kam Paul auf den Dunit zurück: »Dunit ist der Name eines Gesteins, das zum allergrößten Teil aus dem hellgrünen Mineral **Olivin** besteht. Es stammt aus den tieferen Zonen der Erde, dem Erdmantel, und wird von den Basaltschmelzen nach oben mitgerissen, als so genannter **Xenolith**, was auf Griechisch **Fremdgestein** bedeutet. Daher weiß man, dass die Basalte aus dem Erdmantel kommen und nicht aus der Kruste.« Melanie nickte, notierte sich etwas in ihr Notizbuch und steckte einen kleinen Stein mit Xenolith ein. Sie wollte zusammen mit ihrer Ferienarbeit eine kleine Sammlung von vulkanischen Gesteinen abgeben, als Anschauungsmaterial.

Dann hielt sie eine der grünen, durchsichtigen Murmeln hoch. »Und was ist das? Etwa Glas?« »Ja, das ist tatsächlich Glas.« Paul lachte über ihr verblüfftes Gesicht. »Wird eine Gesteinsschmelze sehr schnell abgeschreckt, so erstarrt sie zu einem Glas, das durchsichtig ist und dessen innere Struktur zwischen Kristall und Schmelze liegt. Das Glas ist nicht farblos wie Fensterglas, sondern da es färbende Elemente enthält, besonders Eisen, ist es grünlich, bräunlich oder schwarz. Je mehr Eisen drin ist, desto dunkler ist es gefärbt. Das Vorhandensein von Glas ist sehr typisch für Vulkanite. Man kann damit Vulkanite von allen anderen Gesteinen unterscheiden.«

Paul war sich des Gesagten hundertprozentig sicher, obwohl Melanie ihn so sonderbar verschmitzt anschaute. »Um was wetten wir?«, fragte sie dann auch prompt, »dass es noch andere Gläser gibt?« »In der Natur? Da können wir gern wetten, um was du willst, da gibt es keine anderen Gläser.« »Gut, dann wetten wir darum, wer nachher alle Gesteinsproben vom Vulkan zum FORD schleppen muss. Wer verliert, muss schleppen, okay?« Melanie blickte ihn erwartungsvoll an. »Das können wir schon machen, aber eigentlich ist es mir nicht so recht, wenn du dann alle die Steine nach unten tragen musst, das ist doch Männersache!« Paul wand sich ein bisschen, doch Melanie sagte nur: »Lass das mal meine Sorge sein«, und so stimmte er zu.

»Nun, wo gibt's noch natürliche Gläser?«, fragte er dann gespannt und freute sich schon darauf, seine wie immer umfangreiche Gesteinskollektion nicht selbst hinuntertragen zu müssen. »Bei Meteoriteneinschlägen, die **Tektite**! Und bei Blitzeinschlägen, die **Fulgurite**«, sagte Melanie triumphierend, und Paul wurde leicht blass. Sie hatte völlig Recht! Die hatte er ja ganz vergessen! Wie hatte er nur die Tektite vergessen können, die **Impaktgläser**, die bei den extremen Temperaturen im Gefolge eines Meteoriteneinschlages entstehen? Aber woher wusste Melanie das? Paul

schaute sie staunend an, und Melanie musste fürchterlich lachen, so sehr freute sie sich, dass sie die Wette gewonnen hatte, und so sehr belustigte sie Pauls völlig konsterniertes Gesicht. »Tja, Pech gehabt: Mein Vater hat so einen Tektit auf seinem Schreibtisch liegen, als Zierde, wie er immer sagt, obwohl ich ihn ziemlich hässlich finde, und er hat mir erzählt, wie er entstanden ist. Und dabei hat er auch die Fulgurite erwähnt, die kleine Häutchen dort auf Steinen bilden, wo häufig Blitze einschlagen.« »Soso, na, du bist mir

Lavaseen, also Seen aus glutflüssiger Gesteinsschmelze in Vulkankratern, sind seltene Phänomene, da sie meist schnell abkühlen und erstarren

ja eine . . .«, murmelte Paul. Dann packte er seine und ihre Steine in seinen Rucksack, und sie stiegen das letzte Stück bis zum Kraterrand des Vulkans hinauf. Eine halbe Stunde später waren sie am Ziel, und ihnen bot sich ein überwältigender Anblick.

Staunend blickten sie über den Kraterrand. Sie lagen, flach auf den Boden gedrückt, auf der Außenseite des Kraters und lugten über den Kamm. Immer wieder zogen beißende Nebelschwaden zu ihnen herüber, die aus einer Spalte tief unter ihnen zu stammen schienen. Der ganze Hang unter ihnen und bis zur Spalte war leuchtend gelb, schwefelgelb, und das war es auch, was die Farbe hervorrief: elementarer Schwefel, der überall die Steine des Kraters in diesem Bereich überzog. Tief unten, etwa 150 Meter unter ihnen, sahen sie eine glatte schwarze Fläche, die sich immer wieder bewegte und in der bei diesen Bewegungen Risse aufgingen, durch die man glutflüssige, orange leuchtende Schmelze sah. Auch von diesem »See«, diesem Lavasee, stieg Dampf auf. Melanie wollte schon aufspringen und loslaufen, um sich den Qualm ausstoßenden Spalt näher anzuschauen, aber Paul hielt sie zurück.

»Warte, wir müssen etwas vorsichtig sein. Diese Nebelschwaden riechen nicht nur ätzend, sie sind es auch, und wir könnten uns vergiften. Außerdem können sich in einem so tiefen Krater giftige Gase am Kraterboden sammeln, zum Beispiel

Schwefelwasserstoff.« Da nun der ganze Krater so rauchte und dampfte und man viel Schwefel sah, befürchtete Paul nicht zu Unrecht, dass am Kraterboden eventuell eine hohe Schwefelwasserstoff-Konzentration herrschen und sie sich damit unabsichtlich vergiften könnten.

Melanie sah ihn an. »Meinst du wirklich, das könnte gefährlich sein? Schau doch mal, wie der Wind den Nebel hier herübertreibt, da wird das Gas doch sicher sofort weggeweht!« Sie hatte Feuer gefangen, doch Paul wusste, dass solche Begeisterung oft zu unüberlegtem Handeln verleitete. Er schaute sie an und versuchte es ihr klar zu machen: »Du magst schon Recht haben, Melanie, aber was ist, wenn du Unrecht hast? Wenn nicht genügend Wind geht und sehr viel giftige Gase ausgestoßen werden? Hier oben würden wir nichts davon merken, aber einmal unten, kämen wir vielleicht gar nicht mehr heraus.« »Ja, du hast wahrscheinlich Recht«, seufzte sie, »aber wie können wir uns das denn dann genauer anschauen?«

»Wir könnten uns von der anderen Seite her dieser Spalte nähern, sodass wir den Wind im Rücken

Die Eruptionssäule des Mount Pinatubo auf den Philippinen steigt kilometerweit in den Himmel und wälzt sich übers Land

haben. Schwefelwasserstoff stinkt zwar fürchterlich, wie faule Eier, doch dummerweise gewöhnt sich unsere Nase daran, stumpft innerhalb von ein paar Minuten ab und warnt uns nicht mehr, wenn wir auf eine lebensgefährliche Konzentration dieses Gases stoßen. Am besten wäre es, wenn wir absolut dichte Gasmasken hätten. Die, die wir aufhaben« – denn nach wie vor mussten sie ja Sauerstoff-Masken tragen, um atmen zu können –, »sind eventuell nicht dicht genug, und es kommt etwas von dem giftigen Gas hinein.«

»Dann gehen wir einfach wieder hinunter zum FORD, dichten die Sauerstoff-Masken mit Klebeband ab und kommen noch mal hoch!« Paul nickte. »Das ist eine gute Idee. Allerdings ist es Nachmittag, ehe wir wieder unten sind, und wieder hier hochsteigen können wir sicher erst morgen.« »Macht ja nichts, dann legen wir uns

Hawaiische Begriffe in der Vulkanologie

Die Inselgruppe von Hawaii ist eine der Geburtsstätten der modernen Vulkanologie, also der Wissenschaft von den Vulkanen, da sie selbst vollkommen vulkanischen Ursprungs ist. Die Vulkane Mauna Kea und Mauna Loa gehören zu den größten der Welt, der Kilauea zu den aktivsten. Es ist daher nicht verwunderlich, dass einige vulkanologische Begriffe in Hawaii geprägt wurden. Eine sehr gasreiche und daher blasige, zerhackt aussehende Lava wird als **Aa-Lava** bezeichnet, eine eher glatte Lava mit etwas narbiger Oberfläche als **Pahoehoe-** (gesprochen: Pahoihoi) oder **Strick-Lava**. **Pelees Tränen** sind kleine, rundliche, glasige, auf ihrem Flug durch die Luft erstarrte Lavafetzen, die wie **Pelees Haar**, lange, haarfeine Nadeln aus glasig erstarrter Lava, an die hawaiische Göttin Pelee erinnern (und nicht etwa an einen brasilianischen Fußballer, der übrigens anders geschrieben wird).

hier am Außenrand des Kraters in die Sonne, ich schieß noch ein paar Fotos für meine Arbeit, und wir machen uns einen gemütlichen Nachmittag. Zeit haben wir ja, oder?« »Das ist eine gute Idee.« Und so verbrachten sie einige wundervolle Stunden am Krater des Vulkans, sahen weit übers Land hinaus, stiegen dann später ab (wobei Paul aufgrund seiner verlorenen Wette ziemlich zu schleppen hatte, da sowohl er als auch Melanie eine ganze Reihe von Gesteinsproben eingepackt hatten), flogen zum Zelt zurück und machten sich für die zweite Übernachtung auf der Erde bereit.

Im Zusammenhang mit dem von Paul und Melanie bestiegenen Basaltvulkan gibt es jetzt vieles zu erklären. Was für Gesteine findet man an einem Vulkan? Woher kommen die Schmelzen? Wieso gibt es verschiedene Typen? Wieso sind sie unterschiedlich gefährlich? Was hat es mit den Xenolithen und den Gasen auf sich? Ich werde versuchen, alle diese Fragen schön der Reihe nach zu erläutern.

Ein Basalt-Vulkan produziert sehr verschiedene Arten von Gesteinen, selbst wenn sie alle aus derselben Schmelze stammen. Es hängt völlig davon ab, wie sie abkühlen. Werden 1200–1400 Grad heiße Schmelztropfen oder Schmelzfetzen in die Luft geschleudert, dann kühlen sie auf ihrem Flug außen natürlich sehr schnell ab. Fallen diese Schmelztropfen dann zur Erde, so hängt es von ihrer Größe ab, was aus ihnen wird: Die Größeren werden zu **Bomben**, die kleineren zu **Lapilli**, was aus dem Lateinischen kommt und soviel wie Steinchen bedeutet. Die Lapilli sind meist kugelrund, da sie sich bei ihrem Flug durch die Luft um sich selbst drehen,

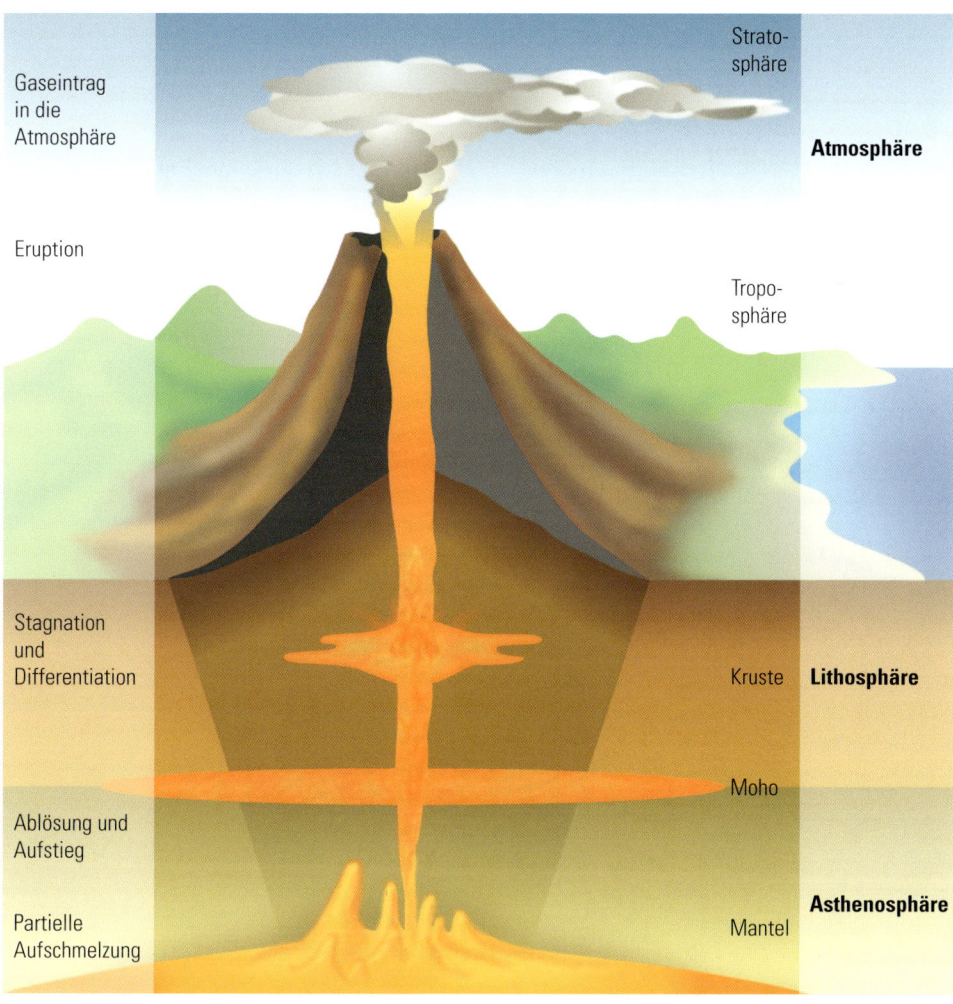

Strato-
sphäre

Atmosphäre

Gaseintrag
in die
Atmosphäre

Tropo-
sphäre

Eruption

Stagnation
und
Differentiation

Kruste **Lithosphäre**

Moho

Ablösung und
Aufstieg

Asthenosphäre

Partielle
Aufschmelzung

Mantel

Schnitt durch einen typischen Vulkan

Wenn man einen Basaltvulkan anschneiden könnte und auch noch bis ins Erdinnere verfolgen könnte, woher die Schmelze stammt, so sähe es ungefähr aus wie auf diesem Bild, das allerdings nicht maßstäblich ist, sondern den Vulkan extrem überhöht zeigt. Die Schmelze bildet sich durch partielles (also teilweises) Aufschmelzen von Gesteinen des Erdmantels. Die aufsteigende Schmelze sammelt sich häufig an der Moho, also der Grenze zwischen Kruste und Mantel, bevor sie weiter aufsteigt und in der Ober- oder Mittelkruste eine Magmenkammer ausbildet. In dieser Magmenkammer stagniert sie für einige Zeit, kühlt langsam ab und beginnt zu kristallisieren, bevor sie bei einem Ausbruch (Eruption) an die Erdoberfläche austritt. Die dabei entstehende Explosionswolke kann bis in die höchsten Schichten der Atmosphäre, in die Stratosphäre, aufsteigen.

Ein an den Spitzen noch rot glühender Basaltstrom hat Palmen umflossen und eingekesselt

Blick in einen Lavastrom. Durch ein Loch in der Kruste sieht man die glühende Gesteinsschmelze

Der rot glühende Basaltstrom überzieht sich sofort mit einer schwarzen Kruste, wenn er mit der Luft in Berührung kommt und abkühlt

und sind meist auch schon ganz erkaltet und erstarrt, wenn sie auf den Erdboden auftreffen. Deshalb behalten sie auch ihre Form, bleiben also runde Kügelchen von ein paar Millimeter bis maximal ein paar Zentimeter Durchmesser, die man später dann in verfestigtem Gestein findet, dem **Tuff**. Diese Tuffe bestehen neben den Lapilli überwiegend aus Asche, die natürlich auch bei einem Vulkanausbruch entsteht.

Die größeren Auswürflinge, also die Bomben, sind einige Zentimeter bis maximal etwa einen Meter groß. Sie kühlen auf ihrem Flug durch die Luft nicht komplett ab, sondern haben meist nur eine abgeschreckte Außenhaut. Entsprechend können sie unterschiedliche Formen annehmen. Manche sind rund, manche spindelförmig, das hängt davon ab, wie die genaue Flugbahn verläuft und ob es am Anfang ein langgezogener Schmelzfetzen war, der hauptsächlich um seine Längsachse rotiert (dann werden es Spindeln oder »Würste«), oder ob es eher ein größerer, kompakter »Tropfen« war, der um sich als Ganzes rotierte und daher rund wurde. Fallen diese innen heißen und flüssigen, außen aber abgeschreckten, festen Bomben auf die Erde, so können sie aufplatzen und Risse bekommen, durch die die Flüssigkeit von innen heraussprizt – ähnlich wie bei Tomaten, wenn man damit wirft. Solche aufgeplatzten Bomben heißen **Brotkrustenbomben**, denn so sehen sie aus.

Fließt Lava einfach nur aus, ohne dass sie durch die Luft fliegt, so kann sie sehr fest, dicht, hart und splittrig erkalten, sie kann aber auch viele Gasblasen enthalten und so schnell kristallisieren, dass dieses Gas die Lava nicht mehr verlassen kann (Aa-Lava). Dann entstehen die typischen hohlraumreichen, blasigen Strukturen. Sehr unterschiedliche Gesteine können sich also aus ein und derselben Schmelze bilden.

Der extremste Fall gasreicher Laven, der allerdings nur in ganz zähen Schmelzen vorkommt, also etwa in Rhyolithen, ist der **Bims**. Dieses Gestein besteht praktisch nur aus Gas-Hohlräumen (aus denen das Gas natürlich inzwischen entwichen ist) und ist so leicht, dass es sogar auf Wasser schwimmt. Bims kennt man aus dem täglichen Leben vielleicht als das etwas sandige Material, mit dem man seine Jeans abrubbeln kann, um sie heller zu machen, **stone-washed**.

Wenn eine Schmelze also sehr schnell erkaltet, kann es auch passieren, dass sie gar keine Zeit mehr hat, um Kristalle zu bilden, die ansonsten jedes Gestein aufbauen. Dann wird sie glasig erstarren. Am schnellsten erkaltet eine Schmelze dann, wenn sie mit Wasser in Berührung kommt, wobei ein Regenschauer da normalerweise nicht viel ausrichtet, es muss richtig viel Wasser sein. Dies geschieht entweder dann, wenn sie ins Meer oder einen See hineinfließt oder wenn die Schmelze selbst am Meeres- oder Seeboden austritt. Auch dann werden die äußersten Schich-

Aschefälle nach Vulkanausbrüchen können ganze Landstriche verwüsten

Brotkrustenbombe

Spindelbombe

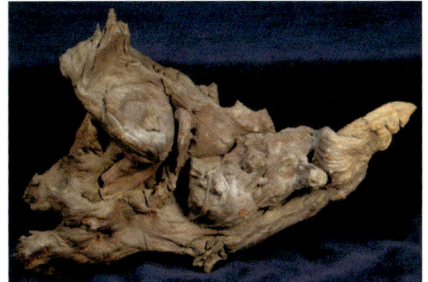

Durch die Luft geschleuderte Lavafetzen

Hier sind Lavabomben in unverfestigte vulkanische Aschen gefallen

ten am schnellsten abgeschreckt, die nachströmende Schmelze drückt diese Schicht weiter nach oben, und es entstehen rundliche, kissenförmige Strukturen, die als **Kissen-Laven** bezeichnet werden. Die einzelnen Kissen sind einen halben bis einen Meter groß und etwas flach gedrückt.

Vulkane sind allgemein Stellen, an denen geschmolzenes Gestein aus dem Erdinneren an die Erdoberfläche dringt. Es gibt verschiedene Typen von Vulkanen. Manche bringen Magma, also Gesteinsschmelze, aus sehr großen Tiefen herauf, die tiefsten aus etwa 150 Kilometern, andere dagegen nur aus relativ flachen Erdschichten. Wir können also Vulkane mit Schmelzen aus dem Erdmantel finden, während andere Vulkane Schmelzen aus der Erdkruste nach oben bringen. Wenn das Magma dann aus dem Vulkan herausströmt, spricht man von Lava (beachte: **das** Magma, aber **die** Lava!).

Um zu erkennen, ob es sich um einen tiefen oder einen flachen Vulkan handelt, muss man die Schmelzen bzw. die Gesteine, die sich bei der Kristallisation der Schmelzen bilden, normalerweise chemisch analysieren. Schmelzen, die aus der Kruste stammen, sind typischerweise reicher an Kalium und Silizium. Einem sehr feinkörnigen Gestein, wie es beim schnellen Abkühlen der vulkanischen Gesteine entsteht, sieht man das aber nicht unbedingt an, und daher muss man es eben chemisch analysieren.

Ein anderer Hinweis sind die Xenolithe, die Fremdgesteinseinschlüsse. Nehmen wir als Beispiel die Basaltschmelzen. Sie bilden sich in vielen Kilometer Tiefe. Dort unten ist es heiß, weshalb ja ein Teil des Gesteins schmilzt, ein anderer Teil aber bleibt ungeschmolzen übrig, weil die Temperatur nicht ausreicht. Die Schmelze ist nun leichter als das umgebende Gestein, damit ist sie weniger dicht, und steigt nach oben.

Ein schwimmender Stein: Bims auf Wasser

Diese Schmelze ist aber auf allen Seiten von Gestein umgeben, denn es ist ja kein Loch im Erdmantel oder in der Erdkruste, wo sie einfach hindurchströmen kann. Überall sind Gesteine, alle unter hohem Druck, und folglich können die Schmelzen nur dadurch aufsteigen, dass sie sich nach oben »durchfressen«, also nach oben weiteres Material geschmolzen wird, während unten Material kristallisiert, oder dadurch, dass ein Riss aufgeht, entlang dessen die Schmelzen nach oben fließen können. Solche Risse entstehen im Gefolge der Tektonik. Man muss sie sich nicht als meterbreite Spalten vorstellen, sondern als kurzzeitig geöffnete, wohl nur millimeterbreite Fugen, entlang derer sich die Schmelze hindurchzwängen und aufsteigen kann. Dadurch drückt sie wohl auch diesen Spalt etwas weiter auf, der Rand des Spalts wird erhitzt und beginnt selbst, teilweise aufzuschmelzen oder abzubrechen. Die Schmelze in solchen Spalten kann ziemlich schnell aufsteigen, und so reißen viele Schmelzen während ihres Aufstiegs Material mit hoch, das von den Wänden dieses Aufstiegskanals stammt.

Diese Gesteinsstücke werden dann als Xenolithe bezeichnet, denn sie gehören ja eigentlich nicht zur Schmelze, sondern sind nur hineingefallen. Wenn ein Vulkan Nebengesteine mitbringt, die nur in ganz großer Tiefe vorkommen, also Erdmantelmaterial zum Beispiel, muss es ein tiefer Vulkan sein. Wenn er aber Gesteine aus oberen Regionen mitbringt, heißt das gar nichts, denn durch die obersten paar Kilometer Erdkruste müssen sie alle durch, ob sie nun aus geringer oder aus großer Tiefe kommen, und daher können alle Vulkane Xenolithe aus der Oberkruste enthalten.

Im Endeffekt werden die Gänge, durch die die Schmelzen nach oben steigen, einige Dezimeter bis Meter mächtig, die mächtigsten solcher Zonen in der Oberkruste sind heute aus Südgrönland bekannt und werden dort als **Giant Dikes** bezeichnet, als »gigantische Gänge« und können bis zu mehrere Hundert Meter mächtig werden. Normalerweise aber sind sie kleiner.

Durch solche Beobachtungen und durch Experimente, in denen man Gesteine bei hohem Druck und großer Hitze in Öfen geschmolzen hat, weiß man inzwischen, dass Basalte immer aus dem Erdmantel kommen, während Rhyolithe Gesteine sind, die sich aus Schmelzen aus der Erdkruste bilden. Daneben gibt es natürlich noch viele weitere Schmelzen, aber diese beiden sind zunächst einmal die häufigsten. Diese Schmelzen unterscheiden sich sehr deutlich in ihrer chemischen Zusammensetzung, ich deutete es schon an. Der wichtigste Unterschied liegt im Silizium. Basalte sind relativ siliziumarm, bestehen aber immer noch zur Hälfte aus Siliziumdioxid (das aber meist nicht als Quarz, sondern als Bestandteil von Silikaten vorliegt), während die Rhyolithe siliziumreich sind, über siebzig Prozent Siliziumdioxid und auch Quarz enthalten.

Sich langsam voranschiebender Lavastrom aus Aa-Lava am Ätna, Sizilien

Pahoehoe-Laven vom Kilauea, Hawaii

Pahoehoe-Laven vom Kilauea, Hawaii

Pahoehoe- oder Stricklava aus Hawaii

Silizium

Silizium ist ein in Reinform silbriges Metall, das sehr leicht mit Sauerstoff zu Siliziumdioxid reagiert, welches, wenn es nicht noch mit weiteren Elementen verbunden ist, als Quarz bezeichnet wird. Auf der Erde kommt Silizium normalerweise nicht in elementarer Form vor, da es sofort oxidiert. Lediglich an einer einzigen Stelle gibt es einen Vulkan, der aufgrund ganz ungewöhnlicher Randbedingungen sonst nirgendwo vorkommende Stoffe fördert, zu denen metallisches Messing, Aluminium und Silizium gehören. Dies ist der **Kuriadny-Vulkan** auf Kamtschatka. Silizium ist ein wichtiges Metall, da daraus beispielsweise die Mikrochips von Telefonen und Computern hergestellt werden, CDs und vieles andere, was mit Elektronik zu tun hat. Silikate wiederum sind Minerale, die unter anderem **Silizium** enthalten. Sie sind die wichtigsten Bausteine unserer Erde.

Aus dem Rohstoff Quarz, hier in Form eines Bergkristalls (oben), werden industriell große Stangen von metallischem Silizium hergestellt (rechts), die z.B. die Grundlage von Speicherchips sind.

Kleine Bruchstücke des Erdmantels (grüne Olivine) in grauem Basalt: die so genannten Mantelxenolithe

Dieser ehemals schmelzgefüllte Gang ist angefüllt mit Xenolithen (Fremdgesteinen), die aus den verschiedensten Nebengesteinen stammen

Das Siliziumdioxid hat eine Eigenschaft, die für die Vorhersage von Vulkanausbrüchen besonders wichtig ist: Es bildet in der Schmelze lange Ketten aus Molekülen, also aus ganz winzig kleinen, nur ein paar Atome großen Teilchen. Je länger diese Ketten sind, desto zäher wird die gesamte Schmelze. Es ist wie der Unterschied zwischen Wasser und Honig: Wasser ist dünnflüssig, Honig dickflüssig. Diese physikalische Eigenschaft heißt **Viskosität** und hängt mit der **submikroskopischen**, also weder mit dem Auge noch mit einem normalen Mikroskop sichtbaren Struktur dieser Substanzen zusammen. Während eine Schmelze mit wenig Siliziumdioxid und daher nur kurzen Ketten wie Wasser fließt, so fließt eine Schmelze mit viel Siliziumdioxid und daher langen Ketten wie Honig. In Wirklichkeit ist es eher so, dass die Basaltschmelze wie zäher Honig fließt, die Rhyolithschmelze aber noch viel zäher und kaum mehr richtig fließfähig ist.

Die Basaltvulkane sind dadurch viel weniger gefährlich als die Rhyolithvulkane. Um das zu erklären, muss ich ein wenig ausholen. Meist strömen Schmelzen, egal aus welcher Tiefe sie ursprünglich kamen, in einen Hohlraum, der ein paar Hundert bis wenige Tausend Meter unter der Erdoberfläche liegt, eine so genannte **Magmenkammer**. Dort sammeln sie sich, und dort beginnt der eigentliche Ausbruch. Die wenigsten Schmelzen strömen direkt aus dem Erdmantel bis an die Erdoberfläche, sondern machen noch einmal eine Zwischenstation in solch einer **flachkrustalen** Magmenkammer.

Beim Aufstieg werden Schmelzen egal welchen Typs durch die Abkühlung generell zäher. Wenn sie dann nahe an die Erdoberfläche kommen, sind die Rhyolithschmelzen so zäh, dass sie wie eine Art Klebstoff ihre eigenen Fließwege verstopfen und nicht weiterkommen. Die Rhyolithe sitzen also in ihren flachkrustalen Magmenkammern, kühlen langsam ab, kristallisieren teilweise aus und werden

Entgasung von Schmelzen während ihrer Kristallisation

Nehmen wir an, eine Schmelze enthält ein Prozent Wasser. Dieses eine Prozent kann mühelos gelöst werden in der Schmelze, und eigentlich sollte nicht einmal bei Druckentlastung Gas entweichen. Wenn aus dieser Schmelze Minerale auskristallisieren, die kein Wasser einbauen, dann bleibt danach weniger Schmelze, aber die gleiche absolute Wassermenge übrig. Weniger Schmelze, selbe Menge Wasser: relativ also wurde das Wasser in der Schmelze angereichert. Hatte man vorher ein Prozent Wasser und kristallisiert die Hälfte der Schmelze als wasserfreie Minerale aus, so enthält die Restschmelze zwei Prozent Wasser, und so geht das fort. Am Ende hat man dann zwar relativ kleine Volumina von Schmelze, aber die enthalten bis über zehn Prozent Wasser, und irgendwann geht das nicht mehr so weiter, denn die Löslichkeit der Schmelzen für Wasser wird überschritten. So wie man nicht beliebig viel Zucker oder Salz in einem Glas Wasser auflösen kann, weil auch das Wasser nur eine begrenzte Löslichkeit für diese Stoffe hat, so hat die Schmelze nur eine begrenzte Löslichkeit für Wasser. Während also die Schmelze immer weiter abkühlt und dabei immer mehr Minerale auskristallisieren, reichert sich das Wasser immer mehr in der Restschmelze an, und irgendwann wird es als Gasblasen entweichen, genau wie beim Mineralwasser. Es entweicht als Gas und nicht als flüssiges Wasser, weil auch die abgekühlte Schmelze noch ein paar Hundert Grad heiß ist.

zäher und zäher. Durch das Auskristallisieren und auch während des Aufstiegs, bei der Druckverminderung, bilden sich Gase, die vorher in der Schmelze gelöst waren. Das kann man sich vorstellen wie beim Mineralwasser: Darin ist Kohlensäure gelöst, und wenn man in eine geschlossene Flasche hineinschaut, ist es nur Flüssigkeit, wenn man allerdings den Deckel öffnet, dann vermindert man den Druck in der Flasche (die immer mit etwas Überdruck gefüllt wird), und ganz von selbst entstehen auf einmal Gasblasen von Kohlendioxid, das sich aus der Kohlensäure bildet. Ein bisschen davon bleibt natürlich auch noch im Wasser, deshalb sprudelt es ja auch auf der Zunge noch, wenn man es dann trinkt, aber etwas verflüchtigt sich beim Öffnen der Flasche. Bei höherem Druck ist also mehr Gas in der Flüssigkeit, das bei Druckverminderung entweicht. Ähnliches passiert auch bei der Abkühlung und Kristallisation.

Diese Gase nun sind es, die die eigentlichen Vulkanausbrüche hervorrufen. Sie **entmischen** aus der Schmelze, entwickeln sich also daraus, und das geht ziemlich schnell. Da nun die Gase noch eine viel geringere Dichte haben als die Schmelze,

Wie eine graue Wand rollt die Staub- und Aschewolke des Pinatubo (Philippinen) im Jahr 1992 heran und holt selbst flüchtende Autos ein

Der Lavastrom ist innen noch glutflüssig, doch außen hat sich schon eine schwarze Basaltkruste gebildet

versuchen sie, ganz plötzlich und schnell zur Erdoberfläche aufzusteigen. Wieder ist es so wie bei den Mineralwasserflaschen: Wenn es sehr warm ist und daher die Flasche unter besonders hohem Druck steht, kommt beim Öffnen nicht nur das Gas heraus, sondern auch ein Teil des zwischen den Gasblasen »gefangenen« Wassers. Bei Vulkanen kommt daher ein Teil der Schmelze mit heraus, explosionsartig, und wird nach oben in den Himmel geschleudert. Vulkanausbrüche bestehen also in vielen Fällen einfach aus von Gasen mitgerissener Schmelze.

Bei den relativ dünnflüssigen Basalten wird das sich bildende Gas relativ schnell an die Oberfläche gelangen und relativ häufige, aber dafür kleine Ausbrüche, die auch **Eruptionen** genannt werden, hervorrufen. Wenn nun aber die Schmelze sehr zäh ist, dann können die Gase vielleicht gar nicht entweichen, sondern sie sammeln sich als große Gasblasen innerhalb der Magmenkammer an, die ja wie von einem zähen Pfropfen nach oben verschlossen wird. Je mehr Gas sich dabei ansammelt, desto höher wird der Druck, der sich in der Magmenkammer aufbaut, und irgendwann hält der Pfropfen nicht mehr, und die ganze Kammer leert sich mit einem Schlag in einer riesigen, katastrophalen Explosion.

Kurz gesagt brechen die dünnflüssigen basaltischen Schmelzen häufiger, aber meist in kleinerem Umfang aus als die dickflüssigen rhyolitischen, die selten, aber dann absolut zerstörerisch ausbrechen. Somit rührt die Gefährlichkeit von Vulkanen direkt von ihrer chemischen Zusammensetzung her. Wie wir noch sehen werden, hängt diese Zusammensetzung wieder mit der plattentektonischen Position zusammen, und so kann man bisweilen schon aus einem Blick auf eine Karte schließen, ob man es mit einem gefährlichen oder mit einem ungefährlichen Vulkan zu tun hat.

Beschäftigen wir uns zum Abschluss dieses Kapitels noch mit den vulkanischen Gasen, die Paul und Melanie am Abstieg in den Krater hinderten. Diese Dämpfe sind genau die Gase, die aus der Schmelze freigesetzt werden, wenn sie aufsteigt und abkühlt. Ich habe oben nur von Wasser und Kohlendioxid gesprochen, doch die vulkanischen Gase enthalten außerdem in unterschiedlichen Mengen Schwefel, Brom, Chlor, Stickstoff, Bor und Arsen. Wasser und Kohlendioxid zusammen machen allerdings den allergrößten Anteil dieser Gase aus.

Entweichen diese Gase explosiv, so **eruptiert** die Schmelze. Wenn aber über eine längere Zeit, eine Ruheperiode, das Magma ganz langsam abkühlt und immer ein ganz klein wenig kristallisiert, dann kann es langsam ausgasen, die Gasblasen steigen auf und verlassen das Magma ruhig. Der von Paul und Melanie beobachtete Lavasee am Boden des Kraters kann zum Beispiel der oberste Rand einer tiefer gehenden Magmenkammer gewesen sein. Seine Oberfläche bewegte sich immer wieder, weil Gasblasen aufstiegen oder weil die Schmelze darunter sich bewegte.

Gelbe Kristalle von natürlichem Schwefel   Rote Kristalle des Arsensulfids Realgar

Solange die Kruste darauf nicht zu dick wird und das Gas einfach entweichen kann, wird es keinen Ausbruch geben. Wenn man einen Hitzeschutzanzug hätte, der 1400 Grad Celsius aushielte, so könnte man in einen solchen Lavasee hineinspringen und einfach hinuntertauchen, durch lauter flüssiges Gestein.

Während Wasser und Kohlendioxid beide farblos sind, nach nichts schmecken und nicht riechen, sind Schwefel- oder Arsenverbindungen dagegen zum Teil farbenfroh und stinken mordsmäßig. Verbindungen von Schwefel mit Arsen sind zum Beispiel leuchtend orange oder blutrot, wunderschön, aber extrem giftig. Wenige Bruchteile eines Prozentes von Schwefel in den vulkanischen Gasen können, wenn die Gase nur lange genug strömen und die Magmenkammer groß genug ist, all die wunderbaren gelben Überzüge produzieren, die man häufig in Vulkankratern sieht. Direkt an den Spalten, die das Gas aus den Magmenkammern ableiten und die **Fumarolen** genannt werden, findet man bisweilen Schwefelkristalle in Form von zentimetergroßen Nadeln, die durch die Reaktion der vulkanischen, schwefelhaltigen Gase mit Luft entstehen. Borverbindungen, zum Beispiel Borsäure, können samtig glänzende, weiße Kristalle um die Spalten herum bilden. Regelmäßige Abgabe von Gasen aus Magmen, die durch Wasser nach oben steigen und dieses immer wieder herausschießen lassen, ist übrigens auch die Triebkraft von **Geysiren**.

Weder Schwefel noch Bor liegen in reiner Form in diesen Gasen vor, sondern sind in irgendwelchen chemischen Verbindungen enthalten, die erst mit der Luft

Hier sieht man auf die Fumarolen von Vulcano. Diese Insel gab den Vulkanen ihren Namen

Vulcano

Die Insel Vulcano liegt vor der Nordküste Siziliens im Mittelmeer. Sie ist eine Vulkaninsel und hat dem »Vulkan« überhaupt zu seinem Namen verholfen. Da es im Krater auf Vulcano ständig dampfte und rauchte, glaubten die Römer, dass sich im Inneren der Insel die Werkstatt ihres schmiedenden Gottes Vulcanus befinden müsse.

Diese stille, nur vor sich hinrauchende Vulkantätigkeit wird heute als vulcanianisch bezeichnet. Vulcano und die anderen Inseln der Liparischen Inselgruppe (wie Salina, Lipari oder Stromboli) sind hervorragend geeignet, um während eines Urlaubs selbst vulkanische Prozesse kennen zu lernen.

reagieren, **oxidieren**, und abkühlen und dabei die Borsäure und den reinen Schwefel bilden. Doch nicht nur elementarer Schwefel entsteht aus Vulkanen, sondern vor allem verlassen große Mengen von Asche und von gasförmigen Schwefeloxidverbindungen zusammen mit den gasförmigen Brom- und Chlor-Verbindungen die Vulkane, steigen in die Atmosphäre auf und richten dort nichts Gutes an: Natürlicher saurer Regen kann dadurch entstehen und die Atmosphäre abkühlen, weil die Sonneneinstrahlung vermindert wird. Selbst die Ozonschicht der hohen Atmosphäre wird von den vulkanischen Brom- und Chlor-Verbindungen geschädigt.

Die Ozonschicht

Ozon ist ein Gas, das im Gegensatz zu Sauerstoffmolekülen, die aus zwei Sauerstoffatomen (O_2) bestehen, Moleküle aus drei Sauerstoffatomen (O_3) enthält. Während es in hohen Konzentrationen für den Menschen gesundheitsschädlich ist (daher die Ozonwarnungen im Sommer), ist es in der hohen Atmosphäre ausgesprochen nützlich, da es einen Teil der UV-Strahlung aus dem Sonnenlicht herausfiltert. Daher war man sehr besorgt, als man bemerkte, dass diese Ozonschicht in der Stratosphäre seit den 1980er Jahren zu schwinden begann – das Ozonloch war entdeckt. Man fand heraus, dass besonders halogenierte Kohlenwasser-stoffe, also Verbindungen von Kohlenstoff und Wasserstoff mit den Halogen-Elementen Chlor, Fluor, Brom und Jod, die aus Spraydosen, Kühlanlagen, aber auch aus Vulkanausbrüchen stammen konnten, für die Zerstörung des Ozons verantwortlich sind. Daraufhin verbot man die Verwendung dieser Chemikalien in Industrieprodukten. Es wird zwar wohl noch einige Jahrzehnte dauern, bis sich die Ozonschicht wieder völlig regeneriert hat, aber dies war die erste bewusste, geowissenschaftlich relevante Verhaltensänderung der zivilisierten Menschheit und verdient höchste Beachtung.

Aus heißen Fumarolen bildet sich kanariengelber Schwefel. Vulcano, Liparische Inseln

Das Verhängnis

Paul und Melanie versuchen also ein zweites Mal, sich das Innere des Kraters genauer anzusehen. Hierbei kommt Pauls geheimnisvoller Kasten zum Einsatz, dessen Inhalt uns Aufschluss über das Innere des Vulkans geben kann. Selbst »Zebrasteine« kommen in diesem Kapitel vor, das am Ende haarscharf an einer Katastrophe vorbeiführt.

Zurück am Zelt, begann Paul damit, die Atemmasken mit Klebeband absolut dicht zu machen. Er musste sie dazu abnehmen und setzte sich daher in das FORD, da er ja nebenbei auch noch atmen musste. Nach dem Essen gingen sie früh zu Bett, denn der Tag in der Sonne, besonders mit Vulkanaufstieg, hatte sie müde gemacht. Allerdings wachte Paul nach wenigen Stunden wieder auf – vermutlich war er einfach zu früh ins Bett gegangen – und konnte die halbe Nacht lang nicht mehr einschlafen. Er wälzte sich herum, fluchte leise vor sich hin, während Melanie seelenruhig schlief. Entsprechend war sie am nächsten Morgen wunderbar ausgeschlafen, während Paul prompt unausgeschlafen war. Wenn sie gewusst hätten, dass diese Unausgeschlafenheit sie ums Haar das Leben kosten würde, wären sie vermutlich im Zelt geblieben.

So aber ließen sie das Zelt mit ihren Sachen darin nach einem kurzen Frühstück einfach am Strand stehen (was sollte ihm schon passieren?) und flogen wieder zum Vulkan. Sie kreisten um seinen Gipfel, und Paul, der in der Nacht während seines Wachliegens zu dem Entschluss gekommen war, dass sie es wohl wagen könnten, in der Nähe des Gipfels zu landen, suchte nach einem geeigneten Platz. Eine kleine Kuhle auf der Außenseite des Kraters, fünfzig Meter unterhalb des Kraterrandes, schien ihm geeignet, und er brachte seinen FORD dort zum Stehen. Müde, wie er war, vergaß er allerdings, das Licht auszuschalten, das er zum Flug immer an hatte, und seine Warnanzeige war schon lange defekt, ohne dass sie bisher repariert hatte. Auch diese Kleinigkeit sollte ihnen fast zum Verhängnis werden.

Sie setzten ihre abgedichteten Atemmasken auf, und dann ging Paul zum Kofferraum und packte das geheimnisvolle Kistchen aus, das er von zu Hause mitgenommen hatte. Melanie war gespannt: »Was ist denn das nun? Mach's doch nicht so spannend!« »Das ist ein Gesteinsbohrer«, antwortete Paul ihr und packte einen kleinen runden Bohrer mit Elektromotor aus. Die Bohrkrone war innen hohl und oben am Rand mit Diamanten besetzt, so dass man kleine Stäbchen von etwa acht Millimeter Durchmesser aus Steinen herausbohren konnte. »Damit kann man Gesteinsbohrkerne gewinnen. Normalerweise wird so etwas – natürlich in viel größerer Dimension – für Erdölbohrungen oder bei der Lagerstätten-Erkundung eingesetzt oder auch bei wissenschaftlichen Bohrungen. Es ist ein innen hohles Rohr, das mit Diamantsplittern besetzt ist und mit dem . . .« »Diamantsplitter? Richtige Diamanten? Wieso das denn? Zeig mal!« Melanie war sofort ganz aufgeregt. »Ja, schon richtige Diamanten, aber ganz winzig klein und natürlich keine Schmuckdiamanten. Das sind sozusagen Abfalldiamanten, mit Verunreinigungen, für die Schmuckindustrie nicht gut genug, aber für Werkzeuge wunderbar. Diamant ist das härteste Material, das wir kennen, und wenn man Gesteine durchbohren will, die ja auch hart sind, so braucht man etwas noch Härteres. Mit Stahl allein könntest du nicht lange bohren, der wäre in Null Komma nichts stumpf und verbogen. Aber mit Diamantsplittern, die in den Stahl eingegossen sind, kannst du sehr tiefe Löcher bohren. Dieser Ring also dreht sich und fräst sich in den Stein hinein. Da er ja innen hohl ist, bleibt eine Säule des Materials stehen, um die herum dreht sich der Bohrer. Diese Säule wird **Bohrkern** genannt. Wenn man am Ende den Bohrer herauszieht und diesen Bohrkern unten abbricht, dann hat man einen wunderbaren Schnitt durch all die Gesteine, die man durchbohrt hat. Solche Bohrungen macht man zum Beispiel, um zu erfahren, wo in einem Gestein Erz vorhanden ist und wo nicht.« »Toll, das können wir ja verwenden, um mal durch den Vulkan hindurchzubohren und zu schauen, wie der in seinem Inneren aufgebaut ist!« »Tja, ich weiß nicht, mal schauen, wie tief man damit überhaupt bohren kann und welche Temperaturen er aushält . . .« Paul sah die Verpackung an und stieß einen überraschten Ruf aus. »Das ist ja ein Ding, das scheint doch gar kein schlechter Kauf gewesen zu sein! Der Bohrer besteht aus einer Titanlegierung, die Temperaturen bis fast 1800 Grad aushalten kann, und er ist zusammengesetzt – unglaublich – mehrere Kilometer lang! Damit können wir den Vulkan nach Herzenslust durchbohren!« »Aber wie wird er denn angetrieben?«, fragte Melanie, die nicht glaubte, dass man im Handbetrieb einen solchen Bohrer bis tief in die Erde versenken könnte. »Per Elektromotor, hier ist er. Wird einfach an eine Ford-Batterie angeschlossen und schon läuft's. Ich habe eine Ersatzbatterie dabei, die nehmen wir dafür.« »Dann nichts wie los!«

So schleppten sie also die Ford-Batterie und den kleinen Hightech-Bohrer erst zum Kraterrand hinauf und stiegen dann in den Krater hinunter. Dichte Nebelschwaden umhüllten sie. Sie näherten sich dem Spalt, wo die meisten Dämpfe an die Oberfläche kamen. Gelb und rot leuchtete es ihnen entgegen, wie mit Nadeln bedeckt hingen die Wände des Spaltes voll mit Kristallen von Schwefel und von **Realgar**, dem roten Arsensulfid. Sie waren begeistert. Paul hatte so etwas auch noch nie gesehen, denn in den meisten Vulkanen gab es nur Schwefel, aber diese Gelb-Rot-Kombination war einfach sensationell. Viele weitere, hellgelbe, weiße, farblose oder auch schwärzliche Kristalle bedeckten die Wände des Spaltes. Paul kannte davon nur die weiße Borsäure. Er schrie es Melanie zu, doch sie konnte ihn kaum verstehen, da es ziemlich laut dort an diesem Spalt war, denn das Gas schoss zischend aus der Tiefe empor.

Außerdem war es sehr warm. Sie schwitzten beide, und der Schweiß rann ihnen nur so die Gesichter hinab, auch innerhalb der Atemmasken, die dadurch beschlugen. Melanie machte Dutzende von Fotos mit

Die orangen Krusten, die sich aus den Fumarolen der Solfatara bei Neapel absetzen, bestehen aus Arsensulfid (Realgar)

ihrer Digitalkamera, während Paul ein Thermometer hervorholte – natürlich kein gewöhnliches, sondern ein Bimetall-Thermometer, das Temperaturen bis zu 1700 Grad messen konnte – und es an einem Titanfaden einige Zehnermeter in den Spalt hinabließ. Nach einigen Minuten zog er es wieder heraus, und sie lasen es beide ab: dreihundert Grad Celsius! Kein Wunder, dass ihnen heiß war. Zum Glück war das Gas dort, wo es dann an die Erdoberfläche kam, nur noch fünfzig Grad heiß, aber immerhin! Sie mussten wieder etwas hinaufsteigen, um sich abzukühlen und die Atemmasken lüften zu können, denn mittlerweile sahen sie fast gar nichts mehr, so beschlagen waren sie von innen.

Beide waren aufgeregt und begeistert von dem, was sie dort gesehen hatten. Melanie strahlte Paul an. »Schau mal, wie schön die Bilder geworden sind! Mein Ferienprojekt wird sicher das beste des ganzen Jahrgangs! Diese Gasaustritte sind wahnsinnig spektakulär, auch wenn sie unglaublich stinken und extrem heiß sind.« Paul nickte lächelnd. »**Fumarolen** nennt man diese Gasaustritte, von Fumare, was im Italienischen Rauchen bedeutet. Doch jetzt lass uns mal da hinuntersteigen, zu dem Lavasee. Aber Vorsicht, ganz nah können wir wegen der hohen Temperatur natürlich nicht herangehen!«

Auf ihrem Abstieg entdeckten sie noch mehrere Fumarolen, aus denen Dampf aufstieg. Manche enthielten nur Schwefel, manche nur Realgar, manche dagegen nur diese schwarzen Kristalle, die – was Paul nicht wusste – das Eisenoxid Hämatit waren, das unserem Rost sehr ähnlich ist. Offenbar hatte jeder dieser Gasaustritte eine unterschiedliche chemische Zusammensetzung, und Paul konnte messen, dass sie auch unterschiedlich heiß waren – ob dies miteinander zusammenhing?

Aus heißen Dämpfen setzt sich gelber Schwefel ab. Vulcano, Liparische Inseln

Nach unten zu wurde es immer heißer, wieder schwitzten sie am ganzen Körper, doch sie stiegen immer tiefer hinab. Sie sahen jetzt die zernarbte und rissig aussehende Oberfläche des Lavasees deutlich vor sich, waren nur noch vierzig Meter darüber. Die Lufttemperatur dort, wo sie standen, betrug wieder fünfzig Grad. Paul machte Melanie ein Zeichen, nicht weiter hinunterzugehen, und sie nickte. Die Oberfläche des Sees zitterte leicht, hier und da gingen Spalten auf, und rot glühende Lava schwappte über die schwarze, harte Oberfläche, erkaltete schnell und bildete etwas, das einem schwarzen Kuhfladen nicht unähnlich war. Dämpfe zogen über den schwarzen See hin, und es war laut, unglaublich laut. Wie ein Brüllen hörte es sich an, das Brüllen eines unterirdisch gefangenen, großen Tieres, das immer dann besonders laut wurde, wenn eine Spalte in der Oberfläche des Sees aufriss.

Paul machte sich daran, seinen Bohrer auf einem Felsen oberhalb des Lavasees aufzubauen. Surrend setzte sich das Gerätchen in Bewegung und verschwand mit unglaublicher Geschwindigkeit im Gestein. Paul und Melanie staunten und blickten sich an. Die hauchdünnen Titanröhrchen glitten in gleichmäßiger Geschwindigkeit in die Tiefe. Paul schätzte, dass der Bohrer sich etwa zehn Meter pro Minute vorarbeitete.

Nach ein paar Minuten allerdings gab es plötzlich ein sonderbares Geräusch, und der Bohrer schoss nur so in die Tiefe. Es war klar, dass der Bohrer jetzt kein

Gestein durchquerte, sondern eine geschmolzene Zone, die Magmenkammer. Ehe Paul sich recht besinnen konnte, schoss auch prompt aus einer Ritze am Rande des Bohrlochs ein dünner Strahl rot glühender Schmelze hervor und verfehlte nur knapp Melanies Bein, die zusammenzuckte und sofort zur Seite sprang. Der Bohrer arbeitete sich immer weiter vor, schon fünfhundert Meter tief. Immer wie-

Nadelige Schwefelkristalle, die sich aus heißen Dämpfen (Fumarolen) abgeschieden haben. Vulcano, Liparische Inseln

der kamen, in unregelmäßigen Abständen, Lavaspritzer vom Rand ihres kleinen Bohrlochs herausgeschossen und bildeten kleine Pfützen um den Bohrer herum. Melanie hatte das Thermometer gepackt und versuchte, es so schnell wie nur möglich in diese kleinen Lavapfützen zu tauchen, bevor sie erkaltet waren. In den ersten Sekunden zeigte das Thermometer immer Werte zwischen 1300 und 1400 Grad an, die aber schnell geringer wurden, und dann musste Melanie es auch schon herausziehen, damit es nicht in der erkaltenden Lava stecken blieb. Mit der Zeit bildete sich aber trotzdem ein dünner, schwarzer Basaltrand an der Spitze des Thermometers, den sie immer wieder vorsichtig mit dem Taschenmesser abschaben musste.

Nachdem der Bohrer sechshundert Meter Titanröhrchen abgespult hatte, wurde der Tiefendrang wieder gebremst, die Bohrkrone war offenbar an das untere Ende der Magmenkammer gelangt, tief im Inneren des Vulkans. Jetzt fräste er sich wieder mit seiner Anfangsgeschwindigkeit nach unten, allerdings nicht sehr konstant; mal ging es schneller, mal langsamer, und Paul erklärte sich das damit, dass es dort unten wohl teilweise geschmolzenes Gestein geben müsse, also immer wieder abwechselnd feste Kristalle und weiche Schmelze, durch die der Bohrer hindurchschoss. Sie waren mittlerweile eine halbe Stunde hier unten im Krater, und noch immer arbeitete der Bohrer mühelos. Auch die Zone der teilgeschmolzenen Gesteine war offenbar vorüber, es ging mit konstant zehn Metern pro Minute abwärts.

Angesichts der Tatsache, dass Melanie (und ihm selbst natürlich auch) inzwischen die Kleider am Körper klebten, beschloss Paul, dass es nun an der Zeit sei, den Bohrer und mit ihm die Bohrkerne wieder an die Oberfläche zu holen. Er schaltete den Motor aus, der sowieso in den letzten Minuten schwächer geworden war (offenbar näherte sich die Batterie dem Ende ihrer Leistungsfähigkeit) und stellte ihn dann auf langsamen Rückwärtsgang. Die Titanröhrchen kamen zunächst langsam, dann immer schneller aus dem Loch heraus, und Paul begann schon zu überlegen, ob denn wohl auch Schmelze im Hohlraum des Bohrers gefangen wäre, als alles auf einmal stecken blieb. Die Titanröhrchen falteten sich nämlich nicht wieder schön in den Kasten hinein, aus dem sie zunächst herausgekommen waren, sondern standen wirr in der Luft herum. Melanie, die gerade mit dem Thermometer an dem großen Lavasee herumexperimentierte (sie ließ es an dem Titanfaden hinab und versuchte, es in eine der immer wieder aufbrechenden Spalten hinabzulassen), blickte sich um und musste lachen, wie Paul da in einem Gewirr von Stangen saß.

Paul fiel ein, dass er die Bohrkerne herausholen musste. So ging er also ans Ende, schraubte dort eine Titanstange ab und zog vorsichtig, mit den Fingernägeln, einen dünnen, nur acht Millimeter dicken Bohrkern heraus. Stolz zeigte er ihn Melanie! Der dünne Stab war einen Meter lang und zeigte das oberste Stück ihres Bohrlochs. Nicht sehr spannend, leider, denn es bestand lediglich aus dem Gestein, auf dem sie gerade saßen.

Mit Melanies Hilfe zog Paul also Bohrkern um Bohrkern aus dem Titangehäuse, und der Bohrer kam nach und nach wieder zur Oberfläche. Zum Glück befand sich keine Schmelze mehr in dem Bohrer, denn diese war auskristallisiert. Sie mussten

Erdbeben

Erdbeben entstehen durch tektonische Bewegungen von Gesteinspaketen, die sich gegeneinander verschieben. Da solche zum Teil riesigen Gesteinspakete natürlich nicht nur glatte Ecken und Begrenzungsflächen haben, können sich diese Pakete verhaken, wodurch sich bei weiterer Bewegung große Spannungen in den Gesteinen aufbauen können. Irgendwann werden diese Spannungen plötzlich abgebaut, zum Beispiel indem einige der Verhakungen »abreißen« oder Wasser als Schmiermittel hinzutritt, und diese plötzlichen, ruckartigen Bewegungen, die Sprunghöhen von einigen Metern erreichen können, bemerken wir an der Erdoberfläche dann als Erdbeben, obwohl ihr Ursprung irgendwo in der Ober-, Mittel- oder gar Unterkruste liegen kann. Erdbeben treten immer wieder in bestimmten Zonen auf, wo Grenzen von Gesteinseinheiten verlaufen. Beispiele dafür sind die San-Andreas-Störung bei San Franzisko, der Oberrheingraben in Süddeutschland oder auch eine Zone von der Türkei bis in den Iran und nach Afghanistan. Während bei San Franzisko das Aneinandervorbeigleiten der pazifischen und der nordamerikanischen Platte für die Erdbeben verantwortlich ist, ist es in den anderen erwähnten Beispielen die Gebirgsbildung, die sich von den Alpen über die Karpaten, Kleinasien, den Nahen Osten bis zum Himalaya erstreckt.

aber dazu übergehen, Asbesthandschuhe anzuziehen, da die Bohrkerne immer heißer wurden, je weiter sie aus der Tiefe kamen.

Unterhalb der Magmenkammer hatte der Bohrer zunächst eine Zone durchbohrt, die neben Schmelze ausschließlich den grünen Olivin enthielt, den sie schon aus den Mantelxenolithen kannten, doch darunter sahen sie etwas Sonderbares: Im Abstand von einigen Zentimetern wechselten sich Lagen aus grünem Olivin und einem schwarzen Mineral ab, das sie beide nicht bestimmen konnten. Über Hunderte von Metern tauchte somit in ihren Bohrkernen ein Gestein aus der Tiefe auf, das gestreift wie ein Zebra war, allerdings grün-schwarz anstelle von weiß-schwarz. Melanie blickte Paul fragend an, doch er zuckte die Schultern.

Sie zogen gerade das letzte Stück mitsamt der Bohrkrone heraus, als ein leichtes Zittern durch den Vulkan ging, wie eine ferne Erinnerung an einen starken Windstoß. Dazu rumpelte es leicht, und im Lavasee unter ihnen brachen ein paar Spalten auf, aus denen die Lava nun nicht mehr nur einfach herausschwappte, sondern in richtigen meterhohen Fontänen herausschoss. Melanie und Paul starrten sich entsetzt an – was war das? Ein Erdbeben!

Paul gab Melanie ein Zeichen, jetzt mit höchster Geschwindigkeit wieder nach oben zu steigen, doch schon im selben Augenblick bebte die Erde wieder, stärker diesmal, und die Lava-Fontänen kamen ihnen bereits gefährlich nahe. Melanie begann, den steilen, rutschigen Abhang hinaufzuklettern. Paul packte den Kasten mit dem Bohrer, die schwere Ford-Batterie dagegen ließ er stehen.

Wieder ein Erdstoß, wieder stärker als der Vorangegangene. Von oben kamen die ersten Gesteinsbrocken, die lose im Schutt des Kraters gelegen hatten, auf sie zugerollt, zum Glück aber noch so wenige, dass sie ausweichen konnten. Ihre Herzen schlugen, als ob sie ihre Brust zersprengen wollten. Paul bekam kaum mehr Luft, doch sie konnten sich die Gasmasken ja nicht vom Kopf ziehen.

Sie waren auf der Hälfte ihres Aufstieges zum Kraterrand, als Melanie plötzlich stürzte. Paul war sofort neben ihr und zog sie wieder hoch – ihre Hose war aufgerissen, ihr Knie blutete, doch sie lächelte tapfer und wollte gerade aufstehen, als ein gigantischer Erdstoß den Vulkan aufstöhnen ließ und eine Feuerwand zu ihnen emporgeschleudert wurde.

Paul ließ seinen Kasten mit dem Bohrer fallen, packte Melanie an der Hand und zog sie fast mit Gewalt weiter mit nach oben. Der Vulkan kam gar nicht mehr zur Ruhe, und meterhohe Flammen und Lavafetzen schossen durch die Luft, der Gestank war betäubend, die Hitze mörderisch. Schreiend flohen sie den Berg hinauf und erreichten schließlich den Kraterrand.

Hier oben wehte ein starker Wind und brachte etwas kühle Luft heran, sodass es ihnen schnell besser ging, doch mittlerweile, kaum eine Viertelstunde, seit sie den

Kraterboden verlassen hatten, war der Vulkan drauf und dran, richtig auszubrechen. Sie hetzten zu Pauls Ford, während ihnen schon die ersten Lavabomben um die Ohren flogen. Eine kleine, etwa eine halbe Faust große Bombe traf Paul am Bein und fügte ihm durch die Jeans hindurch schwere Verbrennungen zu, doch konnte er sich nicht darum kümmern, denn sie mussten schauen, dass sie wegkamen.

Jetzt aber rächte es sich, dass Paul das Licht angelassen hatte. Sie stürzten in den Ford, Paul drehte am Zündschlüssel, und nichts rührte sich. Sie blickten sich verzweifelt an, immer dichter fielen Asche und Lavabomben um sie herum. Ein paar Bomben hatten den Ford auch schon getroffen. Was sollten sie tun? Zu Fuß würden sie es nie bis in Sicherheit schaffen, während der Vulkan gerade ausbrach.

Sie dachten nach, die Sekunden verstrichen, und schließlich sagte Paul: »Setz du dich ans Steuer, leg den Leerlauf ein, ich schiebe den Ford an den Rand dieses kleinen Plateaus und dann den Hang hinunter. Wenn es an Fahrt gewinnt, musst du unbedingt den ersten Gang einlegen und die Kupplung vorsichtig kommen lassen, dann springt es hoffentlich an.« »Und du? Wie kommst du wieder herein? Und überhaupt – du kannst doch nicht da hinaus, die Bomben fliegen herum und können dich am Kopf treffen!« Melanie schrie ihn fast an. »Das geht nicht! So können wir es nicht machen! Es muss noch eine andere Möglichkeit geben!« Aber Paul griff schon nach hinten, zog sich seine dicke Lederjacke an: »Das ist unsere einzige Chance, tu, was ich dir gesagt habe« und verschwand nach draußen, wo ihm kleinere und größere Lavabrocken um die Ohren flogen.

Er hatte Glück, und nur ein paar kleinere trafen seine Lederjacke und zischten kurz auf, ohne jedoch richtige Löcher hineinzubrennen. Er rannte nach hinten und begann, den Ford an den Rand des Plateaus zu schieben, dann darüber hinweg, und schließlich gab er ihm noch einen kräftigen Stoß, worauf den Ford an Fahrt gewann und den Hang hinunter beschleunigte. Paul rannte hinterher, erwischte gerade noch einen Türgriff und schwang sich in dem Moment ins Innere, als Melanie die Kupplung kommen ließ, der Motor aufröhrte und das Gefährt sich in die Luft erhob.

Paul zog die Tür hinter sich zu und ließ sich auf den Rücksitz fallen. Er war übersät mit kleinen Brandwunden, völlig verstaubt, doch er wusste: jetzt waren sie in Sicherheit, und Melanie würde sie von diesem Vulkan wegfliegen, den sie so vollkommen unterschätzt hatten. Melanie flog noch eine Runde, in großer Höhe, über den Vulkan, sie blickten hinunter in den Krater, den sie bereits nicht mehr wiedererkannten, der Feuer spie und einen tiefen Riss an der Seite zeigte, wo sie noch vor Minuten nach oben geklettert waren. Dann nahm sie Kurs aufs Landesinnere, nur weg von diesem Berg des Schreckens.

Krankenpflege

Gerettet, aber um Haaresbreite! Dieses Kapitel ist der Erholung der beiden »Vulkanforscher« gewidmet, die gerade noch davongekommen waren. Die Genesung schreitet so prächtig voran, dass mich die Brandwunden unserer Helden nicht daran hindern, euch die Zebrasteine, magmatische Fraktionierung und die Bildung von Erzlagerstätten zu erklären – schließlich sind wir ja nicht erschöpft, oder?

Melanie flog also irgendwohin, während Paul aus dem Rückfenster die gewaltige Rauchsäule im Blick hatte und sich Vorwürfe machte. »Wie konnte ich dich nur in eine solche Gefahr bringen, das werde ich mir nie verzeihen!« »Ach was, wir sind doch noch mal davongekommen. Aus Schaden wird man klug, wir werden eben nächstes Mal vorsichtiger sein!« Melanie lächelte ihn an, bevor sie auf einen kleinen See zusteuerte, der von hellem Sand umgeben war und setzte zur Landung an. Obwohl sie noch keinen Führerschein hatte, gelang sie ihr erstaunlich gut. Ein schönes Fleckchen, wo sie da hingeraten waren, schade nur, dass es immer noch keine Pflanzen auf der Erde gab, sonst wären dort sicher ein paar Palmen gestanden. So war es nur ein See mit einem sandigen Ufer. Beide stiegen aus, stöhnend, aber beide von einer unbändigen Fröhlichkeit erfüllt – sie hatten überlebt! Was für ein Abenteuer! Pauls FORD war übersät von kleinen, schwarzen Basaltbrocken, die sich in den Lack gefressen hatten, Dellen und Kratzer bedeckten das ganze Gefährt. Pauls Lederjacke sah aus wie ein Leopardenfell voller schwarzer Punkte, und ihnen beiden standen die mit Asche verklebten Haare wirr in die Luft. Sie mussten lachen, als sie sich ansahen. Melanies Kleidung war von oben bis unten verdreckt und zerrissen. Während Paul sie noch lachend anschaute, begann sie, auf den See zuzulaufen und sich auszuziehen, bis sie nur noch in der Unterwäsche (und Atemmaske) am Ufer stand und einfach weiterlief, ins flache Wasser hinein, dann untertauchte und mit kräftigen Stößen durch das blaue, angenehm kühle Wasser schwamm. Sie winkte ihm zu und rief: »Komm auch rein, es ist wundervoll!«

Das ließ er sich nicht zweimal sagen, und kurz darauf sprang er in die Fluten des kühlen Sees und gab sich völlig dem schönen Gefühl hin. Seinen Brandblasen, mit denen sein Kopf und seine Beine übersät waren, tat das kalte Seewasser besonders gut. Zum Glück war es Süßwasser.

Einige Zeit später lagen sie auf einer Decke am Ufer, abgetrocknet und in frischen Kleidern. Melanie schmierte Brandsalbe auf Pauls Wunden, sehr vorsichtig, denn immer wieder zuckte er zusammen und jaulte auf. »Ihr Männer, ihr Jammerlappen, jaul doch nicht so rum.«

Paul musste sich eingestehen, dass Melanie überhaupt nicht gejammert hatte, als er ihre Kniewunde ausgewaschen, desinfiziert und schließlich mit einem großen Pflaster bedeckt hatte. So riss er sich zusammen und gab keinen Mucks mehr von sich. Melanie strich ihm ganz sanft mit der Creme über die Beine, die Arme und schließlich über das Gesicht, das dort pockennarbig aussah, wo die Atemmaske es nicht geschützt hatte. Er begann einzuschlafen.

Der Erschöpfungsschlaf ist eine typische Folge von Extremsituationen, höre ich jetzt schon die Psychologen sagen. Da dies aber ein geowissenschaftliches und kein psychologisches Buch ist, lassen wir die beiden einfach am Strand liegen, sie haben sich wirklich eine Ruhepause verdient, und beschäftigen uns mit der Aufarbeitung dessen, was sie im Krater erbohrt hatten, den »Zebrasteinen«.

Wir hatten im letzten Kapitel besprochen, wie sich Wasser in den Schmelzen anreichert, indem wasserfreie Minerale auskristallisieren. Genauso gibt es natürlich Elemente (wobei Wasser kein Element ist, sich aber hier wie eines verhält), die in der Schmelze nicht angereichert, sondern abgereichert werden, da sie besonders leicht in die auskristallisierenden Minerale eingebaut werden. Ein solches Element ist zum Beispiel das **Magnesium**, das als **Magnesiumoxid** fünfzig bis sechzig Gewichtsprozent des grünen Olivins ausmacht. Wenn also aus einer Schmelze Olivin auskristallisiert, dann wird die Schmelze an Magnesium verarmen, alle anderen Elemente aber reichern sich **relativ** dazu an (nicht **absolut**, denn die Gesamtmasse wird ja dabei nicht größer). Dies geschieht so mit jedem Element, das zu einem größeren Anteil in ein Mineral eingebaut wird, als es in der Schmelze vorhanden ist. Diese Veränderung der Schmelz-Zusammensetzung während der Abkühlung und Kristallisation nennt man **magmatische Differenzierung** oder **magmatische Fraktionierung**.

So jedenfalls entstehen dann die grünen Lagen im »Zebrastein«: Das sind Lagen aus reinem Olivin, der aus der Schmelze ausgefallen und auf den Boden der Magmenkammer gesunken ist, da er dichter als die umgebende Schmelze war. Irgendwann ist dann soviel Magnesium aus der Schmelze verbraucht, dass kein Olivin mehr ausfallen kann. Dann wird bei weiterer Abkühlung irgendein anderes Mineral ausfallen, an dem jetzt die Schmelze »übersättigt« ist (denkt an salzgesättigtes heißes Wasser; wenn ihr das Wasser abkühlt, fallen auch Kristalle aus).

Rechenbeispiel zur magmatischen Fraktionierung

Wenn eine Schmelze zu zwanzig Prozent aus Magnesiumoxid (MgO) besteht (das ist für manche Basalte ein realistischer Wert), Olivin aber sechzig Prozent MgO einbaut, dann wird die Schmelze hinterher, wenn ein paar Prozent Olivin ausgefallen sind, nur noch vielleicht fünfzehn Prozent Magnesiumoxid enthalten und dafür aber prozentual mehr von allem anderen, denn insgesamt muss eine Analyse ja immer hundert Prozent geben.

Wenn dagegen die Schmelze sechzig Prozent Magnesiumoxid enthalten würde – was es in der Natur nicht gibt –

und der Olivin nur zwanzig Prozent einbauen würde, dann hätte sich die Schmelze relativ an Magnesium angereichert, da offenbar andere Elemente vermehrt in den Olivin eingebaut wurden. Wer verwirrt ist, sollte sich mal in Ruhe überlegen, was passiert, wenn man aus einem Kuchen die Rosinen herauspickt – der Kuchen insgesamt wird zwar weniger, sein Gewicht nimmt um das der Rosinen ab, aber er wird relativ an Teig angereichert. Bestand er vorher aus 95 Prozent Teig und fünf Prozent Rosinen, besteht er nachher zu 100 % aus Teig – logisch, oder?

Eines der möglichen Minerale ist der **Chrom-Spinell**, der die schwarzen Bänder im Zebrastein gebildet hat. Er besteht hauptsächlich aus Chrom, Eisen und Sauerstoff, und auch er sinkt also nach unten und bildet eine neue Lage, die diesmal schwarz statt grün ist. Ist auch davon genug ausgefallen, so hat sich die Menge von Chrom und Eisen so weit vermindert, dass nun wieder genug Magnesium und Silizium in der – natürlich in der Zwischenzeit absolut weniger gewordenen – Schmelze ist, sodass wieder Olivin ausfallen kann. Und so geht das immer weiter, mal fällt Olivin aus, dann wieder Spinell, dann wieder Olivin. Hin und wieder kommt auch einmal neue Schmelze von unten in die Magmenkammer, die den Prozess wieder ganz von vorn starten lässt. Das kann dann viele Dutzend Mal passieren und gestreifte Gesteine von ein paar Hundert Meter Mächtigkeit am Boden oder auch an den Wänden von Magmenkammern produzieren. Man nennt das **rhythmisches Layering**, also eine immer wieder abwechselnde Schichtung der Gesteine. Das geht übrigens nicht nur mit Olivin und Spinell, das geht auch mit anderen Mineralen.

Diese lagigen Gesteine bilden sich immer in Magmenkammern, mal nahe an der Erdoberfläche, mal tief im Erdinneren; Paul und Melanie haben sie ungewöhnlich weit oben angetroffen. Wenn die Magmenkammern im Laufe der Zeit ganz abkühlen und komplett auskristallisieren, dann nennt man eine solche Magmenkammer eine **Intrusion**, und sie besteht nicht aus vulkanischen oder **extrusiven** Gesteinen

Schwarze Lagen aus Chromit wechseln sich mit weißen Feldspatlagen ab. Bushveld-Intrusion, Südafrika

(das sind die, von denen die beiden beinahe erschlagen worden wären) sondern aus plutonischen oder **intrusiven** Gesteinen, die also langsamer, tiefer in der Erde abkühlen und daher meist auch viel gröber sind, da die Kristalle viel Zeit zum Wachsen haben.

Nicht alle Intrusionen zeigen das Layering, also die Zebrastreifung, die wir heute gesehen haben, sondern fast nur solche, die aus basaltischen Schmelzen entstehen. Hier spielt wieder die Viskosität eine Rolle, von der ich schon sprach: Die basaltischen Schmelzen sind so dünnflüssig, dass die Kristalle, wenn sie sich gebildet haben, leicht nach unten absinken können, während die meisten anderen Schmelzen zu zäh dafür sind; die Kristalle dort können nicht hinabsinken, sondern bleiben wie im Honig an der Stelle stecken, wo sie sich gebildet haben, und da dies überall in der Magmenkammer mit gleicher Wahrscheinlichkeit sein kann, bilden sich in solchen Schmelzen keine Lagen aus.

Diese Lagen sind aber außer für Wissenschaftler, die wissen wollen, was genau beim Abkühlen von Schmelzen geschieht, noch aus einem ganz anderen Grund interessant: Sie enthalten ungewöhnlich große Anreicherungen bestimmter Elemente, beispielsweise das vorhin erwähnte Chrom, und werden daher als wichtige Lagerstätten abgebaut. Die wichtigsten Lagerstätten für Chrom, Nickel, Platin, Titan, Vanadium und ein paar andere Elemente liegen in solchen **geschichteten Intrusionen**. Die hübschen verchromten Teile an alten Autos, an Wascharmaturen oder am Besteck kommen also aus solchen Zebrasteinen, genauso wie das Platin für Schmuck und die Metalle in den Katalysatoren unserer Autos (neben Platin vor allem Palladium und Rhodium). Deswegen werden solche Lagerstätten immer wichtiger, seit wir an jedem Auto einen Katalysator haben und der Preis für diese Metalle so gestiegen ist.

Dies bringt uns zu der Frage, wie viel von einem Element in einem Gestein vorhanden sein muss, damit es unter wirtschaftlichen Gesichtspunkten abgebaut werden kann. Betrachten wir zunächst, wie stark ein Element durch geologische Prozesse angereichert werden kann. In den lagigen Intrusionen zum Beispiel können die Anreicherungen in einzelnen Lagen das Hundert- oder gar Tausendfache des Gehaltes der ursprünglichen Schmelze sein, aus der die Lage sich gebildet hat. Der genaue Wert ist von Element zu Element unterschiedlich. Eine normale Basaltschmelze etwa enthält durchschnittlich 0,1 bis 0,3 Gewichtsprozent Chromoxid, aber die Cr-reichen Spinell-Lagen können zwischen zwanzig und dreißig Prozent davon enthalten. Einen Basalt abzubauen, um daraus das Chrom zu gewinnen, wäre also unwirtschaftlich, aber solche Lagen können wirtschaftlich abgebaut werden. Hier muss man also unterscheiden zwischen dem Anreicherungsfaktor und dem absoluten Gehalt.

Magmatisches Layering in der Skaergaard-Intrusion, Ostgrönland

Wie groß der Gehalt eines Elementes im Gestein sein muss, um es wirtschaftlich gewinnen zu können, ist sehr unterschiedlich, da es außer vom Preis des Metalls auf dem Weltmarkt von vielen verschiedenen Faktoren abhängt. Wenn das Gestein direkt an der Oberfläche liegt, muss es weniger ent-

Ein gestreifter Berg: die berühmten Layers im Kakortokit von Ilimaussaq, Südgrönland

halten, als wenn man es aufwändig durch Stollen und Schächte gewinnen muss. Wenn es in Ländern mit niedrigen Löhnen gefunden wird, kann es billiger abgebaut werden als in Ländern mit hohen Löhnen. Wenn das gesuchte Element extrem selten und sehr teuer ist, dann braucht man natürlich viel geringere Gehalte, als wenn das Element an vielen Stellen und in großen Mengen vorkommt.

Wird das Element sehr viel verwendet, ist es teurer, als wenn es zwar selten, aber zu nichts zu gebrauchen ist (wobei eine solche Aussage immer nur für unsere Zivilisation im jetzigen Zustand gilt; man weiß nie, wofür es einmal gebraucht werden könnte). Ein gutes Beispiel für Letzteres war das oben schon erwähnte Rhodium, ein Metall, das mit dem Platin verwandt ist. Es ist extrem selten, kommt immer in winzigen Mengen zusammen mit Platin vor, aber lange Jahre konnte man es zu nichts verwenden. Es wurde zwar zusammen mit dem Platin gewonnen, aber allenfalls einmal zu Schmuck verarbeitet, bis dann entdeckt wurde, dass es so gute Eigenschaften in Auto-Katalysatoren hat – dann auf einmal war praktisch über Nacht aus einem seltenen, aber uninteressanten und daher recht billigen Metall einer der höchstbezahlten Rohstoffe überhaupt geworden.

Häufig werden Lagerstätten abgebaut, die nicht nur ein verwertbares Element enthalten, sondern mehrere. Auch das beeinflusst natürlich die Wirtschaftlichkeit einer Lagerstätte. Wenn viele interessante Elemente in kleinen Konzentrationen vorkommen, ist das genauso gut, wie wenn ein Element in einer großen Konzentration vorkommt.

Angesichts des Verbrauchs an unterschiedlichen Elementen durch unsere Zivilisation werden generell viele Rohstoffe immer knapper. Werden neue Lagerstätten entdeckt, so kann sich die Knappheit einmal für ein paar Jahre oder Jahrzehnte verringern, doch allgemein müssen für eine wachsende Bevölkerung wie auf unserem Planeten immer mehr Rohstoffe gewonnen werden, die immer kostbarer werden. Wird ein gewisser Schwellenpreis überschritten, so lohnt es sich nicht nur, neues Metall aus der Erde zu graben und aus den Gesteinen zu gewinnen, sondern auch altes Metall wieder zu verwenden, also **Recycling** zu betreiben. Das ist aber erst ab einer gewissen Knappheit, einer gewissen Nachfrage, also erst ab einem gewissen Preis wirtschaftlich möglich. Vorher ist es billiger, gebrauchte Stoffe wegzuwerfen und einfach neue anzufertigen oder zu gewinnen – was zwar unvernünftig, aber wirtschaftlich begründet ist.

Da diese Aspekte also bisweilen politische Dimensionen annehmen können, ist es wichtig, geologische Prozesse der Lagerstättenbildung genau zu verstehen (abgesehen davon, dass ich es einfach aus Neugier spannend finde), denn nur dadurch kann man vorhersagen, wo sich welche Elemente wie anreichern, kann man neue Lagerstätten entdecken oder alte Abbaustellen so erweitern, dass sie weiter abgebaut werden können. Im Endeffekt hat das durch die Rohstoff-Verknappung eine weltwirtschaftliche Dimension, und hier hängt die Geologie direkt mit der Wirtschaft zusammen.

Heute zum Beispiel, wo Gold nicht nur als Schmuck-, sondern vor allem als technisches Metall zur Leitfähigkeitsverbesserung in Handys und vielen anderen elektronischen Geräten benötigt wird, können wieder Goldlagerstätten abgebaut werden, die früher unrentabel waren. Dadurch können neue Lagerstättentypen entdeckt werden, nach denen man früher gar nicht suchte. Heutzutage muss eine Goldlagerstätte, um wirtschaftlich abbaubar zu sein, nur noch etwa 0,0005 Prozent Gold enthalten.

Die Sache mit den Diamanten

Eigentlich sollte es ja ein ganz gemütlicher Tag werden, an dem Paul und Melanie sich von dem Schrecken erholen wollten, aber was will man machen, wenn man ein paar Hundert Meter hinter dem Zelt auf einen Kimberlit stößt? Liegen lassen und weiter spazieren oder zurückrennen und die Schaufel holen? Keine Frage, oder? Zurückrennen natürlich! Wie? Ihr wisst gar nicht, was ein Kimberlit ist? Nun, dann aber schleunigst weiterlesen, denn jetzt wird's edel!

Wieder brach ein neuer Morgen auf dem bislang nur von ein paar Blaualgen bewohnten Planeten Erde an. Paul und Melanie waren, als es am Vortag dunkel und kühl wurde, etwas steif und hinkend zu ihrem FORD zurückgegangen, die kurze Strecke zu ihrem Zelt geflogen, hatten aber nicht mehr die Energie gehabt, noch zu kochen, sondern hatten einfach Brot mit ins Zelt genommen und waren dann sehr schnell eingeschlafen. Am nächsten Morgen cremte Paul gleich nach dem Aufstehen seine Wunden neu ein und verband sie.

Um Melanie in Ruhe wach werden zu lassen und um selbst die Steifheit aus den Gliedern zu bekommen, flüsterte er ihr zu: »Ich geh mal eine Runde spazieren, mach dir keine Sorgen« und stiefelte dann, nur in T-Shirt, Hose und Bergstiefeln, in die Felsen hinter dem Zelt. Es war wieder sonnig, und er sah die schönen Granite, die sie schon am ersten Tag auf der Erde durchquert hatten, grobkörnig und leicht rosa wegen der vielen Kalifeldspäte. Riesenblöcke gab es da, fast hausgroß. Komisch eigentlich, warum hier so große Blöcke herumlagen. Woher kamen die? Kein Berg weit und breit.

Während er so lief, machte sich Paul immer mehr Gedanken über dieses Phänomen, bis er plötzlich – kaum einen Kilometer vom Zelt entfernt – aus der Ebene mit den Granitblöcken heraustrat und vor einem flachen, keine hundert Meter hohen Hügel stand, auf dem keine Blöcke lagen, sondern der aus einem bräunlichen, tonigen Material zu bestehen schien. Paul ging auf den Hügel zu und stieg hinauf. Von oben sah er auf die Granitblöcke herunter, die offenbar im Kreis um diesen Hügel angeordnet waren, in jede Richtung wurden sie mit der Entfernung immer kleiner,

und nach einem Kilometer hörten sie auf. Der Hügel selbst hatte ebenfalls einen fast kreisrunden Umfang und maß etwa achthundert Meter im Durchmesser.

Sonderbar, Paul konnte sich das nicht erklären. Dann bückte er sich, denn etwas im Boden hatte seine Aufmerksamkeit erregt: ein strahlend rotes Mineralkorn von nur ein paar Millimeter Größe. Er hob es auf und hielt es gegen die Sonne. »Ein Granat«, murmelte er, »wo kommt denn der her? Sicher nicht aus dem Granit!« Er kniete sich nieder und begann, den sandig-tonigen Boden genauer zu betrachten. Glänzend schwarze Körnchen lagen dort neben viel hellbraunem Sand und dazwischen immer wieder rote Granate und hin und wieder einmal ein leuchtend grünes Korn, das Paul sofort wieder an die Mantelxenolithe im Basalt denken ließ, in denen neben dem hellgrünen Olivin auch das durch Chrom flaschengrün gefärbte Mineral **Klinopyroxen** vorkam.

Kaum hatte er diesen Gedanken, war ihm auch klar, was das braune sandige Material war: zersetzter Olivin! Er saß auf einem Hügel aus Mantelgestein. Aber wie kam das hierher? Sich weiter umschauend, fand Paul auch Gesteinsbruchstücke im Boden liegen, und zwar sowohl Mantelxenolithe, wie er richtig vermutet hatte, als auch kleine Bruchstücke der Granite und ein sonderbares, schwärzlich-grünes Gestein mit weißen Flecken, das all die Minerale zu enthalten schien, die er lose im Boden erkannt hatte. Langsam schwante es Paul, um was es sich hier handeln könnte, und er begann fieberhaft, den Boden mit den Händen zu durchwühlen, um den letztendlichen Beweis, die absolute Gewissheit zu finden.

Er brauchte vier Minuten, dann stieß er ein wildes Triumphgeheul aus, hielt einen unscheinbaren, farblosen Kristallsplitter hoch, sprang auf und rannte zum Zelt. Vergessen waren alle Gedanken, dass Melanie langsam aufwachen und ein wenig Ruhe haben sollte, vergessen waren alle Strapazen von gestern, die Schmerzen in den Beinen – was er da gefunden hatte, war etwas so Besonderes, dass er es selbst noch gar nicht fassen konnte. »Melanie«, schrie er, während er durch die Granitlandschaft zum Zelt zurückrannte. »Melanie, komm schnell, schau dir das an!«

Melanie war gerade aus dem Zelt gekommen und war dabei, sich eine Tasse Tee heiß zu machen, als Paul keuchend und rufend um den letzten Granitblock bog. »Du bist ja ganz außer Atem, was gibt's denn? Bist du einem Löwen begegnet?« Sie stand vom Campingkocher auf und wandte sich lächelnd zu ihm um. Kaum sah sie sein Gesicht, war ihr klar, dass etwas ganz Außergewöhnliches passiert sein musste. »Etwas gefunden? Erzähl doch! Zeig doch mal, was du da hast!«

Paul öffnete die Hand, und ein kleiner glasiger Splitter kam zum Vorschein, fünf Millimeter lang. Farblos, unregelmäßig, durchgebrochen und am einen Ende etwas spitzer als am anderen. Melanie schaute ihn überrascht an. »Und deswegen rennst du hierher? Wegen eines Glassplitters?« Während sie es aussprach, wurde ihr bereits klar, dass es kein Glassplitter sein konnte, denn woher sollte farbloses, durchsichtiges Glas auf dieser unbewohnten Welt kommen? Gesteinsglas jedenfalls sah anders aus. Sie nahm das Korn in die Hand und betrachtete es genauer. »Sieht aus wie Quarz«, sagte sie und schaute Paul fragend an. Der schüttelte den Kopf. »Gib mal deine Uhr«, antwortete er, und sie streckte den Arm aus, an dem sie ihre, von dem gestrigen Ausflug völlig zerkratzte Armbanduhr trug.

Paul nahm ihr den Splitter aus der Hand, machte dann einen langen Kratzer in das zerkratzte Deckglas von Melanies Uhr. Sie starrte ihn an, und auf einmal verstand sie. Ein Lächeln ging über ihr Gesicht, wurde immer breiter, dann wurde sie ganz aufgeregt: »Das ist ein Diamantsplitter, stimmt's? Du hast einen Diamanten gefunden! Wie hast du denn das gemacht, und wie hast du ihn erkannt? Der sieht doch echt aus wie Quarz!« Paul sah sie an und sagte: »Jetzt frühstücken wir in Ruhe, und dann zeige ich dir alles.«

Eine halbe Stunde später machten sie sich dann auf den Weg. Sie schleppten alle möglichen Werkzeuge aus dem Kofferraum des Fords, darunter einen Klappspaten, eine Spitzhacke, zwei Geologenhämmer und eine kleine Schaufel (gut, dass Paul immer alles im Kofferraum hatte!), und beide hatten ihre Rucksäcke dabei, die allerdings fast leer waren, bis auf zwei große Wasserflaschen. Bald standen sie auf dem Hügel, wo Paul seinen ersten Diamanten gefunden hatte. »Es handelt sich hier vermutlich um einen Kimberlit«, fing Paul an zu erklären, während Melanie sich sofort auf die Knie niederließ, ihre schulterlangen Haare zum Pferdeschwanz zusammenband und im Boden zu scharren begann. »Ich habe die dafür typischen Minerale – Granat und flaschengrünen Klinopyroxen – gefunden und gesehen, dass hier alle Gesteine zerbrochen sind, und da kam ich darauf, nach den Diamanten zu suchen. Im Naturkundemuseum zu Hause hatte ich nämlich mal eine Ausstellung über Diamanten besucht, und da sahen die Gesteine ganz genauso aus wie hier.«

In diesem Moment schrie Melanie begeistert auf: »Schau mal, ich habe auch einen!« Sie hielt ihm einen glasklaren Kristall hin, größer als das Bruchstück, das er gefunden hatte. »Na, dann muss ich mich ja gleich auch wieder auf die Suche machen!« So knieten sie sich beide hin und begannen, den Sand zunächst mit ihren Händen, später auch mit Schaufel, Pickel und Klappspaten zu durchwühlen. Innerhalb von zwei Stunden fanden sie 45 Diamanten. Der größte war über zwei Zentimeter groß, aber sehr trüb. Nur ganz wenige und vor allem kleinere Diamanten waren durchsichtig.

»Das sind die, die man für Schmuck verwenden kann, alle anderen sind die Industrie-Diamanten, die auch für solche Bohrer wie meinen verwendet werden. Schau, die meisten haben schöne Kristallformen, das ist ganz typisch für Diamanten. Das hier ist ein **Oktaeder**.« Paul zeigte auf eine Doppelpyramide mit acht Flä-

So sehen natürliche Diamantkristalle aus, wenn sie aus dem Kimberlit herausgebrochen werden

chen, »während das hier ein Würfel und dies ein **Rhombendodekaeder** ist.« Letzteren kannte Melanie nicht, es handelte sich um ein aus lauter Rauten zusammengesetztes, eckiges Gebilde.

»Schön!«, sagte sie. »Jetzt müssten wir nur noch eine Goldlagerstätte finden, und dann könnten wir uns Schmuck basteln!« »Ja, aber Gold kommt leider ganz woanders vor, nicht hier in Kimberliten oder in Basaltvulkanen. Das müssen wir wohl kaufen. – Übrigens: So ein Kimberlit ist auch ein Vulkan, gell? Vergiss vor lauter Diamantengier nicht, auch ein paar Gesteinsproben mitzunehmen und Fotos zu machen!« »Da hast du Recht – ich muss wohl noch mal zum Zelt zurück und meine Kamera holen.«

Als sie zurückkam, hielt er ihr seine Hand hin: »Schau mal, was ich gerade gefunden habe – das ist was ganz Rares! Ein blauer Diamant!« »Ein blauer Diamant? Davon habe ich ja noch nie gehört – das glaubst du doch selbst nicht, oder?« Ein klarer, bohnengroßer, meerblauer Stein lag in Pauls Hand. Sie betrachtete ihn – er war wunderschön, ob es nun ein Diamant war oder nicht. »Doch, Diamanten können nicht nur farblos sein«, erklärte Paul, »durch geringe Anteile von Bor und Stickstoff, die ja im **Periodensystem** links und rechts neben Kohlenstoff stehen, können Diamanten gelb, rötlich, braun, blau und – in ganz, ganz seltenen Fällen – sogar grün werden. Grün und blau sind die seltensten Farben und sehr gesucht. Weißt du was? Dieser Diamant hat genau die Farbe deiner Augen!« Er hielt ihn vor ihr Gesicht, und sie lächelte. »Ja, und die sind auch so selten und kostbar, nicht wahr? Nur nicht so hart!« Er lachte, packte den blauen Diamanten sorgfältig ein, während Melanie hektisch den Hügel, die Granitblöcke und die Umgebung fotografierte.

Am Spätnachmittag packten sie ihre Sachen zusammen und wanderten mit ihrer Ausbeute von mehr als hundert unterschiedlich großen, meist grauweißen oder farblosen Diamanten in einer kleinen Pappschachtel zurück zum Zelt. Melanie fragte: »Du Paul, wenn doch Diamanten das Härteste sind, was es gibt, wie kann man sie denn dann bearbeiten? Wie schleift man Diamanten denn dann? Wie poliert man sie? Wie schneide ich sie? Wie mache ich Schmuck daraus?« Paul sah sie an. »Gute Frage … ich muss zugeben, ich habe keine Ahnung. Das war in der Ausstellung im Naturkundemuseum nicht erklärt worden. Oder ich habe es vergessen. Das müssen wir zu Hause nachlesen.«

Verlassen wir die beiden wieder und sprechen darüber, was sie da gefunden haben. Zunächst kann ich euch aber Melanies Frage beantworten. Die Antwort ist relativ einfach – Diamanten kann man nur mit Diamanten bearbeiten. Diamanten sind in verschiedenen Kristall-Richtungen ein ganz klein wenig unterschiedlich hart, und das kann man sich zunutze machen – man kann so Diamanten sägen und schleifen und polieren, indem man immer nur in eine bestimmte Richtung, nämlich ihre härteste, ausgerichtete Diamanten als Säge- und Schleifmittel einsetzt. Deshalb ist das Diamantenschleifen auch eine viel größere Kunst als das Schleifen anderer Edelsteine, die weniger hart sind.

Es gibt heutzutage eine künstliche Substanz, die ein ganz klein wenig härter ist als Diamant oder zumindest gleich hart. Sie wurde von Materialwissenschaftlern entwickelt, kommt aber in der Natur nicht vor und heißt **kubisches Bornitrid**. Es scheint durchaus wahrscheinlich, dass dies aus physikalischen Gründen das Ende der Fahnenstange ist – härter geht es einfach nicht.

Nun aber zu dem **Kimberlit**, den Paul völlig richtig identifiziert hatte. Ein Kimberlit entsteht beim Ausbruch eines sehr seltenen, hochexplosiven Typs von Vulkan, der Material aus sehr großer Tiefe mit heraufbringt. Die Xenolithe in ihnen sind die tiefsten bekannten Proben aus dem Inneren der Erde überhaupt und kommen aus mehr als vierhundert, eventuell sogar aus bis zu siebenhundert Kilometer Tiefe. Kimberlite sind also wie Lastenaufzüge, die alle möglichen Materialien mit sich nach oben transportieren, darunter **Mantelxenolithe**, Gesteine aus der Unterkruste, aber auch Gesteine aus der Oberkruste.

Ihre Schmelzen sind sehr reich an Wasser und/oder Kohlendioxid, und vermutlich hängt es damit zusammen, dass sie so schnell aus den Tiefen der Erde bis an die Oberfläche steigen wie keine andere Schmelze. Deswegen sind sie auch so explosiv. Es wurde errechnet, dass Kimberlite innerhalb eines Tages aus mehr als hundert Kilometer Tiefe an die Erdoberfläche kommen können. Diese Explosivität führt dann dazu, dass sie in der Nähe der Erdoberfläche regelrecht einen Krater in die Gesteine sprengen, die dort anstehen, und aus diesem Krater große Blöcke in die Umgebung geschleudert werden – das sind die von Paul bemerkten Granitblöcke.

Der Krater eines Kimberlites wird als **Pipe** (Röhre) bezeichnet, hat einen Durchmesser von meist ein paar hundert Metern und läuft nach unten **konisch** zu. Am schönsten sieht man das wohl an der Stelle, die dem Kimberlit seinen Namen gab: die Stadt Kimberley in Südafrika, wo es das berühmte **big hole** gibt, ein mehrere

Das »big hole« in Kimberley, woraus die Diamanten gewonnen wurden. Im Hintergrund die Stadt Kimberley

hundert Meter tiefes Loch, in dem einer der ersten entdeckten, aber mittlerweile völlig zur Diamantengewinnung abgebauten Kimberlite steckte. In ein bis einenhalb Kilometer Tiefe ist er dann ganz eng und setzt sich in die Tiefe nur noch als normaler Gang, also als eine schmelz- oder heute gesteinsgefüllte Spalte fort.

Der Krater selbst enthält neben Resten der meist stark zersetzten Kimberlite eine bunt zusammengewürfelte Auswahl von Xenolithen. Dieses Kratergestein, das voll von eckigen Fragmenten ist, wird als **Explosions-Brekzie** bezeichnet. Eine **Brekzie** ist immer etwas, das zerbrochene Gesteinsfragmente enthält, und in diesem Fall entstanden die Fragmente durch die Explosion des Kimberlits.

Die Kimberlite selbst sind eher unbedeutende, exotische Schmelzen, die nichts Besonderes enthalten und schnell verwittern, die aber die interessanten Gesteine, vor allem die, in die Diamanten eingeschlossen sind, mit nach oben bringen. Der **Diamant** ist ja chemisch reiner Kohlenstoff, genau wie Graphit, und bildet sich daher nur in ganz geringem Umfang in den Kimberlitschmelzen. Die Diamanten der Kimberlite stammen also zu über 95 Prozent aus den Erdmantelxenolithen. Insbesondere alle großen stammen daher, sind **Xeno-Kristalle**, also Fremd-Kristalle, in der Kimberlitschmelze. Nur ganz wenige, sogenannte **Mikrodiamanten** bilden sich auch aus der Kimberlitschmelze selbst.

Wenn man das Alter der Diamanten und der sie transportierenden Kimberlite bestimmt, dann stellt man fest, dass beide meist völlig unterschiedlich alt sind. Die Diamanten können also nicht aus dem Kimberlit entstanden sein, sondern sie sind viel älter, meist sogar viele Milliarden Jahre älter als die Kimberlite. Diese Altersbestimmung ist übrigens nicht so einfach. Da man chemisch reinen Kohlenstoff nämlich bei so alten Proben nicht für Datierungen verwenden kann (die **Radiokarbon-Methode** funktioniert nur für relativ junge Proben, die maximal einige zehntausend Jahre alt sind), bestimmt man nicht das Alter der Diamanten selbst, sondern der in ihnen eingeschlossenen Minerale wie Granat und Klinopyroxen. Die Einschlüsse könnten zwar theoretisch älter sein als die Diamanten selbst, aber da man immer wieder ähnliche Altersdaten erhält, zeigt das wohl, dass sie sich gemeinsam gebildet hatten. Die meisten irdischen Diamanten sind übrigens zwischen zwei und dreieinhalb Milliarden Jahre alt, während die meisten irdischen Kimberlite während der Kreidezeit, also vor etwa 120 Millionen Jahren, entstanden.

Bei hohem Druck, wie er in Tiefen unterhalb von etwa 150 Kilometern herrscht, ist Diamant die stabile Form des Kohlenstoffs. Das bedeutet, wenn im Erdmantel genug Kohlenstoff im Gestein vorhanden ist, so kristallisiert dieser als Diamant aus, während er an der Erdoberfläche als Graphit auskristallierte. Wenn man einen Diamanten auf ein paar hundert Grad Celsius erwärmt, kann man ihn tatsächlich in Graphit umwandeln. Bei den tiefen Temperaturen, wie sie an der Erdoberfläche

Das große Loch von Kimberley aus der Luft

herrschen, geht das allerdings nicht, da läuft diese Umwandlungsreaktion zu langsam ab. Hält man einen Diamanten in die Flamme eines Bunsenbrenners, kann man ihn aber anzünden wie ein Stück Kohle, die ja auch nichts anderes ist als reiner Kohlenstoff. Genau wie Kohle verbrennt er dann zu Kohlendioxid, doch wäre das ein sehr teurer Brennstoff.

Zum Abschluss müssen wir noch klären, warum Diamanten nur in den Mantelxenolithen der Kimberlite und nicht auch in denen von Basalten vorkommen. Da Letztere viel häufiger sind, wäre es natürlich schön, wenn auch in ihnen Diamanten gefunden werden könnten, doch dies ist leider nicht der Fall. Drei Gründe sind dafür verantwortlich:

Erstens bringen Basalte meistens (nicht immer) Xenolithe mit nach oben, die keinen Granat, sondern das Mineral Spinell enthalten, und diese Xenolithe kommen aus zu geringen Tiefen (maximal achtzig bis hundert Kilometer), wo Diamant noch nicht stabil ist, der ja sehr hohen Druck zur Entstehung braucht.

Zweitens kommen Basalte zu langsam an die Oberfläche. In der Zeit, die ein Basalt braucht, um aus dem Mantel bis an die Erdoberfläche zu kommen, wäre jeder etwaig vorhandene Diamant schon längst von der Schmelze aufgelöst oder zu Graphit oder CO_2 umgewandelt worden. Da benötigt man also die sehr schnellen und explosiven Kimberlite. Es gibt sogar ein paar Mantelgesteine (allerdings nicht

So sieht ein Rohdiamant aus, der nicht schleifwürdig ist. Er ist verunreinigt

aus Basalten), in denen schwarze Oktaeder, die aus Graphit bestehen, gefunden wurden – das waren ehemals Diamanten, die zu langsam an die Oberfläche kamen.

Drittens schließlich kommen Kimberlite meist in **Kratonen** vor, also in den alten, über Jahrmilliarden abgekühlten kontinentalen Schilden. Da hier die **geothermische Tiefenstufe**, also die Temperaturzunahme mit der Tiefe, flacher ist als an den Stellen, wo Basalte normalerweise entstehen (etwa an Mittelozeanischen Rücken), ist es auch im darunter liegenden Mantel kälter. In derselben Tiefe herrschen also unter Kratonen geringere Temperaturen als unter Ozeanen oder Kontinenträndern. Das aber begünstigt die Bildung von Diamant, der hohen Druck und niedrige Temperatur bevorzugt. Somit enthalten selbst basaltische Schmelzen, die granatführende Xenolithe mit nach oben bringen, keine Diamanten, denn in der Quelle, im Erdmantel, sind sie nicht stabil.

Weiße und Schwarze Raucher

In diesem Kapitel geht es – auch wenn der Titel anderes vermuten lässt – nicht um Nikotinverbrauch in unterschiedlichen Bevölkerungsgruppen. Vielmehr tauchen Melanie und Paul ab, und zwar in die Tiefsee, um eine auf der Plattentektonik basierende Vorhersage Pauls zu überprüfen. Sie besichtigen nebenbei noch kurz die Produktionsstätte des Ozeanbodens, finden dort allerdings sonderbare, »rauchende« Gebilde, die sie sich nicht erklären können. Keine Sorge, ihr werdet sie am Ende des Kapitels verstehen!

Nach einem zwar nicht übermäßig langen, aber sehr tiefen Schlaf wachte Melanie vor Paul auf, regte sich aber noch nicht und träumte mit offenen Augen. Ihr fiel auf, dass sie komplett angezogen in ihrem Schlafsack lag, was ihr eigentlich etwas zu warm war, aber sie konnte sich zunächst nicht erinnern, wie es denn dazu gekommen war. Dann kehrte die Erinnerung zurück: Sie hatten vorm Zelt gesessen, in die Sterne geschaut, und Paul hatte ihr Sternbilder gezeigt. Es war so schön und friedlich gewesen, und dann war sie irgendwann eingeschlafen. Offensichtlich hatte er sie dann ins Bett gebracht und ihr lediglich die Schuhe ausgezogen.

Sie dachte an den schönen Tag, den sie damit verbracht hatten, nach Diamanten zu suchen. Unglaublich, in wenigen Tagen hatte sie hier mehr erlebt und mehr gelernt als in den Monaten vorher. Sie hatte jetzt schon so unglaublich viel Material für ihr Ferienprojekt, dass sie gar nicht wusste, wo sie anfangen sollte. Sie begann, sich Notizen zu machen.

Als sie wieder an den Vulkanausbruch dachte, dachte sie an Pauls Brandwunden. Ihr Knie schmerzte zwar noch ein wenig, und es würde sicher noch etwas dauern, bis es geheilt war, aber sie fühlte, dass es keine große Sache war. Sie drehte sich vorsichtig um, betrachtete Pauls durch die Verletzungen fleckiges Gesicht. Die Brandflecken waren gerötet, an einigen waren Blasen zu sehen, aber sie hatten keine Pflaster darauf geklebt, da Paul glaubte, dass es so schneller heilte.

Melanie griff in die Seitentasche des Zeltes, holte die Brandcreme hervor und begann, Paul ganz sanft einen Tupfer Creme auf jede Brandwunde zu streichen. Zunächst zuckte er zusammen, verzog leicht das Gesicht, aber dann öffnete er die Augen, sah Melanie über sich gebeugt und lächelte sie an, wobei er immer wieder einmal zusammenzuckte, wenn sie eine besonders empfindliche Stelle berührte.

»Guten Morgen, du Langschläfer«, sagte sie zu ihm. »Was machen wir heute? Faulenzen?« »Nein, schau das schöne Wetter an«, antwortete Paul, der aus dem Zelt hinaus schaute, »das können wir immer noch machen, wenn's mal einen Tag regnet. Lass uns lieber nach Inseln suchen. Was meinst du?« »Was ist besonders an Inseln? Hier gibt's ja doch keine Palmen, Fische gibt's auch noch nicht.« »Da wirst du dich noch wundern«, antwortete Paul geheimnisvoll.

Nach dem Frühstück setzten sie sich wieder in den FORD und flogen diesmal in Richtung Meer. »Wie willst du da eine Insel finden? Das kann ja ewig dauern!« Melanie blickte ihn zweifelnd an. »Oh, keine Sorge, wir fliegen einfach hoch genug, zum Glück ist es heute wolkenlos, und da kann man ein riesiges Gebiet überblicken.« Der FORD schoss in die obere Atmosphäre, wurde dort langsamer, wurde und die beiden schauten rechts und links aus den Fenstern.

Keine fünf Minuten dauerte es, da sagte Melanie auf einmal: »Dort, schau! Eine schöne, kegelförmige, winzig kleine Insel. Und da noch eine, und dahinter sogar noch eine. Eine kleiner als die andere. Sind die nicht alle zu klein? Können wir da überhaupt landen?« Paul lachte: »Von hier oben sieht alles klein aus!« Er wendete den FORD und raste auf die Inseln zu, die natürlich beim Näherkommen immer größer und größer wurden und schließlich als ausgewachsene Berge vor ihnen standen. Am Strand der kleinsten Insel landeten sie. Er war schwarz, und kaum waren sie ausgestiegen, hatte Melanie sich schon gebückt, einen Stein aufgehoben, der im Sand lag, und sagte: »Schon wieder ein Basaltvulkan! Bist du sicher, dass der ungefährlicher ist als der letzte?«

Paul nickte. »Diesmal bin ich mir ziemlich sicher, dass uns hier keine Gefahr droht, aber wir bleiben besser wachsam und gehen nicht zu weit vom FORD weg.« »Und wieso soll ausgerechnet dieser Vulkan eigentlich nicht ausbrechen?« »Das ist eine Besonderheit von ozeanischen Insel-Vulkanen . . .«, setzte Paul mit einer Erklärung an, als Melanie ihn verschmitzt unterbrach: »Dass sie nicht ausbrechen, oder was?« »Nein, natürlich nicht, sondern dass sie in solchen Gruppen auftreten. Schau doch mal.« Er zeigte nach Norden, wo sich die zwei anderen Inseln in den Himmel erhoben.

»Diese drei Inseln liegen auf einer geraden Linie, stimmt's?« Melanie nickte, wollte schon darauf hinweisen, dass dies bei drei Inseln ja auch Zufall sein könnte, ließ es dann aber sein und holte lieber ihr Notizbuch heraus. »Das ist kein Zufall, und es ist ebenfalls kein Zufall, dass sie immer kleiner werden, von dort hinten bis hierher. Fällt dir an der hintersten Insel irgendetwas auf?« Sie war wirklich weit weg und verschwamm fast im Dunst, aber Melanie meinte dort eine Rauchwolke zu sehen. »Stimmt genau – nur dieser der drei Vulkane ist tatsächlich aktiv, und deshalb ist er auch der höchste. Die anderen beiden sind älter, der dort drüben etwas jünger noch als der, auf dem wir hier stehen. Und wenn wir die Linie in der anderen Richtung weiter verfolgen würden, würden wir auf weitere Vulkane stoßen, die aber noch mehr erodiert sind als der, auf dem wir jetzt stehen, und daher schon wieder unter der Wasseroberfläche verschwunden sind.«

»Das heißt also, der Ort, an dem die Basaltschmelzen aus dem Erdmantel nach oben kommen und Vulkane bilden, bewegt sich? Entlang einer geraden Linie? Das ist aber sonderbar. Warum bewegt er sich denn?« »Tut er gar nicht«, erklärte Paul ihr, »nicht der Ort des Schmelzaufstiegs bewegt sich, sondern die Ozeankruste, auf der die Vulkane stehen, bewegt sich.« Verständnislos blickte ihn Melanie an. »Stell dir vor, du hast eine Schwarzwälder Kirschtorte vor dir . . .« »Mmmh . . .« »Jaja – schon recht, das Wichtige an dieser Torte ist aber nicht, dass sie gut schmeckt, sondern dass sie aus verschiedenen Lagen aufgebaut ist . . .« ». . . wobei mir die Kirschlagen am liebsten sind . . .«

»Denk doch mal nicht ans Essen!« Paul blickte sie gespielt zornig an und schüttelte theatralisch verzweifelt den Kopf. »Nimm an, aus der untersten Sahneschicht, direkt über dem Tortenboden, steigt an einer Stelle etwas von dem Kirschwasser, das in der Sahne ist, nach oben, weil es weniger dicht ist als die Sahne und die darüber liegenden Schichten. Es wird wie ein Finger nach oben steigen und eine Schicht nach der anderen durchbrechen, von der Seite sieht es wie ein Schlauch aus, von oben wie ein runder Punkt. Wenn dieses Kirschwasser dann an die Oberfläche kommt, bricht es sozusagen aus, es wird sich über die Sahneschicht oben auf der Torte verteilen. Wenn es zähflüssiger wäre, würde das Kirschwasser über seinem Austrittspunkt einen kleinen Berg bilden. Klar?« »Soweit schon, nur dass das bei normalen Schwarzwälder Kirschtorten zum Glück nicht vorkommt.«

»Dazu kommen wir gleich. Wenn nun zum Beispiel die oberen beiden Schichten, also die oberste Schokoladenkuchen- und die oberste Sahneschicht, nicht fest auf den unteren Schichten säßen, dann könnten sich diese Schichten relativ zu den darunter liegenden bewegen. Das aufsteigende Kirschwasser kommt immer von derselben Stelle am Tortenboden, aber die oberste Schicht zieht darüber hinweg. Was siehst du also, wenn du von oben darauf schaust?« »Eine Reihe von Löchern, entlang einer Linie aufgereiht, wo das Kirschwasser die oberste Sahneschicht durchbricht, und die Löcher werden immer älter, je weiter sie vom derzeitigen Austrittspunkt des Kirschwassers weg sind.« Plötzlich verstand Melanie alles. »Das ist ja ganz einfach: Schmelze steigt immer an einem Punkt auf, und die Ozeankruste bewegt sich darüber hinweg, und anhand der Vulkanspuren kann man ablesen, in welche Richtung sie sich bewegt hat, und anhand des Alters der Vulkane kann man erkennen, wie schnell sie sich bewegt hat! Das ist ja grandios!«.

»Genauso ist es. Solche aufsteigenden Finger werden **Plumes** genannt (ein englisches Wort, gesprochen: Pluhms), und die Punkte, an denen solche Plumes die Oberfläche erreichen, heißen **Hotspots**, was soviel heißt wie ›heiße Punkte‹. Die Tatsache, dass die Schmelze überhaupt im tiefen Erdmantel entsteht und nur an

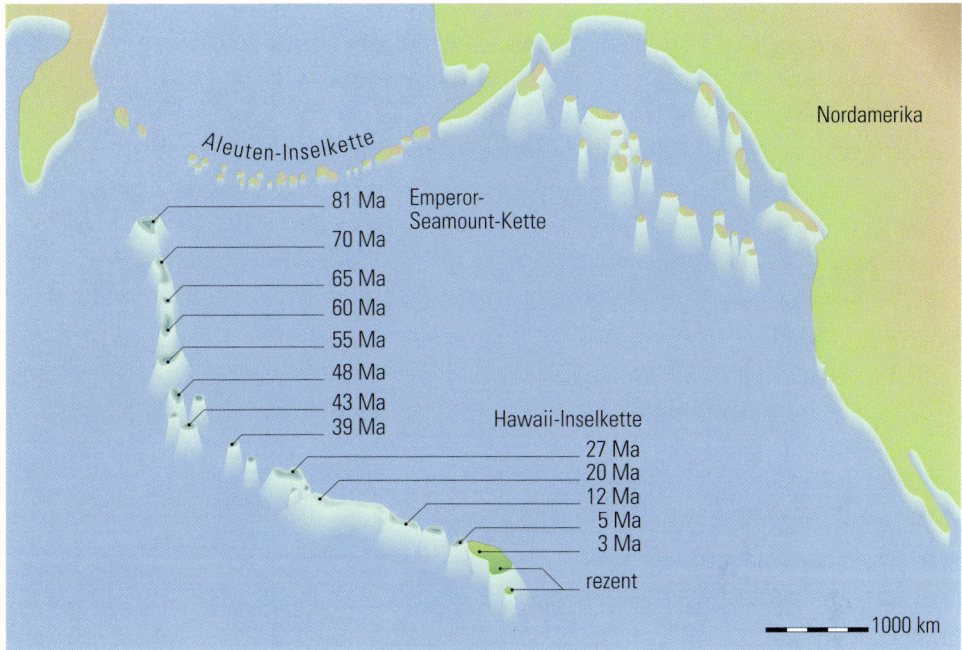

Die Hawaii-Emperor-Seamount-Kette im Pazifik

Diese Vulkankette zeichnet über die letzten 81 Millionen Jahre die Spur des Hotspots nach, der sich heute unter Hawaii befindet. Die Vulkane, die heute (rezent) auf Hawaii aktiv sind, sind also die moderne Ausbildung eines viele Jahrmillionen alten Vulkanismus. Ein in Raum und Zeit konstanter Hotspot produzierte seit mindestens 81 Millionen Jahren Schmelzen, die im Pazifik Vulkane bildeten. Währenddessen zog die pazifische Platte über diesen Hotspot hinweg und die Kette von Vulkanen, die heute meist nur noch unter Wasser als teilweise erodierte Seamounts (Seeberge) erhalten sind, fährt sozusagen die Plattenbewegung in umgekehrter Richtung nach. Vor etwa 40 Millionen Jahren änderte sich übrigens die Bewegungsrichtung der pazifischen Platte – deswegen gibt es den Knick, der die Emperor-Seamount- von der Hawaii-Inselkette unterscheidet.

Weiße Raucher stoßen weiße Wolken aus Sulfatmineralien aus, die – wie auch bei den Schwarzen Rauchern – durch Mischung von heißem Tiefen – und kaltem Meereswasser entstehen

einem Punkt nach oben steigt, muss damit zusammenhängen, dass der äußere Erdkern ständig Wärme an den darüber liegenden Mantel abgibt, der mit der Zeit dadurch heißer wird, aufsteigt und dabei teilweise aufschmilzt. Diese Schmelze am »Boden« des Mantels bricht sich dann an irgendeiner Stelle Bahn und strömt dort nach oben. So etwas kann über Hundert Millionen Jahre anhalten.«

»Woher weißt du das denn? Die Erde gibt's doch noch gar nicht so lange!« »Och, wir hatten Plattentektonik gerade im letzten Schuljahr im Erdkunde-Unterricht, und dieser Mechanismus ist etwas, was auch auf anderen Himmelskörpern so funktioniert. Zwar nicht in diesem Sonnensystem, aber weiter die Milchstraße runter gibt's einige solcher Planeten. Allerdings scheint es hier wirklich bilderbuchmäßig entwickelt zu sein. Lass es uns nachprüfen! Jetzt werden wir mal die Unterwassertauglichkeit des Fords testen. Komm, steig ein und mach das Fenster zu!«

Paul ließ den Motor an, und der Ford setzte sich langsam in Bewegung, geradewegs auf das Wasser zu. Er drückte auf einen Knopf auf dem Armaturenbrett, und man hörte ein saugendes Klicken ringsum im Ford, aber ansonsten passierte nichts weiter. Sie erreichten die Wasserlinie, und Paul fuhr einfach weiter, mitten ins Meer. Melanie starrte gespannt nach draußen und rief schließlich begeistert: »Das ist ja superklasse!« Das Wasser stieg höher und hatte nun die Mitte der Fenster erreicht. »Schauen wir mal, ob es noch dicht ist, nach dem Beschuss von vor zwei Tagen«, meinte Paul und beobachtete einen kleinen Tropfen, der sich an der Dichtung seiner Tür zu bilden begann. Er wischte ihn ab. »Gib mir mal den Klebstoff aus dem Seitenfach«, bat er Melanie. Dann schmierte er Klebstoff auf die Stelle, und tatsächlich bildete sich kein neuer Tropfen dort. Ansonsten war der Ford offenbar dicht, und so glitten sie hinab in die Tiefe des Ozeans.

Paul schaltete die Scheinwerfer und den Unterwasserantrieb an. Sie sahen gespenstische Basaltblöcke um sich herum, die sich auf dem Ozeanboden zu skurrilen Formen auftürmten. »Wie eine versunkene Stadt«, flüsterte Melanie andächtig und machte die Heizung an, denn es wurde schnell kühl im Ford. Sie glitten zwischen den Blöcken hindurch und nahmen Kurs auf die Südverlängerung der Inselkette. Tatsächlich tauchte nach wenigen Minuten ein weiterer Vulkan vor ihnen auf, dessen Spitze zwanzig Meter unterhalb der Meeresoberfläche endete. »Siehst du? Es geht also hier entlang dieser Linie weiter!« Sie sahen den Boden schon lange nicht mehr, die Vulkane fielen an ihren Seiten steil nach unten ab und verschwanden im scheinbar Bodenlosen.

»Wie tief reichen diese Vulkane eigentlich?«, fragte Melanie. »Keine Ahnung, schauen wir einfach mal.« Paul ließ den Ford in die Tiefe schießen. Der Tiefenmesser, der den Drehzahlmesser ersetzt hatte, zeigte zunächst tausend, dann zweitausend, dreitausend, schließlich viertausend Meter an. Immer noch war kein Boden zu sehen, der Ford ächzte unter dem gewaltigen Druck des Wassers, doch es hielt stand. Bis zu achttausend Meter Tiefe konnte es tauchen. Schließlich, bei 4840 Metern sahen sie den Boden. »Denk mal, wie hoch der Berg an Land wäre! 4800 Meter unter Wasser und dort, wo sich der aktive Vulkan befindet, noch mal drei- bis viertausend Meter über Wasser! Vielleicht ist solch ein Berg der höchste hier auf der Erde? Viel höher als die höchsten Gebirge, und man sieht es nur nicht?«

Es war stockdunkel, nur die Scheinwerfer erhellten einen kleinen Gesichtskreis vor ihnen. Sie sahen nichts im Wasser, keine Fische, keine anderen Lebewesen, gar nichts. Nur gespenstische, schwarze Stille. Der Ozeanboden war von Schlamm bedeckt, offenbar weichem Schlamm, denn als Paul vorsichtig auf dem Boden aufsetzte, sanken sie sofort bis zu den Fenstern darin ein, und er gab schnell wieder Gas, um nicht völlig darin zu versacken. Einzelne Basaltblöcke ragten aus dem Meeresboden, aber überwiegend war er flach, wenn man sich von der Vulkanreihe entfernte.

Ein Schwarzer Raucher: Schwarze Sulfidwolken quellen aus dem Boden, wo heiße Fluide aus dem Untergrund sich mit kaltem Meerwasser mischen

Sie glitten dahin, weiter nach Süden, und wieder kam ein Vulkanberg in Sicht, den sie aber nur an seinem riesigen Fuß umrundeten. So ging es weiter, in unregelmäßigen Abständen erschienen Vulkane, schnurgerade an einer Linie. Nach einer Stunde, die sie schweigend, in Gedanken versunken, verbracht hatten, kam auf einmal kein Vulkan mehr. Einfach so, obwohl der letzte, den sie gesehen hatten, immer noch ziemlich gewaltig gewirkt hatte und es daher nicht zu vermuten gewesen war, dass dann auf einmal Schluss sein würde. »Das kann zwei Ursachen haben: entweder war dies der Beginn des Plumes, den wir gerade passiert haben, also der erste Vulkan, der sich über dem Hotspot bildete, oder aber die Richtung der Plattendrift hat sich geändert, die Vulkanreihe ist also sozusagen abgebogen. Dann sehen wir hier natürlich nichts mehr davon. Sollen wir nach der Verlängerung suchen? »Nee, muss nicht sein, sooo spannend ist das ja auch wieder nicht, sind ja immer dieselben Vulkane, und alle erloschen. Lass uns lieber schauen, ob wir noch etwas anderes hier unten finden. Etwas ganz Neues! Oder einen aktiven Unterwasservulkan, das wäre doch was!« »Du hattest ja wohl noch nicht genug von aktivem Vulkanismus, was? Aber schauen wir mal, was es sonst noch so gibt hier unten.«

Paul änderte die Richtung, bog sozusagen nach links ab, und gab dann Vollgas. Mit tausend Kilometern pro Stunde schossen sie unter Wasser dahin. Er schaltete maximales Fernlicht ein, damit sie nicht versehentlich mit einem **Seamount**, also einem Seeberg zusammenstießen, der nur unter dem Wasser stand, die Meeresoberfläche aber nicht erreichte. Tatsächlich tauchten immer wieder Seamounts auf, doch zogen sie im Halbdunkel rechts und links vorüber. Um die Kollision mit Tieren musste sich Paul ja keine Gedanken machen, da es die noch nicht gab. Während sie so dahinrasten, hob sich der Ozeanboden unter ihnen langsam. Sie konnten am Tiefenmesser ablesen, dass sie in immer geringere Wassertiefen gerieten, obwohl sie immer zwanzig Meter über dem Meeresboden blieben. Bald waren sie nur noch in dreitausend Meter Tiefe.

Plötzlich machte Paul eine Vollbremsung. Melanie, die vor sich hindöste, schreckte mit einem Ruck auf und starrte Paul an. »Entschuldigung, Melanie, aber ich habe da gerade etwas gesehen, was ich mir genauer anschauen möchte.«

Wie spitze, hohe Fingerhüte tauchten auf einmal aus dem Dämmerlicht vor ihnen schwarze Gebilde auf, die einige Meter vom Ozeanboden emporragten. Doch damit nicht genug: Aus der Spitze dieser schornsteinartigen Türme drangen dichte, schwarze »Rauchwolken«, wobei Rauch nicht ganz der richtige Begriff war, denn all dies spielte sich ja dreitausend Meter unterhalb des Meeresspiegels ab. Paul glitt langsam auf die Gruppe von Türmen zu, es waren etwa 15 oder 18 Stück, jeder von ihnen stand separat, ein paar Hundert Meter vom nächsten getrennt. Nicht alle spien schwarzen »Rauch« aus, also winzige schwarze Partikelchen, aber immerhin fünf oder sechs. Sie alle schienen nicht direkt auf dem Meeresboden zu stehen, sondern alle ragten sie aus kleinen Hügeln hervor, jeder einige Meter hoch und dreißig mal dreißig bis siebzig mal siebzig Meter groß. Auch diese Hügel, die an riesige Kuhfladen erinnerten, waren schwarz, teilweise von hellerem Sediment bedeckt.

»Was ist denn das? Unterwasser-Raucher! Das ist ja ein Ding!« Melanie konnte es gar nicht in Worte fassen, packte aber ihre Kamera und begann, Fotos zu schießen. In diesem Moment stieß ein bisher inaktiv scheinender Schlot dicke, schwarze Wolken aus. In seiner Hast, näher zu diesem Schlot zu kommen, rammte Paul versehentlich einen kleineren, rechts vor ihm liegenden im Vorbeigleiten. Erstaunlicherweise gab es nur ein leicht knirschendes Geräusch, dann brach der immerhin zehn Meter hohe Schlot einfach in sich zusammen, wobei aufgewirbeltes Sediment und schwarzer »Ruß« sich vermengten.

»Die sind ja innen völlig hohl!« Melanie war verblüfft, sie hatte gedacht, das wären sehr harte, massive Gebilde. »Wieso sind die denn hohl? Und was ist denn das für ein schwarzes Zeug, das da herumwirbelt? Woraus bestehen die Schornsteine und diese Kuhfladen, in denen sie stehen?« Melanie konnte es sich einfach nicht erklären, was das sein könnte. Es sah wie Ruß aus, aber das konnte es doch wohl nicht sein. Auch Paul steuerte nur kopfschüttelnd durch diese unwirkliche Landschaft.

Schließlich verließ er das Feld der schwarzen Türme wieder und glitt weiter langsam durch das Wasser. Der Ozeanboden war teilweise glatt, von hellen Sedimenten bedeckt, teilweise aber auch tief zerklüftet. Auf dem hellen Sediment sah man hin und wieder kleine, fünf Zentimeter große, schwarze, kugelige Klümpchen liegen, nur einige Zentimeter groß, aber vor dem helleren Hintergrund doch auffallend. »Schau mal, Kotbällchen des irdischen Tiefseehirsches«, grinste Melanie zu Paul hinüber. Bevor der etwas sagen konnte, tauchte allerdings schon wieder etwas Neues vor ihnen auf, fast noch spektakulärer als die schwarzen Türme von vorhin. Vor ihnen stand etwas, das wie die genaue Kopie der schwarzen Türme aussah, aber ganz in Weiß. Weiße Türme, die weißen »Rauch« ausstießen. Paul bemerkte

Der Aufbau der Ozeankruste

Der Boden eines Ozeans hat einen ganz bestimmten Aufbau. Von oben nach unten besteht die ozeanische Lithosphäre aus:

- den Ozeanboden-Sedimenten, die häufig reich an Manganknollen sind;
- den Kissenbasalten, die durch das Ausfließen der Lava an den Mittelozeanischen Rücken direkt ins kalte Wasser entstehen;
- einer Zone aus mehr oder weniger senkrecht stehenden Basaltgängen, die die Zufuhrkanäle waren, aus denen die Basalte aus der Magmakammer an den Ozeanboden heraufgebracht wurden;
- Gabbros, also den intrusiven Basalten, den ehemaligen Magmenkammern, aus denen die Ozeanbodenbasalte gefördert wurden;
- einer Schicht aus Olivin-Gesteinen (Dunite), die den Boden der Gabbro-Magmenkammern bilden; es handelt sich um Olivin, der aus der Basaltschmelze auskristallisiert und zu Boden gesunken ist;
- dem unter dem eigentlichen Ozeanboden liegenden oberen Teil des Erdmantels. Während diese Abfolge nur in der Tiefsee wirklich den Ozeanboden bildet, kommt zum Land hin ein steiler Kontinentabhang, der zum viel flacheren Schelf überleitet. Der Kontinentschelf wird nicht mehr von der Ozeankruste unterlagert, sondern gehört tatsächlich noch zum Kontinent, obwohl er von Wasser bedeckt ist. Meist besteht er aus Flachwasser-Kalken oder Tonen.

sie als Erster: »Was ist denn das nun wieder?« Die Gruppe dieser weißen Türme war kleiner, nur vier standen in einem kleinen Gebiet, und so hatten sie sie schnell hinter sich gelassen.

Paul beschleunigte wieder, doch gerade in diesem Moment öffnete sich unter ihnen – sie schwebten fünfzig Meter über dem Boden – in einer der vorhin schon erwähnten Klüfte im Meeresgrund eine Spalte, und ganz kurz sahen sie rot glühende Lava hervorquellen, die aber sofort schwarz wurde und zu sonderbaren, rundlichen Formen erstarrte, die wie Kissen aussahen. »Stopp, anhalten! Das will ich mir genauer anschauen.« Melanie starrte aus dem Fenster. Kurz vor ihnen stieg durch den Kontakt mit der heißen Lava erhitztes Wasser auf, mit Gasblasen vermischt wie ein weißlicher Schleier. Paul steuerte darum herum und glitt in die Tiefe. In diesem Augenblick öffnete sich unter ihnen wieder eine Spalte, und wieder strömte Magma aus und erstarrte zu schwarzen Kissen. »Hey, Paul, wir sind dabei, während hier Ozeanboden entsteht!« »Ja, das ist der Mittelozeanische Rücken. Diese Spalte dort unten von einem Meter Breite ist der nächste Meter

Auf diesem Bild sieht man, wie dicht von Tieren besiedelt die Kamine der modernen Schwarzen Raucher sind

Mit der Zeit wachsen die rauchenden Schlote der Schwarzen Raucher am Meeresboden meter-
weit in die Höhe

Ozeanboden«, erwiderte Paul, doch Melanie hörte kaum zu. Wieder und wieder
drückte sie auf den Auslöser ihrer Digitalkamera und hoffte, dass die Bilder trotz
Dunkelheit, Wasser und Glas zwischen sich und dem Motiv etwas werden würden.

Nach einer Viertelstunde, in der sie um die sich immer wieder an einer anderen
Stelle öffnenden Spalte herumkreisten, nahm Paul dann wieder Fahrt auf. Sie waren
jetzt irgendwo mitten im Ozean, wollten aber versuchen, auch noch einen Blick auf
den Ozeanrand zu erhaschen. Paul beschleunigte also wieder und versuchte, in konstanter Höhe über dem Meeresboden zu bleiben. Während sie auf ihrer Fahrt zum
Mittelozeanischen Rücken in geringere Wassertiefen geraten waren, war es jetzt andersherum. Fünftausend, sechstausend Meter, nach zwei Stunden waren sie bei sie-
bentausend Meter Tiefe angelangt, doch der Ozeanboden senkte sich immer weiter
und immer schneller. Paul verlangsamte jetzt und hielt der FORD auf 7800 Meter Tiefe. Dieser stark abschüssige Ozeanboden war ihm nicht recht geheuer, und tatsächlich, kaum zehn Kilometer weiter türmte sich wie eine Wand Gestein vor ihnen auf.

Paul bremste. Hinter ihnen, auf den letzten paar Kilometern, hatte er den Boden
nicht mehr gesehen. Jetzt aber kam der Ozeanboden in unglaublicher Steilheit aus

der Tiefe empor. Melanie fragte erstaunt: »Was ist denn hier los?« »So ganz sicher bin ich mir nicht, und wenn ich ehrlich bin, dann reicht's mir jetzt langsam auch hier unten in dieser Finsternis. Sollen wir wieder auftauchen? Vielleicht ragt ja dieses Gebirge vor uns bis über die Wasseroberfläche?« »Gute Idee«, stimmte Melanie zu, und so tauchten sie langsam auf.

Das war ein ereignisreicher Tag für Paul und Melanie, und so gibt es viel zu erklären. Einen wichtigen Teil hat Paul ja schon erläutert, nämlich wie so genannte **Hotspot tracks** entstehen, Spuren von Plumes an der Erdoberfläche. Ganz besonders ausgeprägt sind solche Spuren in den Ozeanen, doch natürlich können Hotspots ganz genauso unter Kontinenten entstehen, wie wir im übernächsten Kapitel sehen werden. Eine Reihe mehr oder weniger bekannter Inseln beziehungsweise Inselgruppen liegen heute auf solchen Hotspots. Die bekannteste davon ist Hawaii, das das Ende einer mehrere tausend Kilometer langen und über zehn Millionen Jahre alten Kette von Seamounts, von untermeerischen Seebergen, bildet, die sich genauso bildeten, wie Paul es Melanie erklärt hatte.

Paul konnte ja nicht ahnen, wie Recht er hatte, als er vermutete, dass solche Ozean-Insel-Vulkane die höchsten Berge der Welt sein könnten. Heutzutage ist nämlich tatsächlich ein solcher Vulkan, der Mauna Loa auf Hawaii, der höchste Berg der Erde, von dem über zehntausend Meter unter Wasser und viereinhalbtausend Meter über Wasser liegen und dessen Basis einen Durchmesser von 128 Kilometern hat. Dieser riesige Vulkan, der aus 75 000 Kubikkilometer Magma entstand, wuchs in nur einer Million Jahre zu seiner heutigen Größe. Zu den zehntausend Metern unter Wasser muss man sagen, dass das Meer um Hawaii nicht tatsächlich zehntausend Meter tief ist, sondern dass der Vulkan durch sein schieres Gewicht die Ozeankruste um fünf bis acht Kilometer unter sich nach unten drückt und daher sein eigentlicher Fuß viel tiefer liegt als der Ozeanboden, der um Hawaii bei fünftausend Metern liegt.

Weitere Inseln über Hotspots sind im Atlantik St. Helena, auf die Napoleon verbannt wurde, Tristan da Cunha und auch Island, wobei Island komplizierter ist, da es gleichzeitig über einem Hotspot und dem Mittelozeanischen Rücken liegt, was ein Spezialfall ist. Im Indischen Ozean liegen beispielsweise die Kerguelen, Réunion und Mauritius über Hotspots. Die meisten ozeanischen Inseln wurden und werden durch solche Plumes gebildet.

Die nächste Station unserer beiden Hobbygeologen war ein Mittelozeanischer Rücken und damit verbundene Phänomene, die als Schwarze und Weiße Raucher bezeichnet werden. Vulkanismus an den Mittelozeanischen Rücken ist nicht besonders spektakulär, da sich meist nur kleine Spalten öffnen, die pro Ausbruch

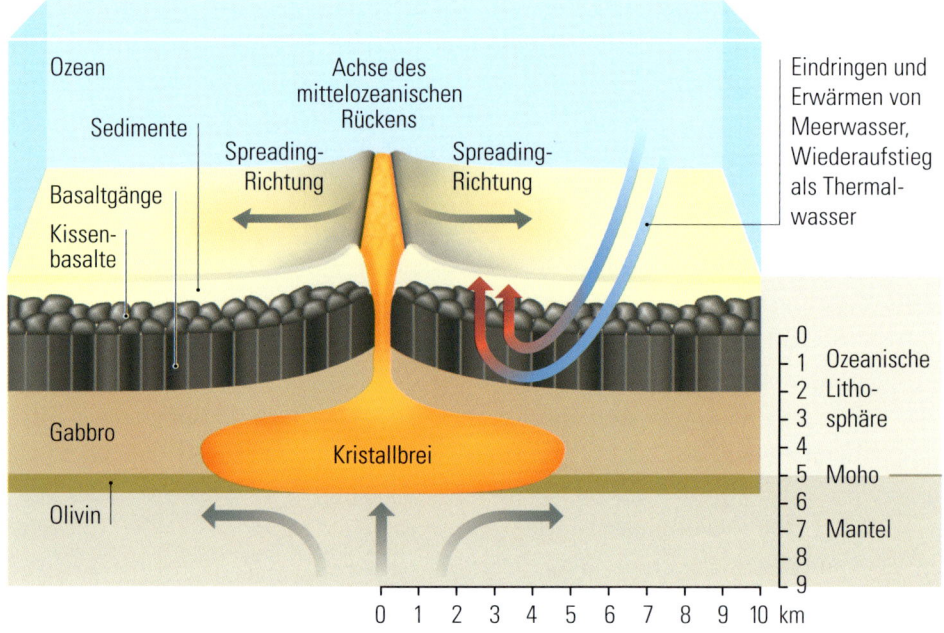

Schnitt durch einen Mittelozeanischen Rücken

So ungefähr stellt man sich die Schmelzproduktion an Mittelozeanischen Rücken schematisch vor: Aus einer Magmenkammer, die mit einer Mischung aus Magma und Kristallen (»Kristallbrei«) gefüllt ist, dringt heiße Schmelze nach oben und an der Rückenachse auf den Meeresboden aus. Dort bildet sie bei der Abschreckung durch das kalte Meerwasser Kissenbasalte. Die aufdringende Schmelze drückt die ozeanische Kruste rechts und links zur Seite, was im Englischen als »spreading«, als »Auseinanderdrü-cken«, bezeichnet wird. Die Magmenkammer erstarrt zu Gabbro, die Aufstiegskanäle zu Basaltgängen, und so repräsentiert jeder Schnitt durch die ozeanische Kruste parallel zur Rückenachse eine kleine Zeitscheibe mit Magmenkammer, Aufstiegskanal und Kissenbasalten, auf denen später noch Sedimente abgelagert werden. Rechts ist außerdem gezeigt, wie Wasser in die ozeanische Kruste eindringt und dabei erhitzt wird – dies führt zur Bildung der Schwarzen Raucher.

geförderten Lavamengen klein sind (die insgesamt große Masse stammt von häufigen Ausbrüchen) und da die ausfließende Lava durch direkten Kontakt mit dem Meerwasser sofort abgeschreckt wird. Er kühlt also sofort von seinen rot glühenden 1 200 bis 1 400 Grad auf nur noch ein paar Hundert Grad Celsius ab und wird dadurch schwarz. Die dabei entstehenden runden Gebilde heißen **Pillows**, was das englische Wort für Kissen ist, und daraus besteht praktisch die gesamte oberste Lage des Ozeanbodens, soweit nicht Sedimente darauf liegen.

Bei den **Schwarzen Rauchern** handelt sich um eine der geheimnisvollsten Erscheinungen der Tiefsee, die bisher nur an wenigen Stellen, meist in der Nähe Mittelozeanischer Rücken gefunden wurde. Es sind dünne Röhren, eine Art Schornsteine, durch die Wasser, das sich einige Kilometer unter dem Ozeanboden im Gestein erhitzt hat, wieder austritt. Das ganz Besondere ist, dass sich dabei eine Erzlagerstätte bildet und man, wenn man ein U-Boot hat, dabei sogar zuschauen kann.

Das funktioniert folgendermaßen: Meerwasser, also Wasser mit etwas Salz darin, versickert in der Ozeankruste in der Nähe Mittelozeanischer Rücken. Das Wasser heizt sich schnell auf, da die basaltischen Magmenkammern, die den Vulkanismus an den Rücken speisen, nur wenige Kilometer tief unter dem Meeresboden liegen. Wenn es zwischen 250 und 350 Grad heiß ist, hat das Wasser seine Dichte so weit vermin-

Die Mittelozeanischen Rücken auf den Ozeanböden bilden die längsten Gebirge der Welt

dert (seine Dichte nimmt nämlich mit zunehmender Temperatur rasant ab), dass es wieder umkehrt und nach oben steigt. Es ist jetzt noch salzhaltiger als vorher, weil ein Teil des Wassers schon mit dem Basalt reagiert und wasserhaltige Silikate gebildet hat, während das Salz übrig blieb, sich also in der restlichen Flüssigkeit anreicherte. Das salzhaltige und heiße Wasser löst aus der Ozeankruste bestimmte Elemente, besonders Eisen und Mangan, aber auch Zink und Kupfer.

Wenn nun dieses heiße, extrem salzhaltige, mit Metallen beladene Wasser am Meeresboden austritt, so kommt es schlagartig in Berührung mit kaltem, relativ salzarmem Meerwasser. Diese Vermischung führt zur Ausfällung fein verteilter Partikel von Eisen-, Kupfer- und Zinksulfiden. Sie sind schwarz, sehen wie Ruß aus und setzen sich natürlich zunächst einmal genau an der Grenzfläche zwischen aufsteigendem Wasser und Meerwasser ab – so bilden sich die Schlote, die immer weiter nach oben wachsen, solange metallhaltiges Wasser von unten nachströmt. Außerdem rieseln die kleinen Partikel zu Boden und bilden um jeden Schlot kleine,

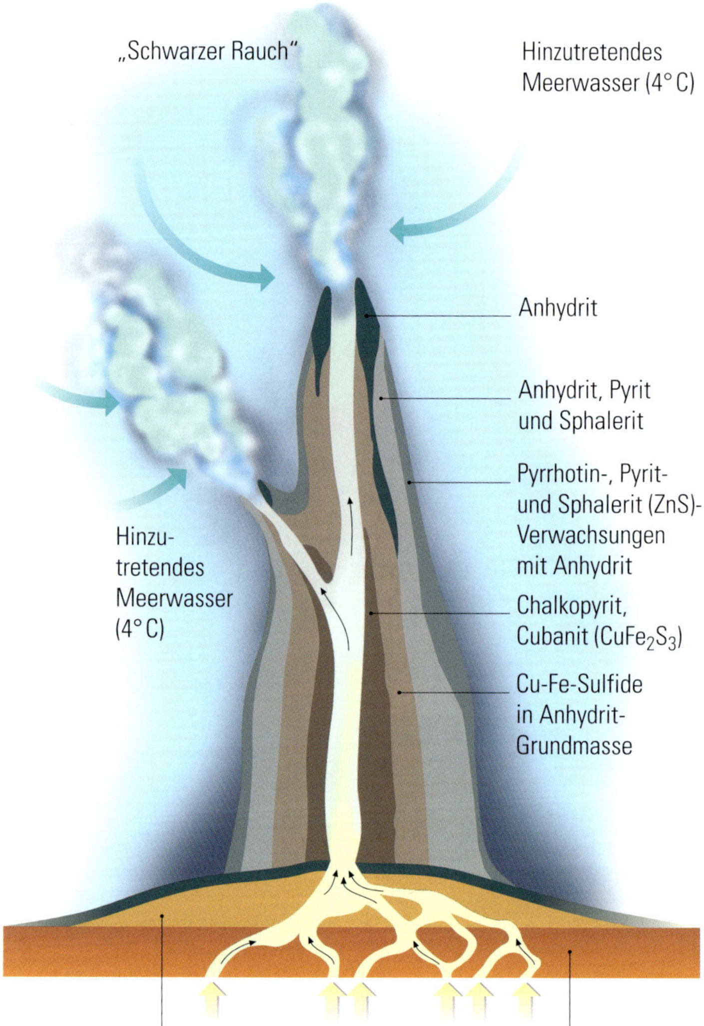

„Schwarzer Rauch"

Hinzutretendes
Meerwasser (4° C)

Anhydrit

Anhydrit, Pyrit
und Sphalerit

Pyrrhotin-, Pyrit-
und Sphalerit (ZnS)-
Verwachsungen
mit Anhydrit

Hinzu-
tretendes
Meerwasser
(4° C)

Chalkopyrit,
Cubanit ($CuFe_2S_3$)

Cu-Fe-Sulfide
in Anhydrit-
Grundmasse

Massive Sulfide   Heiße Fluide (270 – 350° C)   Ozeanboden

Schnitt durch einen Schwarzen Raucher

Heiße, wässrige Lösungen (»Fluide«) treten aus dem Untergrund aus und vermischen sich mit kaltem Meerwasser. Durch diese Vermischung fallen in beiden Wässern transportierte Elemente als schwarzer Rauch (Sulfide, Schwefelverbindungen von Eisen, Zink und Kupfer wie Pyrit, Pyrrhotin, Cubanit oder Sphalerit) oder auch als weißer Rauch (Sulfate, Schwefel-Sauerstoff-Verbindungen von Kalzium wie Anhydrit) aus. Dadurch wachsen die Schornsteine um die Austrittsstellen der heißen Lösungen immer höher.

aber reiche Metallsulfid-Hügel, die mit der Zeit von Sediment bedeckt werden. Später, wenn der Ozeanboden infolge tektonischer Prozesse einmal nicht versenkt, sondern etwa bei einer Gebirgsbildung auf einen Kontinent aufgeschoben wird, können sie abgebaut werden. In vielen solcher Lagerstätten wurde in den vergangenen Jahrhunderten Kupfer abgebaut, so zum Beispiel in den Bergen Norwegens (sie stammen aus einem alten, inzwischen nicht mehr vorhandenen Ozean, dem **Iapetus**) und auf Zypern. Am Meeresboden selbst ist seine Förderung bislang unwirtschaftlich, doch hat man auch darüber schon nachgedacht.

In eine ähnliche Kategorie gehören übrigens die schwarzen Knollen, die Melanie scherzhaft als Kot bezeichnete. Das sind Manganknollen. Das Meerwasser ist reich an Mangan, das, so vermutet man, hauptsächlich aus den Ozeanbodenbasalten gelöst wird. In einer gewissen Meerestiefe wird dieses Mangan dann als Oxid ausgefällt, und ganz langsam wachsen dadurch die Knollen. Solche Knollen gibt es zwar zu Millionen auf den Tiefseeböden, sodass auch hier schon

Glänzend goldene Eisensulfide in einem abgebrochenen Raucherkamin an Bord eines Forschungsschiffs

über eine kommerzielle Nutzung nachgedacht wurde, doch wachsen sie extrem langsam: einen Zentimeter in dreißig Millionen Jahren.

Zurück zu den Rauchern. Offenbar gibt es zwei Typen von solchen Tiefsee-Rauchern: die Weißen und die Schwarzen. Die Weißen entstehen im Prinzip ganz genauso wie die Schwarzen Raucher, und es gibt auch gemischte Typen, die also weiße und schwarze Minerale ausfällen.

Während aber das heiße Wasser bei den Schwarzen Rauchern sehr **reduzierend** ist, ist das der Weißen Raucher **oxidierend**, und daher fällt der Schwefel nicht als **Sulfid**, sondern als **Sulfat** aus. Ohne das im Detail zu erläutern, sei nur gesagt: Es ist wie beim Kohlenstoff. Den gibt es in reduzierter Form, etwa als Methan, das man verbrennen kann (was nichts anderes ist als oxidieren, also mit Sauerstoff versetzen), in neutraler Form (als Graphit oder Diamant, die man beide auch verbrennen, also oxidieren kann) und als Kohlendioxid (das nicht mehr brennt, da es schon oxidiert ist). Beim Schwefel ist es genauso: die reduzierte Form ist das Sulfid (das zwar noch oxidiert werden kann, dabei aber nicht brennt), die neutrale Form ist der elementare Schwefel, der tatsächlich brennt, und die am meisten oxidierte Form ist das unbrennbare Sulfat. Während Sulfide dunkel gefärbt sind (oder rot, man erin-

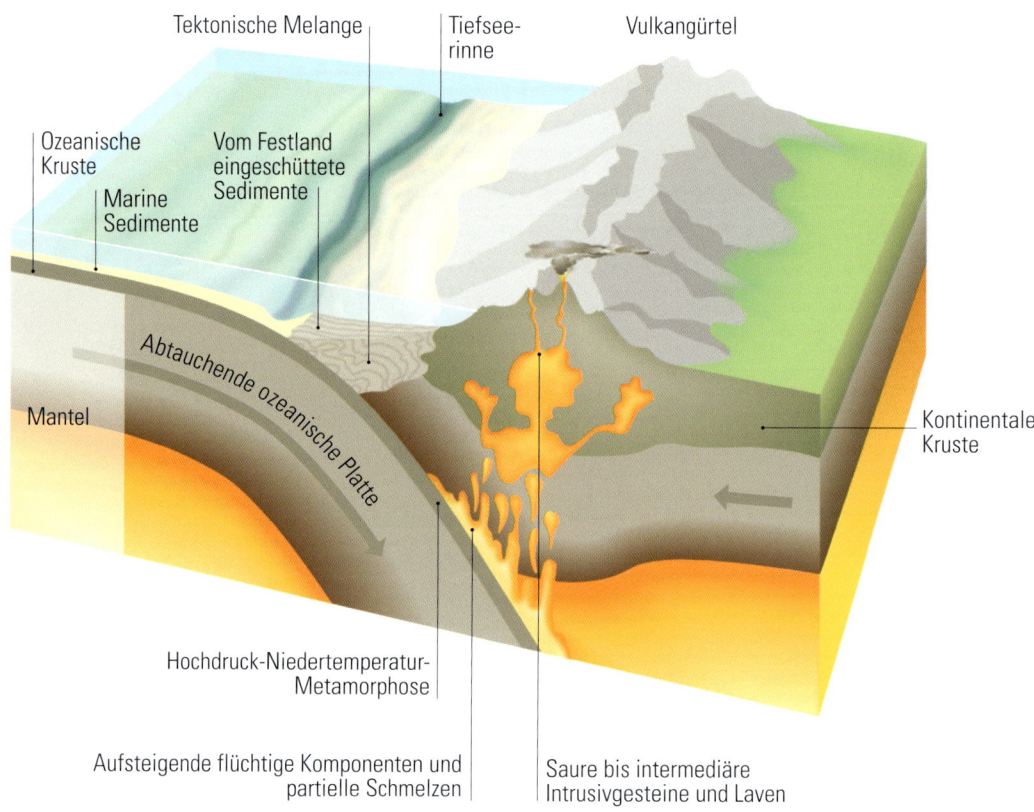

Tektonische Melange

Tiefsee-
rinne

Vulkangürtel

Ozeanische
Kruste

Vom Festland
eingeschüttete
Sedimente

Marine
Sedimente

Abtauchende ozeanische Platte

Mantel

Kontinentale
Kruste

Hochdruck-Niedertemperatur-
Metamorphose

Aufsteigende flüchtige Komponenten und
partielle Schmelzen

Saure bis intermediäre
Intrusivgesteine und Laven

Schnitt durch eine Subduktionszone, wo Ozeanboden verschluckt und unter einen Kontinentrand geschoben wird

Ein schematischer Schnitt durch eine Subduktionszone. Die abtauchende ozeanische Platte gerät, da sie sich nur langsam erwärmt, relativ schnell unter erhöhte Drucke, aber unter nur relativ geringe Temperaturen. Dabei laufen dann metamorphe Reaktionen im Gestein ab, die für die Hochdruck-Niedrigtemperatur-Metamorphose typisch sind. Bei solchen Reaktionen wird insbesondere Wasser freigesetzt, das aufsteigt und in der abtauchenden Platte und in den darüber liegenden Gesteinen Schmelzprozesse in Gang setzt, denn das Vorhandensein von Wasser erleichtert die Schmelzbildung. Daher findet man an der Erdoberfläche dann den Vulkangürtel dort, wo im Erdinneren die abtauchende Platte Wasser und andere leicht flüchtige Komponenten abgibt. Bevor die Platte subduziert wird, bildet sich eine Tiefseerinne und ein mit kontinentalen Sedimenten verfüllter Trog, der eine tektonische Trümmerzone (»Melange«) darstellt.

nere sich an das Arsensulfid Realgar), sind Sulfate häufig hell gefärbt. Die weißen Schlote bestehen überwiegend aus Kalzium- und Barium-Sulfat, die als Minerale Anhydrit und Baryt heißen. Der Anhydrit ist übrigens ein naher Verwandter von Gips, den man verwendet, um gebrochene Beine zu stabilisieren oder Stuckdecken anzufertigen.

Eine weitere Kuriosität sei hier noch beschrieben. An den Schwarzen Rauchern leben die schwefelfressenden, hitzeliebenden Bakterien und Archaeen, von denen man glaubt, dass sie die Urform allen Lebens sind. Sie sitzen ganz in der Nähe der Schlote und vertragen nicht nur Temperaturen über hundert Grad, manche Arten benötigen sogar so heiße Temperaturen, um

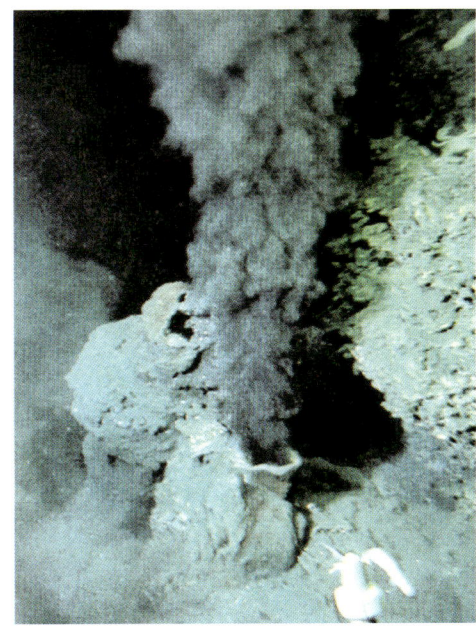

Schwarze Raucher auf dem Boden des Pazifiks stoßen Schwaden von schwarzen Sulfiden aus

sich richtig vermehren zu können. Weiterhin leben an diesen heißen Quellen viele größere Tiere, darunter Röhrenwürmer, Schnecken und Krebsartige, die sich in einer Nahrungskette voneinander ernähren. Das unterste Glied dieser Nahrungskette sind dabei die hitzeliebenden Bakterien.

Begibt man sich vom mittelozeanischen Rücken weg, so sinkt der Meeresboden ab. Die Ozeanbodenbasalte, die an Mittelozeanischen Rücken produziert werden, erkalten nach und nach, wenn sie vom Mittelozeanischen Rücken durch nachdrängendes Material beiseite geschoben werden. Insgesamt wird der Ozeanboden desto schwerer, je älter und kühler er ist und je weiter er sich von den Mittelozeanischen Rücken entfernt. Dies führt dazu, dass der Boden absinkt und das Meer zunehmend tiefer wird, wie es Paul und Melanie beobachtet haben.

Was an den Rücken produziert wird, wird an den Subduktionszonen wieder verschluckt. Die Magmaproduktion an den Mittelozeanischen Rücken ist die einzige Möglichkeit, in großem Stil Wärme aus dem Inneren der Erde nach außen abzuführen. Die Mittelozeanischen Rücken produzieren normalerweise (wenn nicht irgendwo ein Riesenausbruch ist) mehr Basalt als alle anderen Vulkantypen zusammen und tragen damit ganz wesentlich zur Abkühlung des Erdinneren bei. Da es im Inneren noch viele Tausend Grad heiß ist, muss die Wärme irgendwohin abgeführt werden, und dieser Wärmetransport nach außen funktioniert meist über Schmel-

Hier wurde ein Stück Tiefseeboden an Bord eines Forschungsschiffes geholt. Obendrauf liegen die kleinen, schwarzen Manganknollen

zen. Das ist auch die Triebkraft eines Plumes, doch handelte es sich dort meist um relativ kleine Mengen, während die Mittelozeanischen Rücken insgesamt auf der Erde ja über sechzigtausend Kilometer lang sind. Es ist also eine Frage der Wärme, dass der Ozeanboden sich ständig erneuert.

Wenn sich ständig in der Ozeanmitte neuer Ozeanboden bildet, dann muss natürlich, da ja der Umfang der Erde nicht zunimmt, an anderer Stelle Material wieder in den Erdmantel zurückgeführt werden, da dort ansonsten ein Loch entstünde. Dies geschieht an Subduktionszonen, wo pro Jahr ein bis fünfzehn Zentimeter des Ozeanbodens unter einen Inselbogen oder unter einen Kontinentrand versenkt werden, je nach der

Plattengeschwindigkeit an der Subduktionszone. Der Ozeanboden ist hier so kalt und dicht geworden, dass die Kruste richtig absackt, in die Tiefe geschoben von den nachdrängenden Basalten der Mittelozeanischen Rücken, gezogen von ihrer eigenen Dichte. Über der eigentlichen Verschluckungszone bildet sich ein bis zu elftausend Meter tiefer Tiefseegraben, der, wie Paul und Melanie erlebten, sehr steil zum Inselbogen oder zum Kontinentabhang ansteigt.

Die Glückspilze

Nach vielen Stunden in der Dunkelheit der Tiefsee genießen Paul und Melanie es, in der Sonne zu wandern. Es stellt sich heraus, dass sie auf einem Inselbogen-Vulkan gelandet sind, also auf einem Vulkan, der sich über Subduktionszonen bildet. Ihr Spaziergang ist, wie üblich, eine Tour ins Unbekannte, doch endet er mit einem zwar nicht völlig unerwarteten, aber doch überraschenden Fund dieser beiden Glückspilze. Womit sie das wohl verdient haben?

Es war inzwischen halb fünf, doch die Sonne stand noch hoch am Himmel. Sie würden noch mindestens fünf Stunden Tageslicht haben, und so beschlossen sie, sich nach der langen Tauchfahrt die Beine zu vertreten. Paul hatte ein wenig nachgedacht und war zu der Überzeugung gekommen, dass sie einen Tiefseegraben durchquert hatten und daher auf einem Inselbogen gelandet sein mussten. Er sagte es Melanie, und prompt fragte sie: »Und wo ist jetzt hier bitte schön der aktive Vulkan, der zu einem Inselbogen gehört? Der Berg dahinten vielleicht?« Sie zeigte auf einen weit entfernten, anscheinend sehr hohen Berg, der in der etwas diesigen Luft gerade noch zu sehen war. »Ja, kann sein. Lass uns nachschauen, dann werden wir ja vielleicht etwas genauer sehen, was hier los ist.« Sie gingen zurück zum Ford und flogen auf den Berg in der Ferne zu. Tatsächlich handelte es sich bei dem Berg um einen Vulkan, der sich in Ruhe zu befinden schien. Sie sahen zwar Schwefelablagerungen an einigen Stellen des Kraters, doch keinen Austritt von Dampf. Sie landeten am Fuß des Berges. Alles

Goldwäscher im 19. Jahrhundert

war mit riesigen Gesteinsbrocken übersät, die wirr durcheinander geworfen schienen. Giftige Schlangen, Dinosaurier oder Krankheiten übertragende Moskitos mussten sie nicht fürchten, und so marschierten sie einfach los. Paul hatte eine Bratpfanne aus dem Kofferraum geholt und mitgenommen. Melanie blickte ihn verwundert an, sagte aber nur: »Ach, du willst heute gebratenen Andesit servieren?« und dachte bei sich, dass er ihr bei gegebener Zeit sicher erläutern würde, was er mit der Pfanne vorhatte.

Goldwäscher bei der Arbeit

Die eine Seite des Vulkans war wie abgerutscht. Sie beachteten das aber nicht weiter, sondern warfen einen Blick auf die vielen herumliegenden Blöcke. Diese Gesteine waren ganz anders als die der Basaltvulkane, die sie vorher gesehen hatten. Viel heller, ein schönes, helles Grau, und mit dünnen schwarzen Nadeln darin. »Das sind also die berühmten **Inselbogen-Andesite**. Hübsch sind die.« Melanie konnte sich durchaus dafür erwärmen. Sie kamen an metergroßen Blöcken vorbei, mussten aber auch ehemalige, jetzt ausgetrocknete Flussbetten durchqueren, in denen Geröll, Blöcke und Schutt neben feinem Sand lagen. »Schlammströme«, sagte Paul, »Mischungen aus Material ganz verschiedener Korngrößen, die durch starke Regenfälle die Vulkanhänge hinuntergespült werden.«

Schließlich kamen sie zu einem Bach, der an den tiefsten Stellen einen halben Meter tief war und viel Wasser führte. Paul ging am Ufer auf und ab. Er schien eine bestimmte Stelle zu suchen. Melanie beobachtete ihn: Was sollte das? Dann schien er den Ort gefunden zu haben, denn nun zog er sich Schuhe und Strümpfe aus, nahm die Bratpfanne in die Hand und stieg ins Wasser, direkt unterhalb eines kleinen Wasserfalls, wo das Wasser heftig wirbelte; dort, wo Paul stand, war das Wasser allerdings schon wieder ruhiger. Er beugte sich nach vorn, schau-

Das hart erarbeitete »edle Restchen« in der Waschpfanne

Ein Goldgräber mit seiner Ausrüstung im 19. Jahrhundert

felte mit der Hand etwas Sand vom Boden des Baches in die Pfanne, und bewegte diese dann mit kreisenden Bewegungen im flachen Wasser. Der meiste Sand wurde dabei weggespült, und nachdem Paul einige Minuten damit fortgefahren war, war nur noch ein kleiner Rest am Boden der Pfanne zurückgeblieben.

Während der Sand zuvor hellgrau gewesen war, ähnlich wie die Andesite um sie herum, war der Rest in der Pfanne fast schwarz. Paul kam aus dem Bach heraus und zeigte Melanie die Schüssel: »Schau, das sind jetzt die schwersten Minerale, die man in diesem Bach findet. Die umliegenden Gesteine verwittern und zerfallen, und die losen Körner werden in den Bach geschwemmt und dort nach unten transportiert. Sie bilden den Sand am Boden des Bachs. Indem ich diese Pfanne als Ersatz für etwas, was Waschpfanne genannt wird, so im Wasser bewege, wie du es gesehen hast, trenne ich die leichteren von den schwereren Bestandteilen, und die leichteren gehen mit dem Wasser über Bord. Zurück bleiben die schweren. Wie du siehst, sind sie hauptsächlich schwarz, wahrscheinlich irgendwelche Eisen-Titan-Oxide, **Magnetit** oder **Ilmenit**. Magnetit wäre magnetisch, also schauen wir einmal …« – er zog einen kleinen Magneten aus der Hosentasche, hielt ihn über die Waschpfanne, und sofort blieben viele schwarze Körnchen an ihm hängen – »… ja, das also ist Magnetit, eine Verbindung von Eisen und Sauerstoff, eines der ganz wenigen wirklich stark magnetischen Minerale. Siehst du die paar gold glänzenden Körner dort, zwischen den Magnetiten? Das ist **Pyrit**, eine Eisen-Schwefel-Verbindung, aber unmagnetisch. Sie ist sehr häufig, wird auch **Katzengold** genannt und manchmal mit richtigem Gold verwechselt.«.

»Schade, ich dachte schon, du hättest Gold gefunden. Das wäre noch was gewesen, nach

Ein glücklicher Finder mit seinem Goldnugget

den Diamanten gestern!« »Nein, hier ist keines drin, aber das war es eigentlich, wonach ich gesucht habe. Andesit-Vulkane sind nämlich bekannt dafür, dass sie immer wieder einmal Lagerstätten von Gold, zusammen mit anderen Metallen wie **Silber**, **Tellur** und **Wismut**, enthalten.« »Ehrlich? Komm, wir suchen noch mal, vielleicht hast du es ja nur übersehen!« Paul hielt sie zurück. »Nein, hier hat es keinen großen Sinn, lass uns lieber etwas bachabwärts gehen.« »Wieso nicht nach oben? Da kann man leichter am Bach entlanglaufen, sieh mal …« »Nach oben bringt doch gar nichts, Melanie! Wenn da oben Gold vorkommt, ist's auch hier unten im Bach, es wird ja runtergespült, und da es so schwer ist, hätte ich es auch gefunden. Wenn wir aber bachabwärts laufen, dann hat der Bach vielleicht eine goldhaltige Stelle angeschnitten, und wir sehen es dann in den Schwermineralen.« »Klar, ist ja logisch! Komm schnell, ich möchte es unbedingt auch einmal probieren!« Melanie drehte sich um und ging in die andere Richtung davon, immer in der Nähe des Bachs.

Dreihundert Meter weiter versuchten sie es erneut. Auch Melanie zog sich Schuhe und Strümpfe aus, stieg in den Bach, stellte sich unterhalb eines kleinen, vielleicht vierzig Zentimeter hohen Wasserfalls auf (da Paul ihr erklärt hatte, dass sich dort Schwerminerale aufgrund der Strömungsverhältnisse besonders gut anrei-

Natürliche Goldkristalle ordnen sich häufig zu den hier gezeigten, baumförmigen Gebilden an. Die Bildbreite ist in beiden Fällen etwa 5 cm

cherten) und sah erwartungsvoll zu Paul hinauf, der gerade erst ins Wasser stieg. Er lachte. »Erwarte bloß nicht zuviel. Vielleicht gibt's hier gar kein Gold an diesem Vulkan, man kann es nie vorher wissen.« Er stellte sich hinter Melanie, gab ihr die Pfanne, und sie schaufelte Sand hinein, direkt von der Stelle unterhalb des Wasserfalls. Dann zeigte ihr Paul, wie man die Pfanne so drehen musste, dass nur das Wasser und der leichte Sand über den Rand schwappten, die schweren Minerale aber auf dem Boden liegen blieben.

Als sie fertig waren, hatten sie wieder einen schwarzen Bodensatz mit einigen goldenen Körnchen, auf die Melanie zuerst ganz aufgeregt zeigte, die Paul aber sofort als Pyrit identifizierte. Wieder nichts! Melanie war ein wenig enttäuscht, aber Paul sagte nur: »Komm, wir müssen es noch ein paar Mal probieren, Goldgräberei braucht Geduld und Nerven.«

Sie gingen also immer weiter den Bach hinab und wuschen alle zwei- bis dreihundert Meter eine Pfanne voll Sand aus. Melanie konnte es bald allein, und so wechselten sie sich ab. Beim achten Mal, sie wollten die Hoffnung schon aufgeben und höchstens noch eine halbe Stunde weitermachen, kam Melanie nach dem Waschen keuchend ans Ufer gesprungen, wo Paul lag und ihr gemütlich zugeschaut hatte. »Schau mal, ist das was?« Sie deutete auf einige nur millimetergroße Körnchen, die gelb glänzten und heller strahlten als der Pyrit, der daneben in der Pfanne lag. Paul schaute sich die Körner genau an, blickte dann auf und sagte feierlich: »Melanie, du hast es gefunden. Du hast tatsächlich Gold gefunden! Gratuliere!« Sie führte einen Freudentanz auf, bevor sie wieder auf ihn zustürzte, ihm die Pfanne entriss und rief: »So, und jetzt wird das Gold für einen Diamantring gewaschen, gell, Paul?« »Nichts wie los, lass dich nicht abhalten«, grinste Paul und sofort schüttete sie die kleinen Goldkörnchen in den hohlen Anhänger ihrer Halskette. Dann lief sie zum Bach.

»So ist's recht: Frau wäscht, Mann denkt«, sagte Paul schmunzelnd und machte sich auf den Weg, bachaufwärts diesmal. Irgendwo musste ja die Stelle sein, wo das Gold herkam, und vielleicht hatte er Glück und fand sie. Es musste irgendwo zwischen hier und der letzten Stelle sein, wo sie gewaschen hatten und wo noch kein Gold im Bach gewesen war. Melanie ließ sich nicht beirren, hatte schon die nächste Portion Sand in die Pfanne getan und rief ihm nur nach: »Ein Spatz in der Hand ist besser als eine Taube auf dem Dach!«

Paul verschwand also zwischen den Felsblöcken, die den Bachlauf immer wieder einrahmten. Vierzig Meter oberhalb der Stelle, wo Melanie wusch, gab es an der Uferseite ein helleres Gestein, das wie gebleicht aussah. Die sonst schwarzen Nadeln waren in irgendetwas Grünliches umgewandelt, das Gestein war eher hellbraun als grau. An einigen Stellen sah Paul weiße Linien das Gestein durchziehen, drei oder vier, nur einige Millimeter dick, alle parallel zueinander. »Quarzgänge«, murmelte er vor sich hin, »da schau her.« Er ging ganz langsam weiter, nah am Bach, bog um eine leichte Krümmung und stand plötzlich vor einem handbreiten Quarzgang.

Er bückte sich und hob ein großes Stück auf, das davon abgesplittert war. Als er es umdrehte, verschlug es ihm den Atem. Silbrig glänzte die ganze Fläche im Licht der inzwischen tiefstehenden Sonne, war wie überzogen von verästelten Gebilden eines silbrigen Minerals. Zwischen den silbrigen Kristallen konnte er kleine, millimetergroße Goldkristalle blitzen sehen. Er nahm sein Taschenmesser hervor und drückte die Spitze in das Mineral: es war relativ weich und gab nach. Kein Zweifel: dies war **Sylvanit**, das seltene **Gold-Tellur-Erz**, das Paul bisher nur im Naturkundemuseum gesehen hatte. Er drehte noch einige Quarzbrocken um, alle waren von demselben, silbrigen Erz

Bäume aus Basalt: Hier standen Bäume, die völlig von Basalt umkrustet wurden. Kilauea, Hawaii

überzogen und einmal bog sich ihm auch ein richtiges Goldblech entgegen.

Er nahm das Stück mit dem Goldblech, und ging wieder auf die Stelle zu, wo er Melanie fröhlich mit der Pfanne hantieren hörte. »Melanie, schau, was es da oben gibt.« Er reichte ihr das Stück mit dem Goldblech, und sie staunte. »Dann wollen wir mal die Tauben vom Dach herunterholen«, sagte sie nur, zeigte ihm stolz den Anhänger, in dem sich ein kleines, aber eindeutig goldenes Häufchen Sand angesammelt hatte. Sie zog sich ihre Schuhe an, nahm die Pfanne und folgte Paul. Sie begannen mit bloßen Händen den zum Glück brüchigen und von Rissen und Spalten durchzogenen Quarzgang zu zerlegen.

Sie stellten fest, dass es genau eine Schicht war, wie eine Spaltenfüllung im Quarzgang selbst, die das Sylvanit und das Gold enthielt, die den Quarz wie ein kaum mehr als fünf Millimeter dickes Flechtwerk überzogen. Sie luden die gesamte Pfanne mit den sylvanit- und goldhaltigen Brocken voll, steckten sich jeder noch soviel es ging in die Taschen und machten sich dann wieder auf den Rückweg zum

FORD, ständig Unsinn plappernd, so aufgeregt waren sie über ihren Fund. Schließlich kamen sie wieder beim FORD an und verstauten die Steine in einer Kiste im Kofferraum – nur Melanies Anhänger kam ins Handschuhfach.

Melanie war praktisch veranlagt und fragte Paul, während der sich hinters Steuer setzte und Kurs auf ihren Zeltplatz nahm: »Was machen wir jetzt mit diesem Erz mit dem komischen Namen?« »Der komische Name war Sylvanit, aber du kannst auch

Der höchste Vulkan Afrikas: der Kilimandscharo

Schrifterz dazu sagen, so haben es die alten Bergleute genannt, weil es fast wie Schriftzeichen aussieht, so wie es die Steine überzieht. Wie Runen, siehst du?« Er hielt ihr ein kleines Stück hin, das er noch in der Hosentasche hatte, auf dem die feinen, filigranen Sylvanit-Kristalle fast wie geschwungene, lang gezogene Buchstaben aussahen, die geheimnisvolle Sätze zu bilden schienen. »Also, was machen wir mit dem Schrifterz? Wie viel Gold steckt da drin? Wie bekommen wir das da heraus?« »Wollen wir es denn überhaupt herausbekommen?« »Naja, ich dachte schon … dass ich … als Erinnerung …« Melanie wand sich ein bisschen, als Paul sie anlachte und sie merkte, dass er sie nur gefoppt hatte. »Ist ja klar, dass wir uns daraus irgendwelche Erinnerungsstücke machen. Sylvanit ist, wenn ich mich recht erinnere, ein sehr reiches Golderz, das zudem schon bei geringen Temperaturen

Der Stromboli auf den Liparischen Inseln ist ein aktiver Basaltvulkan

schmilzt. Ich glaube, wir können es über einem Bunsenbrenner schmelzen und das Gold herausholen. Zumindest probieren können wir es. Ein paar Stücke sollten wir aber auch unserem Museum vermachen, ich glaube, so schönes Sylvanit hat es noch nicht, und noch dazu von einem neuen Fundort, ja, von einem neuen Planeten!« Melanie nickte.

An diesem Abend gab es zur Abwechslung einmal nicht Nudeln mit Tomatensoße, sondern eine Tütensuppe mit Reis. Danach ging Paul bald ins Zelt und schlief

Eine neue Insel wächst: Vulkanausbruch in Surtsey bei Island.
Gewaltige Wasserdampfwolken steigen in den Himmel

schon lange, bevor Melanie ihre Notizen beendet hatte, mit denen sie all das fest-halten wollte, was sie an diesem Tag erlebt hatte.

In der Tat hatte es Paul und Melanie auf einen Inselbogen-Vulkan verschlagen. Der Name Inselbogen kommt daher, dass hinter Subduktionszonen, die meist gebogen sind, Vulkaninseln häufig wie auf einer Schnur aufgereiht sind und daher ein ganzer Bogen von Inseln entsteht. Vulkane an Inselbögen sind häufig anders als die Basalt-vulkane, die Paul und Melanie bisher gesehen hatten. Es handelt sich nämlich um **Andesite**, **Dazite** und zum Teil auch **Rhyolithe**, also um siliziumreichere Schmelzen.

Ausbruchstypen

Vulkane können auf verschiedene Arten ausbrechen. Die Vulkane auf Hawaii zum Beispiel fördern regelmäßig große Mengen von relativ ruhig aus dem Krater ausfließender Lava, die im Laufe der Zeit riesige Vulkanbauten, so genannte Schildvulkane, auftürmt. Diese Art des Ausbruchs nennt man **hawaiianisch**, und sie ist nicht sehr gefährlich, da sie kontinuierlich und wenig explosiv ist. Ein weiteres Beispiel für einen solchen Schildvulkan ist der Kilimandscharo in Ostafrika.

Schon etwas explosiver ist der strombolianische Ausbruchstyp, der nach der im Mittelmeer gelegenen Insel Stromboli benannt ist. Hierbei werden, ebenfalls relativ regelmäßig, bis einige Hundert Meter hohe Lava-Fontänen ausgestoßen, Bomben fliegen durch die Luft, doch die Gesamtmasse der geförderten Lava ist relativ gering, und so bilden sich nicht so große Vulkane wie auf Hawaii. Aufgrund der Vorhersagbarkeit ist auch ein strombolianischer Vulkan normalerweise, wenn er nicht gerade gesteigerte Aktivität aufweist, relativ ungefährlich.

Noch explosiver und auch unberechenbar und damit gefährlich ist **surtseyanischer** Vulkanismus, der nach der in den 1960er Jahren vor Island neu entstandenen Vulkaninsel Surtsey benannt ist. Bei diesem Ausbruchstyp, der auch allgemein **phreato-magmatisch** genannt wird, tritt Wasser von der Oberfläche, also Grundwasser oder Meerwasser, in Kontakt mit dem heißen Magma, verdampft dabei schlagartig, vergrößert dadurch sein Volumen um ein Vielfaches und reißt dadurch das darüber liegende Gestein auf. Auch **Maare**, wie sie beispielsweise in der Eifel zu finden sind, entstehen durch solche phreato-magmatischen Ausbrüche.   ...

Andesite und Dacite bestehen überwiegend aus Feldspat, es kann auch ein wenig Quarz dabei sein, und die schwarzen Nadeln sind Kristalle von **Hornblende**, einem **Eisen-Magnesium-Kalzium-Hydrosilikat**. Die Hornblende ist sehr charakteristisch für Andesite, während sie in Rhyolithen selten ist. Dort sind dafür mehr Glimmer und mehr Quarz zu finden.

Warum bilden sich überhaupt Vulkane über Subduktionszonen, wo doch Material versenkt wird? Normalerweise wird man an solchen Stellen nicht erwarten, dass Magma nach oben steigt. Die Erklärung ist auch relativ kompliziert, aber wir werden uns ihr in kleinen Schritten nähern. Zunächst stellt der im Gelände tätige Geowissenschaftler fest, dass die Vulkane nicht unmittelbar über dem Tiefseegra-

···

Die katastrophalste Ausbruchsform schließlich ist die **plinianische**, benannt nach Plinius dem Jüngeren, der im Jahre 79 n. Chr. einen solchen Ausbruch des Vesuvs bei Neapel in Italien beschrieben hat. Er selbst war an Bord eines Schiffes in der Bucht von Neapel, als der Vesuv ausbrach und unter anderem die damals blühende Stadt Pompeji unter seinen Asche-Lagen begrub. Bei einem plinianischen Ausbruch staut sich soviel Druck in einem meist zähen Magma auf, dass die Explosion nicht genau (aber ungefähr) vorhersagbar ist, und dass dabei Material bis zu vierzig Kilometer hoch geschleudert wird, also bis in die Stratosphäre. Berühmte Ausbrüche dieses Typs waren der Mt. St. Helens an der Westküste der USA im Jahr 1980 und der Pinatubo auf den Philippinen 1991, der durch seinen Gas- und Ascheausstoß für einige Jahre einen zwar geringen, aber messbaren Abkühlungseffekt auf das Weltklima hatte.Jeder Vulkan behält, solange er Schmelzen ähnlicher chemischer Zusammensetzung fördert, seinen Ausbruchstyp bei, und jeder Vulkan hat auch charakteristische Ausbruchs-Intervalle. Der Vesuv beispielsweise hatte in den vergangenen vierhundert Jahren immer etwa alle fünfzig Jahre einen großen Ausbruch, und sein letzter Ausbruch war 1944 – ein neuer großer Ausbruch wäre also »überfällig«. Problematisch ist, dass heute im potenziellen Einzugsgebiet des Vesuvs mehr als sechs Millionen Menschen leben.

ben, also über der Stelle stehen, an der die Ozeankruste verschluckt wird, sondern etwa 100 bis 150 Kilometer dahinter. Es gibt also eine Lücke zwischen Subduktionszone und Vulkanen. Das ist die erste Beobachtung.

Die zweite Beobachtung ist die, dass sich der Ozeanboden, der an der Subduktionszone versenkt wird, grundlegend von dem unterscheidet, der an den Mittelozeanischen Rücken entsteht. Die Basalte, die am Mittelozeanischen Rücken gefördert werden, entstehen aus Silikatschmelzen, die nur ganz wenig Wasser enthalten und entsprechend enthalten auch die Basalte nur wenig Wasser, fangen aber im Laufe der Zeit an, mit dem Meerwasser zu reagieren. Das Meerwasser zersetzt die Minerale des Basaltes und das Glas, löst manche Bestandteile heraus und bringt andere Bestandteile hinein. Da Meerwasser sehr salzreich ist (heutzutage enthält es etwa dreieinhalb Prozent Steinsalz, eine Verbindung von Natrium und Chlor), nimmt das Gestein neben Wasser hauptsächlich Natrium auf und gibt dafür Kalzium ab. Der subduzierte Ozeanboden ist also voll gesogen mit Wasser und Natrium. Enthielten die ursprünglichen Basalte vielleicht ein Prozent Wasser, enthält der reagierte Ozeanboden zwischen zehn und zwanzig Prozent. Dieses Wasser wird mit versenkt, denn es ist in wasserhaltigen Mineralien gebunden, kann also nicht einfach herausgequetscht werden.

Auf seinem Weg in die Tiefe heizt sich das Gestein dann langsam wieder auf, und in einer bestimmten Tiefe hat es eine Temperatur erreicht, die einige der wasserhaltigen Minerale nicht mehr aushalten, denn gerade sie sind besonders hitzeempfindlich: Sie gehen kaputt, zersetzen sich, wandeln sich in andere, weniger wasserhaltige Minerale um, und dadurch entsteht also bei hohen Temperaturen Wasser im Gestein. Dieses Faktum könnte einem völlig egal sein, wenn Wasser nicht so ein ausgezeichnetes **Flussmittel** wäre. Flussmittel sind solche Stoffe, die den Schmelzpunkt von Mineralen oder Gesteinen herabsetzen. Trockenes Gestein bei zum Beispiel achthundert oder neunhundert Grad Celsius ist absolut stabil, und es passiert gar nichts. Wenn aber bei derselben Temperatur plötzlich Wasser ins Gestein kommt, von unten, weil dort unten gerade der Ozeanboden entwässert, der vorbeigeschoben und in die Tiefe versenkt wird, dann beginnt das Gestein teilweise zu schmelzen.

Das Ulmener Maar in der Eifel. Wo heute ein schöner Badesee liegt, explodierte einst ein Vulkan, als Wasser mit dem heißen Magma in Berührung kam

Tatsächlich können drei verschiedene Gesteine bei diesem Prozess schmelzen, und nach allem, was man weiß, tun sie es auch: die versenkte Ozeankruste selbst, der darüber liegende Mantelkeil und schließlich noch die darüber liegende Kruste. Die Schmelzen, die dabei entstehen, können wieder Basalte sein, wenn der Mantelkeil schmilzt, oder aber es sind Andesite, Dazite oder Rhyolithe, je nachdem, in welchen Anteilen welches der Gesteine an der Schmelzbildung beteiligt ist. Was genau Andesite, Dazite und Rhyolithe sind, ist hier nicht wirklich wichtig. Sie enthalten mehr Kalium, mehr Wasser und vor allem deutlich mehr Silizium als die Basalte, und daher sind ihre Schmelzen – wie oben schon einmal

Die Eruptionssäule aus Asche und Gesteinsbrocken, die sich über dem Mount St. Helens, USA,
1980 mehrere Zehnerkilometer weit in die Höhe ausdehnte

Nach seinem Flankenkollaps liegt der Mount St. Helens halb geöffnet da: Die Hälfte seines Kegels wurde weggesprengt oder ist abgerutscht

erklärt – zähflüssiger als Basaltschmelzen. Daher brechen sie zwar seltener, aber katastrophaler aus als die dünnflüssigeren Basalte.

Die zähen Andesitschmelzen in Inselbögen produzieren neben den charakteristischen plinianischen Ausbrüchen noch ein anderes, charakteristisches Phänomen, nämlich **Lavadome**. Paul und Melanie hatten gesehen, aber nicht weiter beachtet, dass ein Teil des Andesitvulkans abgerutscht beziehungsweise abgebrochen war. Dabei handelte es sich um einen so genannten **Flankenkollaps**, der dadurch entstanden war, dass sich im Krater nach einem großen Ausbruch einer dieser zähen Schmelzpfropfen gebildet hatte, während darunter noch heißes Magma war, das ständig nach oben drängte und weiter entgaste. Innerhalb von ein paar Wochen nach einem großen Ausbruch kann dieser Pfropfen im Krater nach oben wachsen. Es bildet sich eine riesige, magmengefüllte Beule, die Dom genannt wird und die den Berg richtig verformen kann. Wenn sie zu groß wird, kann es dazu kommen, dass der Berg an einer Seite abrutscht, weil er praktisch von innen heraus aufgedrückt wird. Dieses Abrutschen wird dann als Kollaps bezeichnet, und wenn eine Seite dabei abrutscht, eben als Flankenkollaps. Bei einem solchen Kollaps wird natürlich auch die darunter liegende Magmenkammer ganz plötzlich vom Druck entlastet und bricht daraufhin aus.

Solche Ausbrüche können noch einmal von ungeheurer Wucht und großer Zerstörungskraft sein. Am schlimmsten dabei sind so genannte Glutwolken (im Englischen **surges** genannt). Das sind heiße, mit Staub und Asche vermengte Gase, die mit bis zu dreihundert Kilometern pro Stunde die Vulkanhänge hinabrasen können und überall nur Zerstörung hinterlassen, alles verbrennen, alles niederwalzen, dabei aber nur ganz wenige Ablagerungen hinterlassen, weil es ja hauptsächlich Gas ist, das da die Hänge hinabfegt. Wenn die Magmenkammer dann ganz oder zum großen Teil geleert ist, bricht typischerweise der Berg darüber auch noch einmal ein, denn dort, wo früher die Schmelze war, ist dann natürlich ein Hohlraum

Im halb offenen Krater des Mount St. Helens wuchs seit 1980 ein kleiner Lavadom innerhalb weniger Wochen in die Höhe

entstanden, dessen Decke nicht mehr den ganzen Berggipfel tragen kann. Es entsteht dadurch eine **Caldera**, ein eingebrochener Krater, der viel größer sein kann als der ursprüngliche Krater. Solche Calderen werden bis zu einigen Kilometern groß.

Soviel zum vulkanischen Teil von Pauls und Melanies Erkundungen. Jetzt müssen wir aber noch über die Goldvorkommen in Inselbogen-Vulkanen reden. Was Paul fand, diesen Quarzgang mit metallischem Gold und mit Schrifterz, war ein so genannter **hydrothermaler Erzgang**. Hydrothermal bedeutet, dass in einer Gesteinsspalte Erze (in diesem Fall Gold und Gold-Tellur-Erze) und andere Minerale, die so genannten **Gangarten** (hier Quarz), aus einer heißen wässrigen Lösung abgeschieden wurden. Dieses heiße Wasser kann aus der Schmelze entstanden oder auch von außen ins Gestein gesickert und durch das Magma aufgeheizt worden sein, ja, es kann sogar ganz ohne Vulkanismus einfach dadurch, dass es entlang von Spalten nach unten, ins Erdinnere sickert, aufgeheizt werden.

Da heißes Wasser und insbesondere heißes, salzreiches Wasser meist viel besser Elemente transportieren kann als kaltes, salzarmes Wasser, setzt es, wenn es wieder abkühlt – also wenn es sich beispielsweise vom Vulkan entfernt oder aus der Tiefe wieder nach oben steigt oder wenn es durch Zustrom von reinem Oberflächenwasser verdünnt wird –, vorher gelöste Elemente in Spalten ab. Es ist also wie eine Umverteilung: Wasser fließt durchs Gestein, »sammelt« alle möglichen Elemente und transportiert sie woandershin, wo es sie dann, häufig erheblich stärker konzentriert als vorher, wieder absetzt. Auf diese Weise bilden sich hydrothermale Erzlagerstätten, von denen es natürlich eine Menge verschiedener Typen gibt. Viele Silber-, Kupfer-, Blei-, Zink-, Antimon-, Kobalt- oder Uranlagerstätten, auch und gerade in Mitteleuropa (im Erzgebirge, im Spessart, im Harz und im Schwarzwald, im Rheinischen Schiefergebirge und im Massif Central, um nur einige zu nennen) wurden auf diese Weise gebildet.

Goldlagerstätten kommen bevorzugt in andesitischen Vulkanen vor, das hängt offenbar damit zusammen, dass diese Schmelzen Gold schon bei ihrer Entstehung anreichern und dann gut mit nach oben transportieren können. Hier wird es dann in der letzten Phase der magmatischen Aktivität abgelagert oder aber später nochmals remobilisiert, also wieder aufgelöst und dadurch noch einmal konzentriert. Allerdings gibt es Gold auch noch in einer ganzen Reihe anderer Lagerstättentypen.

Die meisten hydrothermalen Lagerstätten, und besonders die, die wirtschaftlich interessant sind, entstanden nicht nur durch einfache Abkühlung von Salzwasser. Wasser ins Gestein, kochen, abkühlen, und fertig ist die Erzlagerstätte – das ist ein wenig zu einfach. Einige andere und deutlich effektivere Möglichkeiten, gelöste

Erschütternde, jahrtausendealte Momentaufnahme der Folgen eines Vulkanausbruchs: Gipsabgüsse von Menschen aus Pompeji bei Neapel, die in der Glutwolke des Vesuv bei seinem Ausbruch 79 n. Chr. verbrannten und als Hohlformen in den Aschelagen erhalten blieben

Elemente aus hydrothermalen Lösungen auszufällen, sind etwa die Zumischung von kaltem Oberflächenwasser zu heißem Hydrothermalwasser, eine Veränderung des Oxidationszustandes durch natürliche Vermischung mit Erdöl oder Erdgas oder das Kochen des Wassers, wenn sich plötzlich der Druck erniedrigt, weil Spalten bis zur Erdoberfläche aufreißen. All diese Prozesse verändern die Löslichkeit von Metallen in wässrigen Lösungen und können zu ihrer Ausfällung oder zur Ausfällung von metallhaltigen Mineralen beitragen.

Während die mitteleuropäischen Hydrothermal-Lagerstätten heute nur noch in ganz wenigen Einzelfällen wirtschaftlich interessant sind (wie die Grube Clara bei Wolfach im Schwarzwald), sind die hydrothermalen Vererzungen in der Umgebung von andesitischem oder dazitischem Vulkanismus nach wie vor ökonomisch wichtige Lagerstätten und De-

Dieses Auto stand am falschen Platz, nämlich im Weg des Mt. St. Helens

visenbringer für Entwicklungsländer. So trägt eine einzige Goldmine in einem erloschenen Andesitvulkan auf Fiji bis zu einem Viertel der Deviseneinnahmen des Staates bei. Auch in Rumänien werden solche Lagerstätten, die im Zusammenhang mit einem vor langer Zeit existenten Inselbogen stehen, der heute nach einer Gebirgsbildung Teil der Karpaten ist, nach wie vor intensiv abgebaut.

Der sonderbarste Vulkan der Erde

Bei einem Flug über einen mittelgroßen Kontinent entdecken Paul und Melanie Vulkane in der Nähe von Seen, die von weißen Salzkrusten umgeben sind. Die nähere Betrachtung eines dieser Vulkane zeigt, dass er keine Silikat-, sondern Karbonatschmelzen fördert. »Na und?«, denkt ihr jetzt vielleicht. »Karbonat- oder Silikatschmelze? Was kann ich mir dafür kaufen?« Abgesehen davon, dass hoffentlich auch die Neugier und der Erkenntniszugewinn etwas wert sind, werdet ihr sehen, dass Karbonatschmelzen durchaus etwas Bemerkenswertes sind, ja praktisch einzigartig. Und ist es nicht immer wieder dies, was uns fasziniert – das Einzigartige?

Als Paul am nächsten Morgen verschlafen aus dem Zelt schaute, sah er Melanie in einigen Hundert Meter Entfernung über den Sandstrand joggen. Sie sprintete los, als sie seinen Kopf im Zelteingang sah, und stand wenig später schwer atmend vor ihm. »Guten Morgen, du Langschläfer! Komm raus, es ist wunderschön! Tolles Wetter hat dieser Planet – da könnte ich mich dran gewöhnen.« Paul kroch aus dem Zelt, bewegte sich jedoch nur bis zum Campingkocher und machte kalten Tee vom Vorabend nochmals heiß. »Uns geht demnächst das Brot aus, und der Käse, weißt du das?«, fragte er Melanie. »Ja, ich habe es auch schon bemerkt. Vielleicht sollten wir mal wieder ein paar Tage heimfliegen und nächste Woche noch einmal wiederkommen. Meine Eltern wären sicher auch ganz froh, wenn ich mal wieder zu Hause vorbeischauen würde.« »Hm, vermutlich hast du Recht. Außerdem könnten wir dann auch mal wieder richtig duschen und uns nicht nur hier im Salzwasser waschen. Hätte auch was für sich. Wir packen nach dem Frühstück unsere Sachen alle ein, unternehmen aber heute noch etwas und fliegen erst am Nachmittag zurück.« »Das ist gut, so machen wir es!«

    Nach dem Frühstück brachen sie also ihr Zelt ab, räumten ihre Schlafsäcke und die Camping-Utensilien wieder in den FORD. Sie flogen gemütlich über die immer noch junge Erde hinweg, überflogen den Basaltvulkan, der noch immer stark rauchte, aber inzwischen keine Lavafontänen mehr ausstieß, und schließlich auch

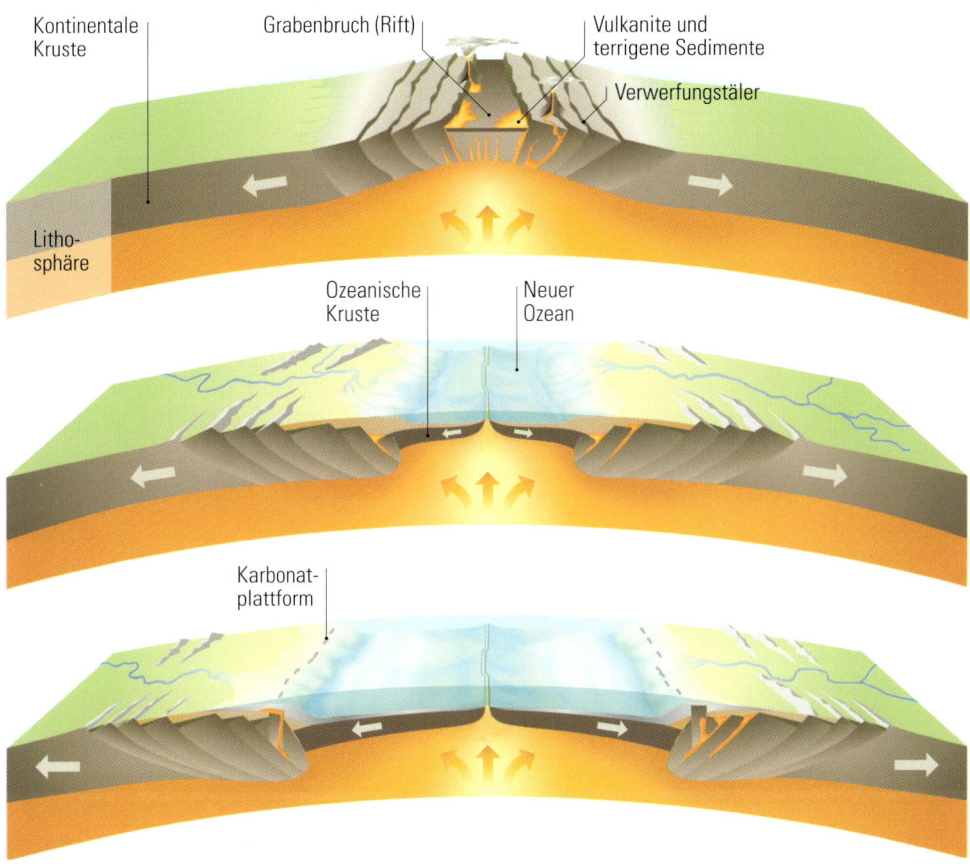

Kontinentale
Kruste

Grabenbruch (Rift)

Vulkanite und
terrigene Sedimente

Verwerfungstäler

Litho-
sphäre

Ozeanische
Kruste

Neuer
Ozean

Karbonat-
plattform

Vom Rift (Grabenbruch) zum Ozean

So bildet sich ein neuer Ozean (von oben
nach unten): Die kontinentale Kruste bricht
auseinander, es entsteht ein Grabenbruch
(Rift), in dem sich Vulkanite und Sedimente
ablagern (terrigen bedeutet: vom Land her
bezogen, im Gegensatz zu marinen Sedimenten, die aus dem Meer abgelagert werden).
Der Grabenbruch wird von etwa parallel ver-
laufenden Verwerfungstälern begleitet, an
denen Krustenstücke staffelförmig abrutschen. Der unterliegende Erdmantel dringt
nach oben, und mit der Zeit bildet sich aus
den Schmelzen, die diesem Mantel entstam-
men, ein neuer Ozean mit neuer ozeanischer
Kruste. Nach einiger Zeit beginnen sich dann
an den Rändern dieses Ozeans Karbonatplatt-
formen zu bilden, der Schelf.

den kleinen See, an dem sie sich nach dem Ausbruch erholt hatten. Danach überflogen sie Gebiete, die sie bisher nicht gesehen hatten. Faszinierende Landschaften tauchten vor ihnen auf, riesige Sandsteinklippen mit tief eingeschnittenen Schluchten, auf deren Grund reißende Flüsse sich ihren Weg bahnten. Hohe, längst vergessene Gebirge, deren Gipfel schneebedeckt in der Sonne glänzten, türmten sich vor ihnen auf, und sie umflogen ein paar scharfzackige Grate in 5500 Meter Höhe. Hinter diesem Gebirge sahen sie weite Ebenen, in denen hin und wieder ein kleiner Vulkan stand, allerdings offenbar inaktiv, denn es stieg kein Rauch auf.

Nach eineinhalb Stunden gemütlichen Fluges sahen sie in der Ferne etwas schneeweiß glitzern, bei dem es sich nicht um Schnee handeln konnte, denn sie flogen gerade eine wüstenhafte, 15 Kilometer breite Ebene entlang, die auf beiden Seiten von Steilwänden flankiert war. Mehr als Hundert Kilometer folgten sie diesem riesenhaften Tal jetzt schon, und Paul hatte die Vermutung geäußert, dass es sich um ein **Rift** handeln könne, einen Grabenbruch, wo der Kontinent, den sie gerade überflogen, auseinander brach und wo danach, in einigen Millionen Jahren, ein neuer Ozean entstehen würde. »Solche Rifts sind nichts Ungewöhnliches, und sie entstehen zum Beispiel, wenn sich ein neuer Plume an der Kern-Mantel-Grenze gebildet hat und zur Erdoberfläche aufsteigt, dort aber nicht auf eine dünne ozeanische Kruste trifft (die er einfach durchbricht und ozeanische Inseln bildet), sondern wenn ein Kontinent an der Stelle liegt. Dieser muss erst in Jahrmillionen aufgebrochen werden, indem der Plume ihn von unten anschmilzt, ihn nach oben drückt, solange, bis der Kontinent aufbricht. Ich glaube, einen solchen Bruch sehen wir hier. Dort, wo der Kontinent zerbricht, bilden sich immer Vulkane, denn durch die Druckentlastung des darunter liegenden Mantels schmilzt ein Teil der Gesteine.«

Während Paul dies erzählte, tauchte der weiß glitzernde Fleck in der Ferne auf, der sich, als sie ihm näher kamen, als See entpuppte, als ein See, der ringsum von blendend weißen Krusten umgeben schien. »Das sollten wir uns näher ansehen«, meinten Melanie und Paul gleichzeitig, und Paul landete sofort am Rand der weißen, im Sonnenlicht schimmernden Fläche. Bei dem gleißenden Sonnenlicht und in dieser unwirklich weißen Landschaft mussten sie ihre Sonnenbrillen aufsetzen, um überhaupt etwas zu sehen. Schon nach wenigen Metern war klar, dass die weißen Krusten irgendwelche Kristalle waren, die aus dem beinharten, trockenen Wüstenboden darunter auskristallisiert waren.

»Das sind Salze«, vermutete Paul sofort, »vermutlich irgendwelche Natrium-Kalzium-Sulfat-Karbonat-Verbindungen, jedenfalls nicht normales Steinsalz, denn es schmeckt nicht sehr salzig, eher bitter. Ziemlich eklig eigentlich, und es brennt auf der Zunge! Versuch es lieber nicht!« Melanie, die ebenfalls schon drauf und dran

Flamingos benötigen den Lebensraum der Salzseen im ostafrikanischen Riftsystem als Brut- und Futterplätze

gewesen war, an einem weißen Kristall zu lutschen, ließ es dann lieber sein. »Und wie kommt das hierher?« »Dieser See dahinten scheint ein Salzsee zu sein, also das Wasser enthält sehr viel gelöste Stoffe, die, wenn der See bei der mörderischen Hitze, die hier herrscht, verdunstet« – es mussten mindestens vierzig Grad sein, und sie schwitzten heftig –, »als weiße Krusten und Kristalle übrig bleiben. Wir stehen also auf dem ehemaligen Seeboden, der heute eine rissige, beinharte Ton-schicht ist, und die Salze sind darauf auskristallisiert.« »Aber warum sind diese Seen so salzreich? Das ist ja nun doch etwas ungewöhnlich, oder?« Paul musste ihr Recht geben, hatte aber keine gute Erklärung dafür.

Sie wanderten noch ein wenig in dieser extremen Landschaft umher. Bretteben, so weit das Auge blickte, und die Luft flimmernd vor Hitze, um sie herum überall weißer, unter ihren Schritten knirschender Boden. In der Ferne sahen sie die stei-len Kanten des Grabenbruchs verschwommen und undeutlich in der Mittagshitze, denn es ging bereits auf halb zwölf zu, und in zwanzig Kilometer Entfernung ragte, vom Boden durch die flirrende Luft getrennt und daher wie schwebend, ein großer Vulkankegel empor, hinter dem weitere im Dunst verschwanden. Schließlich hiel-ten sie es in der Hitze nicht mehr aus und gingen zum FORD zurück, in dem es mittlerweile mindestens fünfzig Grad heiß zu sein schien.

Paul flog schnell davon. Sie näherten sich jetzt dem Vulkan, der wie ein wilder, zorniger Zacken die flache Ebene um mindestens zweitausend Meter überragte. Als sie ihn überflogen und Paul einen Blick nach unten warf, rief er überrascht: »Schau mal, der sieht aber komisch aus! Der hat lauter kleine Schornsteine in seinem Krater, die fast wie die schwarzen Raucher von gestern aussehen!« Er verlangsamte, wendete und flog in geringer Höhe über den Krater hinweg. Aus einigen der Schornsteine quoll ein wenig weißer Dampf, und so wussten sie, dass der Vulkan aktiv war.

Obwohl sie nur zu gut in Erinnerung hatten, wie gefährlich aktive Vulkane sein können (Pauls Kopf war schließlich immer noch von kleinen Brandwunden gezeichnet), hatten sie auch keine Lust, diesen zweitausend Meter hohen Berg in der glühenden Mittagshitze zu besteigen. Der Krater selbst war klein, zweihundert Meter im Durchmesser, und die Schornsteine ragten zehn bis 15 Meter über die sonst sehr glatte Oberfläche, die nur an einer Seite wirkliche Kraterform hatte. Eigentlich sah es aus wie ein nachträglich durch Magma aufgefüllter Krater, und da sie somit nicht irgendwo hinabsteigen mussten und immer nah beim FORD bleiben konnten, setzte Paul vorsichtig am Rande der »Kraterebene« auf.

Sie stiegen aus. Die Gesteine waren völlig andere als jene, die sie bisher irgendwo gesehen hatten. An einigen Stellen waren sie ganz schwarz und dicht, an anderen

Typischer Salzsee des kenianischen Grabenbruches: der Lake Magadi mit seinen weißen Salzkrusten und rötlichen Algenmatten

Der einzige Karbonatitvulkan der Welt, der Oldoinyo Lengai in Tansania, fördert schwarze Laven, die durch Kontakt mit der Luftfeuchtigkeit innerhalb weniger Wochen braun und dann schneeweiß werden

eher bräunlich und bröselig, und wieder an anderen waren sie weiß. Die unterschiedlichen Färbungen schienen zu unterschiedlichen Lavaströmen zu gehören. Die jeweils jüngsten waren schwarz, darunter liegende, ältere dagegen weiß oder bräunlich. »Sonderbar, schau mal, die verändern offensichtlich mit der Zeit ihre Farbe!« Melanie ging auf einen der schwarzen Lavaströme zu, bückte sich und hob ein Stück davon auf. »Das ist ziemlich leicht, viel leichter als die Basalte und Andesite; vielleicht sind mehr Hohlräume drin?«

Paul, ebenfalls einen Stein in der Hand, schüttelte den Kopf. »Ich glaube nicht. Ich glaube, hier sind ganz andere Minerale drin als in den Gesteinen, die wir uns bisher angeschaut haben, sonst würden sie auch nicht so weiß werden beim Verwittern. Aber schau mal: Die helleren Gesteine und besonders diese braunen sind lockerer, fast bröselig, während die schwarzen doch relativ kompakt sind. Ich glaube, in den schwarzen Gesteinen ist etwas Wasserlösliches drin, und deshalb zerfallen die zu diesen helleren hier, wenn es regnet.« »Glaubst du, hier regnet es jemals?« Melanie blickte sich zweifelnd um. »Kann ich mir kaum vorstellen. Außerdem sieht das weiße Gestein eher aus, als hätte es Ausblühungen von irgendetwas, nicht, als ob es aufgelöst würde.« »Ja, stimmt . . . keine Ahnung, was hier los ist.«

In diesem Moment begann es an einem der Schornsteine zu zischen und zu brodeln, als würde Suppe überkochen. Und richtig, noch während sie sich zu diesem dreißig Meter entfernten Gebilde umdrehten, schwappte dort eine silbriggraue bis schwarze, flüssige Masse heraus, rann wie Milch den Schornstein hinunter und bildete dann ein Bächlein, das sich über die darunter liegenden Laven ergoss, ausbreitete und schließlich langsam auf Paul und Melanie zufloss. »Was ist denn das? Glaubst du, das ist die Lava, aus der dieses schwarze Gestein entsteht? Die glüht ja gar nicht! Und schau mal, wie dünnflüssig sie ist, fast wie Wasser! Ganz anders als an dem Basaltvulkan vom ersten Tag.«

Paul war verwirrt. Wie konnte das sein? Eine Gesteinsschmelze, die nicht glühte? Ein Gestein, das dann offenbar mit Wasser reagierte und sich zumindest teilweise zersetzte? Eine Schmelze, die eine so geringe Viskosität hatte wie Wasser? Während er grübelte, rannte Melanie schon zum FORD und holte das Thermometer hervor. »Komm, wir schauen einmal, wie heiß diese Lava ist.« Sie ging auf den langsam kriechenden Strom zu, der eine Spalte gefunden hatte, in der er gluckernd verschwand und dann darin weiterfloss. »Aber sei vorsichtig! Vielleicht ist es ja doch heißer, als wir denken! Warte noch kurz!«

Paul war auf der Hut, er holte noch rasch die Asbesthandschuhe und einen Aluminiumstab von einem Meter Länge aus dem FORD, bevor er Melanie folgte. Die stand schon in der Nähe der Rinne, in der die Schmelze wie ein silbriggrauer Bach fröhlich plätscherte. Er nahm das Thermometer, band es mit Draht an den Aluminiumstab, gab ihr das Gebilde wieder, und sie tauchte dann, nachdem sie einen der Asbesthandschuhe übergezogen hatte, das Thermometer aus sicherer Entfernung in die Schmelze. Als sie es wieder herauszog und es ablesen konnte, zeigte es 530 Grad. »530 Grad? Das ist ja nichts! Das soll eine Gesteinsschmelze sein?« Paul konnte es nicht fassen. Was war da los?

Immer noch zischte der Schornstein, doch es kam schon weniger Flüssigkeit aus ihm heraus als noch vor fünf Minuten. Sie eilten an den Kraterrand, einen Bogen um den kleinen Lavastrom machend, und wollten so von einem höher gelegenen Punkt am Kraterrand in den Schornstein hineinschauen. Sie sahen in ein mehrere Meter tiefes Loch, auf dessen Boden es in der Dunkelheit ganz schwach zu glühen schien; es war jedoch schwer, dies im hellen Tageslicht zu erkennen. Immer wieder schwappte diese Suppe in dem engen Kanal nach oben und floss über den Rand.

Sie gingen zurück zum FORD und diskutierten, was das denn für sonderbare Schmelzen sein könnten. Sie beschlossen, einige größere Proben des dunklen und des hellen Gesteins mitzunehmen, um es zu Hause näher untersuchen zu können, doch stellten sie fest, dass der Kofferraum des FORD schon überquoll. Sie mussten ihn komplett aus- und dann Platz sparend wieder einräumen. Während sie den

Der mit Karbonatit gefüllte Krater des Oldoinyo Lengai in Tansania. Der aktive Hornito (»Schornstein«) ist schwarz, während die älteren bereits weiß zersetzt sind. Im Hintergrund das ostafrikanische Rift Valley

Dünnflüssige Karbonatitschmelze wird aus einem Hornito geschleudert

Frische (schwarze) und ältere (weiße) Lavaströme aus Karbonatit am Oldoinyo Lengai

Hier wird gerade die Temperatur eines Karbonatitstromes am Oldoinyo Lengai gemessen. Im Hintergrund die Grabenschulter des Rift Valleys

Kofferraum leerten, kamen alle möglichen Dinge zum Vorschein, die offenbar schon seit Monaten darin herumlagen. Zerrissene Seile, Plastiktüten und eine angebrochene Flasche Cola. »Abgestandene Cola gefällig?« Paul hielt Melanie die Flasche hin, die dankend ablehnte. Warme, schale Cola war so ungefähr das Letzte, worauf sie jetzt Lust hatte. Also leerte Paul die Flasche einfach neben dem FORD aus.

Er wollte sie gerade wieder in den Kofferraum tun, als er zufällig nach unten schaute und bemerkte, dass es dort, wo er die Cola ausgeschüttet hatte, heftig sprudelte. »Das kann doch keine Kohlensäure sein, die Cola ist doch total abgestanden! Warum sprudelt das so?«, fragte er Melanie, die interessiert näher kam. »Sieht genauso aus, wie wenn man Säure auf Kalk tropfen lässt«, sinnierte Melanie. Paul starrte sie an. »Das ist es, genau das ist es! Du bist klasse! In der Cola ist irgendeine Säure drin, Zitronen- oder Phosphorsäure, wegen des Geschmacks, und die Gesteine hier enthalten ganz offensichtlich **Karbonat**! Das sind Karbonatschmelzen! Das erklärt, warum sie so anders sind als alle anderen Schmelzen, die wir bisher gesehen haben! Allerdings kann es nicht nur Kalk sein, also Kalzium-Karbonat, denn das würde ja nicht mit Wasser reagieren.« Ganz aufgeregt, weil sie herausgefunden hatten, was das wohl für Schmelzen sein mussten, packten sie den restlichen Kofferraum wieder voll und schafften es jetzt auch, noch zwei große Lavabrocken von diesem Karbonat-Vulkan einzupacken, die sie zu Hause genauer analysieren würden. Dann stiegen sie ein und nahmen Kurs auf ihren Heimatplaneten.

Die Serie von Zufällen und Besonderheiten reißt also nicht ab. Was Paul und Melanie diesmal entdeckt haben, ähnelt frappant den Gegebenheiten im heutigen **afrikanischen Grabenbruch-System**. Auch dort treten Salzseen in der Nähe von Vulkanen mit sehr ungewöhnlichen Schmelzen auf, und so können wir uns jetzt damit beschäftigen, was genau Paul und Melanie dort eigentlich gefunden haben.

Es handelte sich dabei um einen so genannten **Karbonatit-Vulkan**, einen sehr seltenen Typ von Vulkan, von dem es heutzutage nur einen einzigen aktiven Vertreter weltweit gibt: den **Oldoinyo Lengai** in Tansania. Dieser Vulkan fördert, genau wie Paul und Melanie es beobachtet hatten, aus einige meterhohen Schloten **Hornitos**, dünnflüssige, nur fünfhundert Grad heiße **Natrium-Kalzium-Karbonat-Schmelzen**, die silbriggrau ausfließen, deren Glühen nur im Dunkeln zu sehen ist (so schwach ist es ausgeprägt), die beim Erkalten zunächst schwarz, nach wenigen Tagen bis Wochen allerdings bräunlich bis weiß erscheinen.

Karbonatschmelzen unterscheiden sich völlig von Silikatschmelzen. Sie bestehen zu einem guten Teil aus Kohlendioxid, enthalten fast kein Silizium und sind daher sehr dünnflüssig, wirklich vergleichbar mit Wasser. Dieser Mangel an Silizium bedingt auch ihre niedrige Schmelztemperatur. Es gibt verschiedene Typen dieser Karbonatschmelzen, deren häufigste **magmatischen Kalk** auskristallisiert, also **Kalzit**. Von solchen Kalzium-Karbonatiten gibt es weltweit einige Hundert Vorkommen, wobei es sich durchweg um Plutonite oder nicht mehr aktive Vulkane handelt – einen aktiven Kalzium-Karbonat-Vulkan gibt es derzeit nicht. Einer der bekanntesten erloschenen Vulkane mit solchen Gesteinen ist der **Kaiserstuhl** in Süddeutschland, wo Karbonatite vor etwa 16 Millionen Jahren im Inneren des Vulkans auskristallisierten und auch heute noch schön im Gelände studiert werden können.

Während vom häufigsten Karbonatittyp derzeit kein vulkanisch aktives Äquivalent existiert, ist es mit den Natrium-Karbonatiten genau andersherum: Da gibt es einen aktiven Vulkan, eben den Oldoinyo Lengai, doch derzeit ist kein weiteres, identisches Beispiel aus der geologischen Vergangenheit bekannt. Angesichts der Tatsache, dass dieser Vulkan auch erst seit dem Anfang des 20. Jahrhunderts diese speziellen Schmelzen fördert, handelt es sich also um einen schier unglaublichen Zufall. Vor 1900 spie er übrigens andere, viel häufiger vorkommende Silikatschmelzen aus, wie man aus historischen Berichten und aus der Untersuchung des Vulkanaufbaues weiß, denn der Vulkan selbst besteht überwiegend aus mit Basalten verwandten Silikatgesteinen. Diese Geschichte zeigt, dass man in den Geowissenschaften immer auch das Besondere, das Seltene oder gar Einmalige im Blick haben muss, um Beobachtungen zu erklären. Nicht alle geologischen Prozesse laufen häufig oder gar ständig ab.

Dass der Natrium-Karbonatit etwas so Besonderes und Seltenes ist, mag noch andere Gründe haben. Ein Hauptgrund ist sicher, dass diese Natrium-Karbonatite zum Teil wasserlöslich sind. Sie bestehen aus Natrium- und Kalium-Chlorid (Steinsalz und Sylvin) sowie zwei Natrium-Kalzium-Karbonaten, **Nyererit** und **Gregoryit**. Letzteres kommt auf der gesamten Welt nur dort vor, Nyererit noch an einer einzigen weiteren Stelle. Diese beiden Karbonate und die Chloride reagieren mit der Luftfeuchtigkeit – es regnet in diesem Gebiet nur selten, die Feuchtigkeit kommt also hauptsächlich aus dem Nebel – und innerhalb von etwa eineinhalb Tagen wird die anfangs kohlschwarze Lava reinweiß und zerfällt dann innerhalb von wenigen Wochen ganz zu dem braunen Gebrösel, das Paul und Melanie gesehen hatten. Dieses Gebrösel besteht dann hauptsächlich aus **Natriumkarbonat**, das **Trona** genannt wird.

Obwohl die genauen Zusammenhänge noch nicht ganz verstanden werden, ist es vermutlich kein Zufall, dass der **Lake Natron**, der große **Natronsee**, nur wenig nördlich dieses Natrium-Karbonatits liegt. Die Entstehung von Salzseen beruht vermutlich auf einer Kombination verschiedener Faktoren: das **aride** Klima, das Wasser immer sehr schnell verdunsten und die Böden durch den Wechsel von Auswaschung durch Regen und nachfolgender Austrocknung versalzen lässt; salzhaltige Böden oder Gesteine im Untergrund und möglicherweise auch Zutritt von salzhaltigen Lösungen aus dem Untergrund, woher auch immer diese kommen mögen. Der Natronsee ist allerdings auch unter den Salzseen eine Besonderheit, denn er enthält tatsächlich enorme Konzentrationen an Natriumkarbonat, die so hoch sein können, dass sich das Wasser fast schleimig oder gelartig anfühlen kann. Die Besonderheit des Sees liegt darin, dass er keinen Abfluss hat, sondern von einem nur während der Regenzeit einigermaßen gut gefüllten Fluss und von Mineralwasserquellen gespeist wird, die am Rande des Sees durch aufsteigende Gasblasen auffallen. Da der See keinen Abfluss hat, verdampft das Süßwasser in der Hitze des ostafrikanischen Grabensystems und lässt extrem salzreiches Wasser zurück. Dieses Wasser ist der Lebensraum von blaugrünen Algen und sogar einer speziellen, nur dort vorkommenden Fischart, und von diesen Algen wiederum ernähren sich bis zu zweieinhalb Millionen Kleine Flamingos, die weltweit nur dort brüten, obwohl der Schlamm tagsüber Temperaturen von bis zu fünfzig Grad erreichen kann – ein wahrhaft unwirtlich erscheinender Lebensraum! Ob die Mineralwasserquellen durch ständige Auswaschung von Natriumsalzen aus den Vulkanen (neben dem Oldoinyo Lengai noch einigen weiteren in dieser Gegend, zum Beispiel dem

Kerimasi) oder durch Natriumzufuhr im Untergrund (ehemalige Magmenkammern?) ihre Fracht erhalten, ist noch unklar.

Ich erwähnte es schon: Neben dem Natrium-Karbonatit-Vulkan, der – wohl aufgrund seiner so leicht zerfallenden Gesteine – keine bekannte geologische Parallele hat, gibt es etwa 330 geologisch alte Karbonatite auf der Welt, die ebenfalls aus Karbonatschmelzen entstanden, jedoch nicht aus Natrium- sondern aus den nicht so leicht wasserlöslichen Kalzium-, Magnesium- und Eisen-Karbonat-Schmelzen. Noch immer ist die Entstehung der Karbonatite nicht völlig geklärt. Es ist mittlerweile sicher, dass sie aus dem Erdmantel stammen, also nicht einfach aufgeschmolzene Kalksteine sind. Höchstwahrscheinlich stammen sie aus an Kohlendioxid angereichertem Mantelgestein, einem so genannten **Karbonat-Peridotit**. Hier ist noch einige Forschungsarbeit zu leisten – es gibt nach wie vor viel zu ergründen!

Ein Schnelldurchgang durch den Rest des Erdaltertums

In diesem Kapitel reisen Paul und Melanie wieder durch die Zeit, zunächst durch eine Phase unglaublicher Veränderungen, durch das späte Archaikum. Ich verrate nur soviel: Ausgelöst wurde die Veränderung durch die unscheinbaren Blaualgen. Nie wieder, bis heute nicht, hat eine einzelne Gruppe von Lebewesen die Erde so nachhaltig verändert wie damals!

Anschließend müssen wir noch das Proterozoikum abhandeln, das auf den ersten Blick eigentlich ein langweiliges Erdzeitalter ist. Auf den zweiten Blick auch, aber da es nun einmal fast zwei Milliarden Jahre dauerte, können wir es nicht einfach unter den Tisch fallen lassen. Immerhin kann ich euch dabei etwas über Superkontinente und einen Schneeball namens Erde erzählen.

Paul und Melanie gönnten sich einige Tage der Ruhe auf ihrem Heimatplaneten. Melanie schrieb ihre Notizen ins Reine und wertete die vielen Hundert Digitalbilder aus, sodass sie nach wenigen Tagen ihr Ferienprojekt schon fertig und mit vielen Abbildungen versehen hatte. Sie barst vor Stolz, als sie es Paul vorbeibrachte, der selbst zwar auch schon an seinem Text für das Ferienprojekt geschrieben hatte, aber noch im ersten Viertel steckte – schließlich waren sie noch nicht weit in die Zukunft des Planeten Erde vorgedrungen.

Eine Woche später machten sie sich dann erneut auf den Weg Richtung Erde. Wieder jagten sie mit höchster Reisegeschwindigkeit durchs All und Millionen von Jahren in die Zukunft. Sie landeten auf der Erde wiederum drei Milliarden Jahre vor heute. »Was machen wir jetzt?« Melanie schaute um ihren Landeplatz herum und sah nur grauweiße Gneise ohne irgendwelche charakteristischen Formen. »Sieht etwas trostlos aus hier, noch nicht einmal ein Vulkan ist in der Nähe.« Paul nickte. »Ja, lass uns heute lieber einmal die zeitlichen Veränderungen betrachten als die räumlichen. Ich fliege in einem Kilometer Höhe, und da bleibe ich dann, während ich kontrolliert in die Zukunft reise, mit Hundert Milli-

Aus der Luft sieht auch das größte Gebirge überschaubar aus

onen Jahren pro Stunde.« So flogen sie also in niedriger Höhe über die Erde und blickten hinab, während die Jahre und Jahrmillionen vorbeirauschten. 2,9 Milliarden, 2,8 Milliarden, 2,7 Milliarden … drei Stunden waren sie jetzt unterwegs, sahen unter sich Gebirge entstehen und wieder vergehen (durch Erosion), Ozeane öffneten und schlossen sich, Vulkane entstanden, brachen aus und waren wenig später bereits wieder von der Erdoberfläche getilgt. Melanie wurde es langweilig. »Glaubst du, das geht jetzt immer so weiter? Das wäre ja ganz schön langweilig. Immer dieselben Dinge passieren, und nichts wirklich Neuartiges entsteht. Das schau ich mir aber keine zehn Stunden an! Willst du nicht auf schnelleres Zeitreisen schalten?« »Okay, es scheint wirklich nichts zu passieren. Schade. Aber ich habe die Hoffnung noch nicht aufgegeben.«

Mit zweihundert Millionen Jahren pro Stunde reisten sie jetzt, und nach eineinhalb Stunden, sie flogen gerade über ein flaches Randmeer, hielt Paul plötzlich an, sowohl mit dem Ford als auch mit dem Zeitreisen. »Sieh mal, das Wasser dort unten ist ganz trüb und dunkel, obwohl der Strand eigentlich hell und weiß ist. Ich reise mal ein wenig zurück in der Zeit.« Wenige tausend Jahre zuvor war das Wasser der kleinen Meeresbucht noch klar und der Meeresboden – nur einige Meter tief – noch weiß gewesen. Dann tauchte fast schlagartig, also innerhalb weniger Hundert Jahre, diese dunkle Trübung auf.

Paul setzte zur Landung am Strand an, sie sprangen aus dem FORD, kaum dass es stand, und rannten auf das Wasser zu. Irgendetwas war anders als die letzten Male. Was war es nur? Paul watete in seiner kurzen Hose hinaus ins Wasser. Plötzlich fiel Melanie ein, was anders war, als sie ihn so dahinwaten sah. Sie dachten daran, wie sie selbst an ihrem ersten Tag auf der Erde in einer Lagune herumgewatet war, und sie schrie: »Paul! Merkst du es denn nicht?« »Was denn?« »Na, wir können atmen! Das hat sich verändert! Wir haben unsere Sauerstoffmasken im FORD vergessen und können dennoch atmen!« »Tatsächlich, jetzt, wo du es sagst ... das ist aber in der Tat eine kolossale Veränderung! Und weißt du, was das hier ist?« Er hielt rotbraunen Schlamm in die Höhe, den er vom Grund der Lagune aufgehoben hatte. »Schlamm? Sieht zumindest aus wie Schlamm!« »Ja, natürlich ist das Schlamm, aber

Dieses schöne, grüne Mineral, der Malachit, entsteht, wenn Kupfererz mit Sauerstoff und Kohlendioxid reagiert. Fundort ist die Grube Clara im Schwarzwald

Durch feinst verteilte Eisenoxide roter Karneol von Schliengen, Baden. Im Hohlraum sitzen weiße Calcit-Kristalle

schau mal, wie rot der ist – der ist total eisenhaltig, dieser Schlamm!«

»Wie kommt denn das? Und woher weißt du, dass diese Farbe immer auf Eisen hindeutet?« »Woher's kommt, kann ich nur ahnen – vermutlich hängt beides zusammen, dass wir atmen können und diese Eisenanreicherung, da beides offenbar mit einem ansteigenden Sauerstoff-Gehalt der Atmosphäre zu tun hat. Und woher ich das weiß? Ganz einfach – Erdkunde-Unterricht!« Er kam wieder zum Ufer gewatet und füllte eine Handvoll Schlamm in ein leeres Einmachglas. »Das schaue ich mir zu Hause genauer an und werde mal auf Eisen testen. Sollen wir hier über Nacht bleiben? Ist doch ein nettes Zeltplätzchen!« »Ja, machen wir das, ich habe außerdem Hunger«

Am nächsten Morgen schliefen Paul und Melanie aus. Nach einem gemütlichen Frühstück legte Melanie sich noch ein wenig in die Sonne, während Paul im Zelt herumstöberte. »Ach, das ist viel schöner so, wenn man nicht die ganze Zeit durch

Solche Ausblicke auf Hochgebirge gab es auch schon vor 2,5 Milliarden Jahren, aber sie faszinieren doch immer wieder

die Sauerstoffmaske atmen muss! Komm doch auch raus und leg dich noch ein bisschen in die Sonne! Was machst du denn überhaupt da drin?« »Ich packe meine Sachen zusammen, meinen Schlafsack und so. Das solltest du übrigens auch machen!« »Wieso, bleiben wir nicht hier?« »Melanie, denk doch mal nach – wir werden doch in der Zeit reisen! In ein paar Millionen Jahren kann der Platz hier mitten in einer Gebirgswurzel stecken oder subduziert sein, und dann haben wir keine Freude mehr an diesem Zelt!« »Ach ja, stimmt ja!«

Zwanzig Minuten später war alles im Kofferraum verstaut. Sie machten sich auf den Weg, stiegen auf und Paul stellte die Zeitreise-Geschwindigkeit auf hundert Millionen Jahre pro Stunde. Sie bemerkten, dass diese trüben, eisenreichen Gewässer im Vormarsch waren, ganz besonders in der Zeit um zwei Milliarden Jahre vor heute. Ansonsten veränderte sich aber erstaunlich wenig, und wenn sie geglaubt oder gehofft hatten, der Anstieg des Sauerstoffs in der Atmosphäre würde schnell zu sonstigen, sichtbaren Veränderungen führen, so hatten sie sich getäuscht. Paul beschleunigte daher nach und nach auf fünfhundert Millionen Jahre pro Stunde und raste so durch die Zeit.

Auffällig war bei dieser Geschwindigkeit lediglich, dass sich die Kontinente, die ja gleichsam auf der Erdoberfläche umherflitzten, etwa einmal pro Stunde für einige Millionen Jahre zu einer einzigen, riesigen Landmasse verbanden. Darin schien eine gewisse Regelmäßigkeit zu liegen, die sich aber weder Paul noch Melanie irgendwie erklären konnten. Außerdem stellten sie fest, dass die auf der Erde vorhandenen Eismengen sehr stark schwankten, und für einige Zeit schienen nicht nur die Polarregionen, sondern sogar die gesamte Erde von Schnee und Eis bedeckt zu sein. In der Diskussion darüber, wie dies wohl funktionieren und was es für Konsequenzen haben könnte, rasten sie immer weiter und stellten plötzlich fest, dass sich unter ihnen, auf der Erde, riesige Wälder gebildet hatten! Sie blickten auf ihre Zeitanzeige – sie waren über zwei Milliarden Jahre in die Zukunft gereist und befanden sich demnach jetzt etwa dreihundert Millionen Jahre vor heute! Paul verlangsamte und stoppte schließlich, dann machte er eine Zeitumkehr und reiste zurück, denn das mussten sie sehen, wie die Pflanzen sich an Land ausbreiteten!

Lassen wir also unsere zwei Hobbygeologen nach dem Anfang des Lebens auf

Dieses präkambrische Bändereisenerz (abgekürzt BIF nach der englischen Bezeichnung banded iron formation) zeigt eine Wechsellagerung aus silbriggrauen Lagen des Eisenoxids Hämatit mit roten Lagen, in denen sehr fein verteilter Hämatit (der dann rot durchscheinend wird) in Quarz eingewachsen ist. Das Bändereisenerz wurde in flachmarinen Bereichen abgelagert, aber es ist nach wie vor unklar, wie diese Bänderung entsteht – derzeit diskutierte Theorien reichen von saisonalen Schwankungen der Zusammensetzung des Meerwassers über Eintrag von Eisen durch Vulkanausbrüche bis zu Veränderungen der Bioproduktivität. Selbst so ästhetische und spektakuläre Gesteine stecken also noch voller Rätsel. Der abgebildete Teil eines Bohrkerns ist etwa 20 cm lang

dem Land fahnden und schauen uns einmal an, was auf der Erde in diesen zwei Milliarden Jahren passiert war, die Paul und Melanie inzwischen durchreist hatten. Zunächst stellen wir fest, dass jetzt alle wichtigen Randbedingungen – inklusive der, die wir in diesem Kapitel kennen gelernt haben, der sauerstoffreichen Atmosphäre – vorhanden sind. Von da ab laufen geologische Prozesse im Prinzip ohne Überraschungen nach immer demselben Muster ab. Nicht, dass es nicht immer noch spannend wäre zu sehen, wie Gebirge sich auftürmen und erodiert werden, Vulkane entstehen und vergehen und Kontinente auseinander brechen und kollidieren. Aber all das enthält nichts wirklich Neues, vorher noch nicht da Gewesenes. Wenn man die ersten zweieinhalb Milliarden Jahre Erdgeschichte hinter sich gebracht hat, sind die Grundlagen gelegt. Moment – nicht, dass ihr denkt, ihr könnt das Buch jetzt in die Ecke werfen! Es bleibt weiter spannend, doch ist es wichtig, sich klar zu machen, dass alles, was ab jetzt passiert, nach denselben fundamentalen Kriterien geschehen wird.

So sehen die alten Eisenerze der »banded iron formations« (BIFs, Bändereisenformationen) im Gelände aus

Was Paul und Melanie gerade beobachtet hatten, war das letzte Mal, dass etwas wirklich Neues in der Erdgeschichte geschah, etwas, das fast alle geologischen Prozesse bis heute beeinflussen sollte. Ihr stutzt?

Fassen wir zusammen: Die Algen produzierten Sauerstoff und banden Kohlenstoff. Dadurch aber veränderten sie die Zusammensetzung der Atmosphäre, und zwar in einem Maße, das in unserem Sonnensystem keinen Vergleich kennt: Aus einer anfänglichen Stickstoff-Kohlendioxid-(Methan?)-Atmosphäre, die nur ein Quadrillionstel des heutigen Sauerstoffgehaltes von 21 Prozent hatte (wem diese Zahl Schwierigkeiten macht, der kann sich mit einer Näherung begnügen: Die Atmosphäre enthielt zu Beginn praktisch keinen Sauerstoff), wurde allein durch die Wirkung dieser unscheinbaren Algen im Laufe von Millionen von Jahren eine Stickstoff-Sauerstoff-Atmosphäre, wie es sie sonst im gesamten Sonnensystem nicht mehr gibt. Auf anderen Planeten kommt der Sauerstoff meist als Oxid mit anderen Elementen verbunden vor, hauptsächlich als Kohlenstoff- und Schwefeloxide. Während die Sauerstoffzunahme am Anfang langsam vor sich ging, scheint sie aus verschiedenen Gründen zwischen 2,3 und 2 Milliarden dramatisch an Geschwindigkeit gewonnen zu haben. Die Gründe für diesen plötzlichen Anstieg sind noch nicht völlig verstanden, doch man nimmt an, dass es mit dem Verhältnis zweier Gase zusammenhängt, nämlich dem Verhältnis von aus der Atmosphäre in das Erdinnere transferiertem Sauerstoff (durch Subduktion) zu durch Vulkane ausgestoßenem Wasserstoff. Dieses veränderte sich zunächst sehr langsam, dann aber immer schneller. Auch hier muss man sagen: Die Forschung arbeitet noch daran, und man versteht die Details und den genauen Verlauf dieser Atmosphären-Wandlung noch nicht. Viel Raum für junge Forscher und neue Ideen!

Gletscher werden je nach Klima größer und kleiner. Derzeit zum Beispiel schmelzen die Gletscher in den Alpen rapide ab und werden, wenn es so weitergeht, in etwa 50 Jahren vollständig verschwunden sein

Die Veränderung der Atmosphärenzusammensetzung hatte fundamentale Auswirkungen: durch den auf einmal in viel größerer Menge zur Verfügung stehenden Sauerstoff konnten Oxidationsreaktionen ablaufen, die sonst nie möglich gewesen wären – vermutlich erblicken wir hier die Barriere oder, je nach Blickwinkel, die Brücke zwischen niedrigem und höherem Leben. Ersteres kann auch bei geringem Sauerstoff-Gehalt überleben, Letzteres nicht, da es viel höheren Energieumsatz hat und dafür viel mehr Oxidationsvorgänge durchführen muss, was eben stete und reichliche Sauerstoff-Zufuhr nötig macht. Habt ihr vielleicht schon einmal versucht, die Luft anzuhalten? Wenn ihr es schon einmal versucht habt, für einige Sekunden, und wisst, wie ihr danach um Luft gerungen habt, dann versteht ihr: Unser aller Leben hängt von einem unsichtbaren, geruchs- und geschmacklosen Gas ab.

Was ich bisher sagte, wäre ja nur eine Rückkopplung von Leben auf Leben – ich wollte euch aber die damit verbundenen geologischen Prozesse nahe bringen, und dabei hilft mir Pauls Beobachtung der Wassertrübung ungemein. Es ist auffällig, dass ungefähr um die Zeit, als der durch die Blaualgen ab 3,5 Milliarden Jahren vor heute verursachte Anstieg der Sauerstoff-Konzentration in der Atmosphäre an Geschwindigkeit zunahm, also vor etwa 2,5 Milliarden Jahren, sich riesige Eisenerzlagerstätten in Meeresbecken zu bilden begannen, in denen, und das ist das

Bemerkenswerte, das Eisen in seiner am stärksten oxidierten Form vorliegt, als Eisen(III)-Oxid, das **Hämatit** genannt wird.

Man muss nicht sehr fantasiebegabt sein und nicht sehr viel Ahnung von Chemie haben, um hier einen Zusammenhang zu erkennen: Das reduzierte Eisen war im Meerwasser gelöst, die Sauerstoff-Konzentration im Meerwasser stieg parallel mit der Sauerstoff-Konzentration der Atmosphäre an, und das dadurch oxidierte Eisen wurde ausgefällt, da es im Meerwasser nicht mehr so gut löslich war wie das reduzierte Eisen. So jedenfalls die gängige Theorie. Da diese Lagerstätten einen signifikanten Teil unserer derzeitigen Welt-Eisen-Produktion liefern, kann man den kleinen Algen von vor 2,5 Milliarden Jahren nur dankbar sein. Nachdem übrigens der Sauerstoffgehalt auf hohem Niveau etabliert war, bildeten sich diese Lagerstätten nicht mehr. Daher ist dieser Typ von Eisenerzlagerstätten immer älter als 1,8 Milliarden Jahre. Diese Zeit war also die Zeit des Umbruchs – siebenhundert Millionen Jahre, in denen die Erde sich offenbar auf die neuen Gegebenheiten einstellte.

Auch in anderen Gesteinen an der Erdoberfläche wurde Eisen oxidiert, und dasselbe geschah auch auf dem Meeresgrund, in den dort liegenden, mit dem sauerstoffgesättigten Meerwasser reagierenden Basalten. Dieses oxidierte Eisen wurde über die Subduktionszonen nach und nach auch zurück in den Erdmantel transportiert. Als Folge davon wurden dann auch die bei der Subduktion entstehenden Gesteinsschmelzen, Andesite zum Beispiel, oxidierter und änderten ihre Zusammensetzung, wenn sie an die Erdoberfläche aufstiegen.

Der Großteil des Mantels selbst ist auch heute noch sehr reduziert, und daran werden auch noch einige Milliarden Jahre Subduktion vermutlich nicht viel ändern, doch kleinere, oxidierte Bereiche gibt es zuhauf, und häufig werden gerade dort bevorzugt Schmelzen produziert, die an der Erdoberfläche zu Vulkanausbrüchen führen. Nie hat ein Lebewesen – und da darf man wohl den Menschen noch mit einschließen – die Erde so nachhaltig verändert wie die winzigen Blaualgen (Cyanobakterien). Ob wir sie in Zukunft überholen können mit unserem Veränderungstrieb (euphemistisch auch »Gestaltungsdrang« genannt), wird sich zeigen. Ob wir es versuchen sollten, darüber kann man nachdenken und geteilter Ansicht sein – aber wer kann schon voraussehen, was alles geschehen wird? Wir werden feststellen, dass sich die Blaualge als Spätfolge der durch sie ausgelösten Umweltveränderungen Fressfeinde schuf – kein gutes Omen für große Veränderer, oder?

Etwa zwei Milliarden Jahre vor heute war dann die Umwandlung unserer Atmosphäre wohl weitestgehend abgeschlossen. »Kurz vorher« macht man einen tiefen Einschnitt in der Zeitskala: Alles, was vor 2,5 Milliarden Jahre vor heute geschehen war, nennt man das **Archaikum**, ab 2,5 Milliarden Jahre begann das **Proterozoikum** und es dauerte bis 543 Millionen Jahre vor heute. Die Kontinente hatten nach allgemeiner Meinung ihre heutige Größe ungefähr erreicht, durch fortwährende Wiederholung immer derselben Prozesse (Mantelschmelzen, Kalium- und Silizium-Transport an die Erdoberfläche, langsame Zusammenballung der größeren Kontinente, Auseinanderbrechen der Kontinente usw.).

Jeder heutige Kontinent besteht aus einem Flickenteppich dieser ehemaligen Terrane, die sich meist um einen oder mehrere seit Jahrmilliarden stabile, nicht mehr auseinander gerissene Kerne herumgruppieren, die man **Kratone** nennt. Hin und wieder brechen die Kontinente zwar auch heute noch auf, etwa im Osten und Nordosten Afrikas, dem ostafrikanischen Grabenbruch, doch in den meisten Fällen gehen diese Brüche nicht durch die Kratone. Die abgespaltenen Landmassen werden durch die Plattentektonik verdriftet und »schwimmen« dann eine Zeit lang wieder als isolierte, mehr oder weniger große Terrane in den Ozeanen herum, bevor sie an anderer Stelle wieder »andocken«. Die Seychellen sind heutzutage ein solches Beispiel, Madagaskar oder auch Sri Lanka. Wer weiß, wo und wann diese Kontinentstückchen wieder an größere Kontinente andocken? Vielleicht werden unsere Nachfahren in ein paar Millionen Jahren es noch erleben?

Spätestens seit Beginn des Proterozoikums gab es also große Kontinente. Sie hatten weder die Form noch die Größe und auch nicht die Lage unserer heutigen Kontinente, und entsprechend hießen sie auch anders. **Laurentia** hieß einer, der unser heutiges Nordamerika nebst Grönland umfasste, **Baltica** ein anderer, der das heutige Schweden, Finnland und Teile Russlands neben England, Norddeutschland und Nordfrankreich umfasste. Im Zeitraffer, das hatten Paul und Melanie beobachtet, wurden die Kontinente fröhlich hin und her geschoben, mal war dieser am Äquator, mal war jener am Südpol, mal war dort drüben eine Vereisung (weil man sich gerade an einem der Pole befand), mal bildete sich hinten links ein Gebirge.

Paul und Melanie hatten beobachtet, dass sich die Kontinente alle etwa dreihundert bis fünfhundert Millionen Jahre zu einer mehr oder weniger stabilen, sehr großen Landmasse vereinigten. Dies geschieht, obwohl ja nach wie vor die Bewegungen des Erdmantels die Lithosphärenplatten und damit die Kontinente in Bewegung halten und man in der Mantelkonvektion ja wohl keinen Plan vermuten wird. Es muss sich also um ein mit einer gewissen statistischen Wahrscheinlichkeit auftretendes Phänomen handeln, das wir **Superkontinent** nennen.

Gehen wir die heute bekannten oder vermuteten Superkontinente kurz durch, damit die Regelmäßigkeit erkennbar wird. Vermutlich gab es einen ersten Superkontinent (**Ur**) bereits vor drei Milliarden Jahren. Die nächsten drei Superkontinente vor 2,5, 2,1 und 1,5 bis 1,8 Milliarden Jahren sind noch sehr hypothetisch (der letzte wird als **Columbia** bezeichnet), doch die meisten Geowissenschaftler stimmen heute darin überein, dass sich vor 1,1 bis 1 Milliarde Jahren **Rodinia** bil-

dete (der vor etwa 750 Millionen Jahren wieder zerbrach) und dann vor etwa 550 bis 650 Millionen Jahren **Gondwana**. Dieses Gondwana, der bekannteste der großen Kontinente, hat leider einen kleinen Schönheitsfehler: Er enthielt gar nicht alle Kontinente, er war also im strengen Wortsinn gar kein Superkontinent. Schade, dass gerade der Bekannteste geschummelt ist. Allerdings wird angenommen, dass Gondwana sich zumindest für kurze Zeit – sagen wir, für etwa fünfzig Millionen Jahre –, mit dem anderen damals existierenden Kontinent **Laurentia** zu einem alles umfassenden Kontinent **Pannotia** vereinigte und dann wäre wieder alles im Lot. Der schlagende Beweis für Pannotia fehlt allerdings noch. Der letzte der Superkontinente – und damit können wir dieses Thema abschließen – war vor etwa 250 bis 300 Millionen Jahren **Pangaea**, vom griechischen Begriff für »gesamte Erde«.

Lasst uns nun zu der Beobachtung der wechselnden Eismassen auf der Erde kommen. Ungefähr um die Zeit, als Gondwana sich bildete, vor sechshundert bis siebenhundert Millionen Jahren, scheint die gesamte Erde in einer Folge von wenige Millionen Jahre dauernden Eiszeiten mit dazwischen liegenden Phasen von Treibhaus-Klima nahezu vollständig von Eis bedeckt gewesen zu sein. Diese Hypothese beruht vor allem auf der Beobachtung, dass Ablagerungen, wie sie sich nur während Eiszeiten und unter Gletschern bilden, zu dieser Zeit auf allen Kontinenten gefunden wurden. Dies allein wäre noch nicht so besonders, aber es gibt Hinweise, dass selbst in Äquatornähe solche Ablagerungen gebildet wurden, was nur damit erklärt werden kann, dass die gesamte Erde von Eis bedeckt war. Man spricht hier vom **snowball Earth**, vom irdischen Schneeball, und es gibt sogar Wissenschaftler, die vermuten, dass diese rasche Folge von extremen Kalt- und Warmzeiten für die Entwicklung des Lebens von großer Bedeutung war, da Organismen gezwungen waren, sich relativ schnell auf sehr verschiedene Lebensbedingungen einzustellen. Im nächsten Kapitel werden wir sehen, dass tatsächlich auch kurze Zeit später das Leben zu voller Blüte kam.

Wie es zu der Totalvereisung kam – was immer noch von manchen Forschern bestritten wird –, ist nicht klar. Vermutlich hängt es mit Schwankungen des Kohlendioxid-Gehaltes der Atmosphäre zusammen. Bei besonders niedrigem Kohlendioxid- oder Methangehalt der Atmosphäre wird es kälter, da mehr Energie von der Erdoberfläche abgestrahlt werden kann. Zu Schwankungen des Kohlendioxid-Gehaltes kann es etwa durch vermehrte Erosion von Kalk an Land oder durch vermehrte Kalkausfällung im Meer kommen, letztere bedingt durch Lebewesen mit Kalkschalen. Als ein möglicher Grund für drastisch verstärkte Erosion wird übrigens das Auseinanderbrechen des Superkontinents Rodinia vor 750 Millionen Jahren genannt. Dies würde bedeuten, dass tektonische Prozesse im Erdinneren den Übergang von Treibhaus- zu Eishausklima steuern könnten.

Hinzu kommt ein anderer Effekt: Kühlt es generell ab, bilden sich mehr Gletscher. Diese weißen Flächen reflektieren mehr Sonnenlicht als dunkle Gesteinsoberflächen, und somit wird es noch kälter. In der Folge bilden sich weitere Gletscher, und so ist das Ganze ein sich selbst verstärkender Effekt, der bis zur Totalvereisung führen kann – wie manche behaupten. Er kann erst dadurch wieder umgekehrt werden, indem durch verminderte Erosion an Land wieder mehr Kohlendioxid in die Atmosphäre gelangt.

Vielleicht fragt ihr euch, wie man denn die Existenz von Superkontinenten vor Hunderten von Millionen Jahren belegen kann? Nun, das ist eine Art Puzzlespiel. So entdeckt zum Beispiel ein Wissenschaftler eine bestimmte Sedimentlage oder ein vulkanisches Gestein auf einem heutigen Kontinent und datiert sie sehr genau, damit er weiß, wann dieses Gestein entstanden ist. Auf einem anderen Kontinent wird Jahre später ein exakt identisches Gestein mit dem gleichen Alter gefunden, und so liegt es nahe, dass diese beiden Gebiete von zwei Kontinenten einmal nahe beisammen oder sogar direkt nebeneinander lagen. Dasselbe Spiel kann man nach der Eroberung des Landes durch die Lebewesen auch mit Tieren und Pflanzen machen – man vergleicht also, in welchen Teilen der Erde zu einer bestimmten Zeit welche Fossilien gefunden werden und kann dadurch zum Beispiel ehemalige Landbrücken oder Unterbrechungen durch Ozeane rekonstruieren. Es ist ein riesiges Puzzle, das die Detektiv-Arbeit von Tausenden von Wissenschaftlern erfordert, doch nur so lernen wir etwas über die Vergangenheit unserer Erde.

Zurück zu den Superkontinenten. Mit jedem der drei wirklich bekannten Superkontinente Rodinia, Gondwana und Pangaea (wenn man Gondwana dazu rechnet) waren riesige Gebirgsbildungen verbunden, die heute noch in weiten Teilen der Welt zu sehen sind, teils als Gebirge, teils als erodierte Gebirgsrümpfe, die für den Geologen noch alle Zeichen der einstigen Gebirge in sich tragen. Der letzte Superkontinent Pangaea stand beispielsweise mit der Entstehung unserer Mittelgebirge in Zusammenhang, die ja heute nur noch Gebirgsreste darstellen – aber das greift schon viel zu weit vor. Also machen noch einmal einen Schritt zurück zum Jahr 560 Millionen vor heute.

Quallen, Schachtelhalme und Europa

Wir befinden uns jetzt bereits im letzten Achtel der Erdgeschichte, und ab jetzt beginnen sich die Ereignisse zu überschlagen. Gut, dass wir aus der Sicht der Spät-geborenen nicht jede Irrung und Wirrung der Natur mitmachen müssen, sondern behaglich zurückgelehnt darüber lesen und uns amüsieren können. Es ist übrigens bemerkenswert, wie ruppig die Natur mit ihren eigenen Erfindungen umgeht. Die solcherart von der Natur Trainierten schaffen dann schnell den Sprung an Land. Nachdem dieser große Schritt, immerhin die Eroberung des Landes durch das Leben, vorbei ist, folgen wie im wirklichen Leben den fundamentalen Änderungen längere Zeiten des eher kleinkarierten Aufräumens und Umgruppierens. Da das allerdings die Entstehung Europas zur Folge hat, ist es vielleicht doch wert, sich genauer damit zu beschäftigen.

Während von ihrem momentanen Zeitpunkt der Sprung der Lebewesen auf das Land nur etwa 130 Millionen Jahre her war, musste Paul fast dreihundert Millio-nen Jahre zurückreisen, um den Übergang von den Blaualgen zu größeren Lebens-formen zu finden. Es war mühsam, denn immer wieder mussten sie anhalten und am Rande von Gewässern landen und nachsehen, was sich darin tummelte, denn es war klar, dass die Entwicklung von höheren Lebensformen zunächst im Wasser stattgefunden haben musste, bevor diese dann an Land krochen. Um 560 Millio-nen Jahre vor heute wurden sie bei einer solchen Landung fündig. Sie standen an einer kleinen Meeresbucht, wieder einmal, und sahen ins Wasser hinaus. Paul hatte einen Kescher aus dem FORD geholt und watete im seichten Wasser herum, den Kescher einfach durch die obersten Millimeter des weichen Schlamms zie-hend. Plötzlich wurde er schwer, und etwas zappelte darin. Paul hob den Kescher sofort aus dem Wasser und sah sich einem der seltsamsten Lebewesen gegenüber, das er je gesehen hatte. Er lief an Land, stülpte den Kescher um und leerte ihn in den Sand. »Sieh mal, Melanie, was ich gefangen habe. Das ist vielleicht ein uriges Tierchen!« Melanie kam neugierig näher, blieb aber in zwei Meter Entfernung stehen, da das 15 Zentimeter große Tier wie wild hin- und herzappelte und sich dabei vom Boden abschnellte. Es schien sich um irgendeine Art von Krebs zu handeln, oder doch eher um einen Wurm? Sie konnten es nicht genau sagen. Es war über und über von Stacheln bedeckt, schien einen harten Panzer zu haben, war aber völlig symmetrisch, zumindest sah es aus der Ferne so aus. Auch Paul traute sich nicht, das Tier anzufassen, und so holte er aus dem Ford eine Zeltstange und drückte das Tier zu Boden.

Bei genauerer Betrachtung erinnerte es an eine riesige Kellerassel, bräunlich zwar, und mit zentimeterlangen Stacheln, aber sonst mit Segmenten und vielen Beinchen wie eine Kellerassel. Es wurde zunehmend schlapper, vermutlich, weil es ja für das Atmen an Land nicht ausgerüstet war, und so warf Paul es mit der Zeltstange wieder ins Wasser, wo es sofort wieder lebendig wurde und verschwand. Sie sahen sich an: »Was war das denn?« »Ich vermute, das war ein Experiment der Natur. Ich gehe weiter fischen, mal schauen, was es sonst noch so gibt.« »Nein, lass mich auch mal, hier draußen ist nichts los, da will ich lieber kleine Monster angeln.« Paul gab Melanie den Kescher, und innerhalb der nächsten Dreiviertelstunde brachte sie doch tatsächlich sechs völlig unterschiedlich aussehende Tierarten an Land, von denen ein quallenähnliches Teil mit Abstand das größte war. Fast einen halben Meter maß die durchsichtig bläulich schimmernde, wie eine flache, aufrollbare Scheibe aussehende Qualle im Durchmesser. Sie passte daher nur leicht gerollt in den Kescher. Die anderen Arten waren zum Teil bunt wie Papageien, zum Teil aber auch nur braun, waren wurm- oder plattfischähnlich, ließen sich aber in keinem Fall einer bekannten Tiergruppe zuordnen. Paul machte Digitalfotos von den Tieren, wie sie auf dem weißen Sandstrand lagen und zappelten, und dann brachten sie sie jeweils schnell wieder ins Wasser zurück.

Es war offensichtlich: Sie waren in die Experimentierstube des Lebens geraten. Wenige Millionen Jahre später fanden sie an anderer Stelle eine ebenso arten- und individuen-reiche Bucht und zu gleicher Zeit einige Hundert Kilometer weiter wieder eine andere. Das Leben schien sich explosionsartig auszubreiten, und in keiner Bucht glichen die Tierformen, die sie mit ihrem Kescher an Land holten, den zuvor gesehenen. Es gab zwar gewisse Ähnlichkeiten, aber die Vielfalt war unglaublich.

Einige Millionen Jahre später schließlich fanden Paul und Melanie endlich die ersten Spuren von Leben an Land, und zwar im Gezeitenbereich. Es waren dies bei Ebbe trocken gefallene, aber bei Flut nach wie vor von Wasser umspülte und überspülte Felsen, die von Algenkolonien besiedelt wurden, die offenbar einige Stunden ohne Wasser überlebten. »Wieder einmal Algen«, bemerkte Melanie, als sie dies fanden. »Das sind doch zähe kleine Biester. Ob das auf unserem Planeten auch einmal so anfing?« »Vermutlich schon, aber stell die Frage ruhig andersherum:

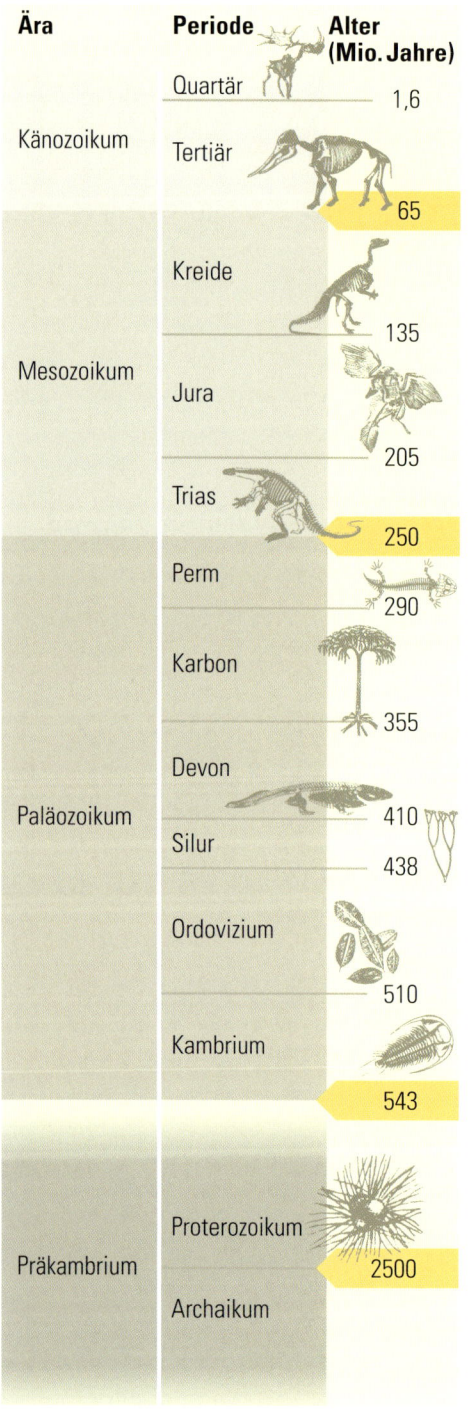

Ära	Periode	Alter (Mio. Jahre)
Känozoikum	Quartär	1,6
	Tertiär	
		65
Mesozoikum	Kreide	
		135
	Jura	
		205
	Trias	
		250
Paläozoikum	Perm	
		290
	Karbon	
		355
	Devon	
		410
	Silur	
		438
	Ordovizium	
		510
	Kambrium	
		543
Präkambrium	Proterozoikum	
		2500
	Archaikum	

Die geologische Zeittafel mit hervorstechenden fossilen Pflanzen bzw. Tieren der jeweiligen Periode.

Werden wir, wenn wir weiter in die Zukunft reisen, Lebewesen wie uns treffen? Oder gefährliche Raubtiere? Oder beides? Ab jetzt müssen wir vorsichtiger sein, wenn wir landen, denn jetzt sind wir nicht mehr allein! Und wer weiß, wie schnell sich jetzt etwas aus diesen Algenkolonien entwickelt?«

In der Tat, bei ihrem nächsten Stopp einige Millionen Jahre später – 340 Millionen Jahre vor heute – fanden sie dann die ersten großen Wälder. Es waren nicht Wälder, wie sie sie gewohnt waren, sondern es waren Schachtelhalm-Wälder, sumpfig und voller Tiere. Relativ kleine Tiere noch, hauptsächlich Insekten, was sie auf den ersten Blick sahen, aber nach einer kleinen Wanderung durch einen solchen Schachtelhalm-Wald kamen sie an das FORD zurück und trauten ihren Augen nicht: Auf der Kühlerhaube saß eine riesiges krötenähnliches Wesen, mindestens vierzig Zentimeter groß, und glotzte sie aus Amphibienaugen an!

»Ach du meine Güte! Was ist denn das nun wieder! Glaubst du, das Ding da ist giftig? Kann uns das anspringen? Beißt es?« Melanie blickte ängstlich aus zwanzig Meter Entfernung zum FORD hinüber, und auch Paul war ganz und gar nicht wohl bei dem Gedanken daran, dass die großen Ochsenfrösche, die er von zu Hause kannte, durchaus schmerzhafte und sehr leicht entzündliche Bisswunden verursachen konnten. »Warte, ich hole einen Stock, und so halten wir uns dieses Vieh vom Leib.« Er ging ein paar Meter zurück in den Schachtelhalm-Wald – wobei er sich jetzt argwöhnisch umsah und die Insekten, die ihn umschwirrten, fast schon als Freunde ansah, da sie so

Im Vergleich zu den Haien des Paläozoikums nehmen sich heutige Weiße Haie mit ihren mehreren Zahnreihen fast harmlos aus

klein waren –, suchte einen drei Meter langen Stock und kam zurück zum Ford.

Melanie war inzwischen allerdings auf das Ford zugelaufen, und als sie ihn kommen sah, lachte sie. »Zu spät, ich habe ihn ganz allein verjagt!« Paul schaute sie verblüfft und misstrauisch an, und sie lachte. »Kaum warst du weg, hat dieses Ding einen riesigen Sprung gemacht, drei Meter weit, und ist da im Wald verschwunden. Es war echt beängstigend. Stell dir vor, du läufst durch einen Wald, und so ein Teil springt dich an. Uhhhh, eklig! Lass uns schnell von hier verschwinden.« Paul stimmte ihr zu, auch sein Bedürfnis nach Begegnungen solcher Art war nicht übermäßig groß, und so beschlossen sie, sich eine kleine Insel ohne Bewuchs als ihren nächsten Zeltplatz zu suchen.

Sie stiegen also ein, und Paul zog den Ford schnell auf einige Kilometer Höhe hoch, damit sie von dort aus nach einer geeigneten Insel Ausschau halten konnten. Während sie an einer Küste entlangflogen, bemerkte Melanie große, dunkle Schatten im Wasser, die sich schnell bewegten. »Geh da mal runter, Paul, da ist irgendwas im Wasser! Außerdem ist da vorne auch ein Inselchen, das ganz geeignet aussieht.« Paul flog knapp über der Wasseroberfläche und langsam in Richtung auf die Insel zu, die vor ihnen auftauchte. Zwei Kilometer, bevor sie sie erreichten, schnellte plötzlich etwas Riesiges, Graues aus dem Wasser vor ihnen. Paul flog in nur fünf Meter Höhe über dem Meeresspiegel und riss den Ford zur Seite, als die riesige graue Masse vor ihnen auftauchte. Melanie schrie auf, denn in Sekundenbruchteilen sahen sie Augen groß wie Suppenteller und ein Gebiss, wie sie es noch nie gesehen hatten: drei Reihen riesiger, spitzer Zähne in einem weit aufgerissenen Maul von mindestens eineinhalb Meter Durchmesser.

Paul hatte einen Zusammenstoß gerade noch verhindern können und kreiste jetzt langsam über der Stelle, an der der riesige Hai – denn um einen solchen handelte es sich zweifellos – wieder ins Meer zurückgefallen war. »Ich glaube es einfach nicht – ein Hai hat unser FORD angegriffen!« Melanie war bleich und konnte es noch immer nicht fassen. »Oh mein Gott, der war mindestens 15 Meter lang!« »Ja, das war in der Tat ein riesiges Tier. Dagegen war ja diese Riesenkröte vorhin, oder was auch immer das war, ein Schoßhündchen!« Auch Paul war bis ins Mark erschüttert. »Was haben wir auf diesem Planeten noch zu erwarten, wenn jetzt schon solche Riesenviecher hier herumflitzen?«

Der Hai zeigte sich nicht mehr, und sie kehrten auf ihren ursprünglichen Kurs zurück. Die Insel war sandig und nur mit ein wenig Gras bewachsen, maß 150 Meter im Durchmesser und ragte einige Meter über den Meeresspiegel. Sie landeten im Zentrum der Insel und bauten ihr Zelt am höchsten Punkt in unmittelbarer Nähe zum FORD auf, um im Notfall schnell sein sicheres Inneres erreichen zu können. An diesem Abend waren sie ziemlich einsilbig und gingen früh zu Bett – ihre Reise schien sich langsam in eine gefährliche Expedition zu verwandeln, und dieser Eindruck war viel stärker als bei den Vulkanen am Anfang ihrer ersten Tour. Dies ist zwar irrational, doch man sieht, dass man von einem Hai eben erheblich plötzlicher und akuter erschreckt wird als von einem Vulkan, selbst wenn dieser ausbricht. Dass beide gleich gefährlich, nämlich lebensgefährlich, sind, spielt dabei keine Rolle.

Das war mal wieder ein an Ereignissen und Aufregungen reicher Tag. Lasst uns jetzt also rekapitulieren, was genau in dieser – im Verhältnis zum vorangegangenen Kapitel – kurzen Zeit passiert war, und danach haben wir auch noch etwas anzufügen, was Paul und Melanie überhaupt nicht interessierte, was uns aber interessieren sollte: die Geburt Europas. Zunächst aber zur Explosion des Lebens. Damals, im Jahr 560 Millionen vor heute (es kann auch 560.432.458 Jahre vor heute gewesen sein, so genau weiß das natürlich niemand – es war aber sicher nicht vor 570 oder vor 550 Millionen Jahren, so genau weiß man es schon) lebte also in einer Bucht, die unter dem Namen **Ediacara** bekannt werden sollte und die heute in den **Ediacara Hills** in Australien nördlich von Adelaide liegt, eine kleine Gemeinschaft völlig ausgefallener Tiere. Von Tieren war ja vorher überhaupt nicht die Rede gewesen, bisher gab es nur die nützlichen, Sauerstoff produzierenden Algen. Woher also jetzt plötzlich Tiere? Wenn man als Naturwissenschaftler dieses Wort verwenden darf, könnte man es als Wunder bezeichnen, ansonsten vielleicht als Unbegreiflichkeit: Über zwei Milliarden Jahre hatte sich die Evolution, also die Entwicklung von Lebewesen, Zeit gelassen, hatte immer wieder Algen in Ozeansuppe gekocht, mal hier ein paar neue Algentypen entworfen, mal dort einen vorhandenen Algentyp an veränderte Umweltbedingungen angepasst, aber sonst war wenig geschehen.

Das gesamte Proterozoikum hindurch hatten also Mikroben die lebende Welt beherrscht, allerdings nur unter Wasser, an Land waren geologische Prozesse die

Einzigen, die etwas verändert hatten. Und nun, auf einmal: die sonderbarsten Geschöpfe, die man sich vorstellen kann. Quallenähnliche Tiere in vielen verschiedenen Formen und Würmer tummelten sich plötzlich in dieser Ediacara-Bucht, aber mit welcher Formenvielfalt! Es war, als wenn die Natur nach einem schier ewigen Schlaf auf einmal aufgewacht wäre: »So, jetzt basteln wir einmal drauflos; mal sehen, was man sich für Lebensformen ausdenken kann und wie die sich bewähren.« So sah also der Anfang höheren Lebens aus: eine wirre Vielfalt von Formen, die offenbar in (geologisch) kurzer Zeit entstanden waren und die dann, wenn sie von der Natur nicht für tauglich befunden wurden, auch schnell wieder verschwanden. Ziemlich rabiat, nicht wahr?

Selbst für den Nicht-Spezialisten sichtbar war der Unterschied der Größe zu den vorher vorhandenen Lebewesen. Jetzt gab es richtig große Tiere, dezimetergroße Fossilien kennt man aus der ehemaligen Ediacara-Bucht – angesichts der vorherigen Algen ein gewaltiger Sprung nach vorne. Wenig später, kurz nachdem die Grenze vom **Proterozoikum** zum **Kambrium** überschritten worden war (vor 543 Millionen Jahren), tauchten an einer anderen Ecke der Welt, im heutigen Kanada, noch viel erstaunlichere Tierformen auf, und zwar in den so genannten **Burgess Schiefern** von British Columbia. Sie hatten Hörner und verschiedene Anzahlen von Beinen, es gab **Trilobiten**, Würmer und verschiedene so sonderbare Tiere, dass wir sie heute überhaupt nicht mehr vergleichen können, weil von ihnen keine Nachfahren mehr existieren. Jedes schien für eine spezielle Lebensweise in der Burgess-Bucht angepasst zu sein, auch wenn sich im Laufe schon weniger Millionen Jahre herausstellte, dass die meisten dieser Formen nicht langfristig überlebensfähig waren und wieder verschwanden. Waren sie zu kompliziert? Wir wissen es nicht. Aber diese Experimentierphase der Natur, die nach zwei Milliarden Jahren der Ruhe einsetzte, ist etwas Erstaunliches.

Zuerst also Ediacara, dann der Burgess Schiefer und wenig später oder gar gleichzeitig (um 535 Millionen Jahre) eine weitere Bucht, die heute bei **Chengjiang** in China liegt. Ziemlich zeitgleich, also vor 540 bis 560 Millionen Jahren, tauchten plötzlich weltweit die sonderbarsten, vielfältigsten Tiere auf, mit deren verschiedenen Formen experimentiert wurde. Nachdem der Bann einmal gebrochen war, wurden überall auf der Welt diese kleinen Experimentierstuben des Lebens eingerichtet, immer im Bereich von Buchten oder Randmeeren, in deren ehemals schlammigen Ablagerungen (die später zu feinen, mausgrauen Schiefern wurden) wir heute die fossilen Reste dieser Tiere bestaunen können.

Warum kam es gerade zu diesem Zeitpunkt dazu? Hatte es etwas mit den Superkontinenten, mit Gondwana zu tun, das sich um diese Zeit herum konsolidiert hatte? War es besonders warm oder wurde von außen, per Meteorit, etwas gebracht, was dem Leben »auf die Sprünge« half? Hatte es etwas mit dem Sauerstoffgehalt in der Atmosphäre zu tun? Wir wissen es nicht, und in solchen Fällen zieht man gerne Meteoriteneinschläge oder irgendetwas im tiefen Erdmantel zur Erklärung heran, um nicht widerlegbare, aber leider auch nicht beweisbare Theorien zu begründen. Behagt euch das? Nicht? Seht ihr, mir auch nicht. Seien wir also ehrlich und sagen wir: Wir wissen es nicht. Es muss ja auch für nachfolgende Generationen von Geowissenschaftlern noch etwas zu tun geben, und manche Sachen kann man vielleicht sogar niemals erklären, sondern muss sie als Laune, als Zufall der Natur betrachten (obwohl mir als Naturwissenschaftler das natürlich auch nicht behagt – das ist genauso ein Kapitulieren vor dem Problem wie die Annahme eines Meteoriteneinschlags).

So sah vermutlich ein Wald im Karbon aus. Im Mittelgrund sieht man große Schachtelhalmbäume

Sie währte kurz, diese Experimentierphase. Wenige Millionen Jahre, und der Spuk der Sonderbarkeiten war vorüber, die überlebenstüchtigsten Formen waren herausgefiltert, oder, in der Sprache der Evolutionsbiologie, ausselektiert worden und bevölkerten jetzt die Ozeane. Nach wie vor nur die Ozeane, aber die Zeit des Sprungs an Land war nicht mehr weit.

Also: Das Leben hatte sich selbst – und das ist das Verblüffende – durch Anreicherung der Atmosphäre mit Sauerstoff zunächst in aller Gemütsruhe über Jahrmilliarden hinweg die optimalen Bedingungen auf dem optimalen Planeten geschaffen, dann machte es eine Pause, aber dann setzte es zum Sprint an.

Die nun folgende Epoche von 543 bis 230 Millionen Jahre vor heute wird **Paläozoikum** genannt, das Zeitalter des **alten Lebens**. Angesichts der Tatsache, dass das Leben zu diesem Zeitpunkt schon ein paar Milliarden Jahre existierte, ist dieser Name nicht besonders logisch, aber zur Entschuldigung muss man sagen, dass er vergeben wurde, bevor man die alten Lebewesen, die Algen mit ihren Stromatolithen und die Ediacara-Fauna kannte. Damals glaubte man, im **Kambrium**, dem ersten Teil des Paläozoikums, setze das Leben erst ein, alles davor, das **Präkambrium**, war die Zeit der unbelebten Erde, der reinen Geologie. So ist es eben beim Fortschritt der Wissenschaft: Die Erkenntnisse werden mehr, genauer, richtiger,

Ein Kohleflöz als schwarzes Band unter den Schichten des Deckgebirges

die alten Namen werden beibehalten. Gut, dass man diese griechischen Bezeichnungen meist sowieso nicht so genau versteht.

Jetzt verwirre ich euch ein bisschen, damit ihr die Vorzüge der Altersangabe in Millionen Jahren zu schätzen lernt. Das im vorigen Kapitel behandelte **Proterozoikum** war der letzte Teil des **Präkambriums** (dessen, was vor dem **Kambrium** kam). Es ist nicht verwunderlich, dass das **Kambrium** der erste Teil der nachfolgenden Epoche war, des **Paläozoikums**, das aber gleichzeitig auch der erste Teil des **Phanerozoikums** ist, das wiederum neben dem **Paläozoikum** das **Meso**- und das **Känozoikum** umfasst. Verwirrt? Keine Sorge, es kommt noch schlimmer: das **Paläozoikum** wird nämlich unterteilt in einen ganzen Reigen von Unterzeitaltern, zu denen **Kambrium**, **Silur** und **Karbon** gehören, und diese werden wieder in Untereinheiten gegliedert und so weiter und so fort. Da lobe ich mir doch eine simple Zahl, 543 Millionen Jahre, die die Grenze zwischen **Kambrium** und **Präkambrium**, also zwischen **Proterozoikum** und **Paläozoikum**, markiert.

Nun aber Spaß beiseite: War vor etwa 543 Millionen Jahren die Experimentierphase des Lebens weitgehend abgeschlossen, so fand jetzt der als **kambrische Explosion** bekannte Siegeszug des Lebens statt. Nach wie vor beschränkte er sich aufs Wasser, aber die Zahl sowohl der Tiergruppen als auch der Individuen scheint sich wirklich – in geologischem Sinne – explosionsartig vergrößert zu haben. Trilo-

biten schwammen in verschiedensten Formen herum (die heute allerdings alle ausgestorben sind), und von den ganzen Würmern, Seesternen und sonstigem Getier
brauche ich euch gar nicht erst zu berichten. Es wimmelte vor Leben, Groß fraß
Klein, sehr Groß fraß Groß, und alles hätte normaler gar nicht sein können. Man
tummelte sich, hin und wieder schielte wohl mal ein besonders vorwitziges Tier
aufs Land hinaus und dachte vielleicht: »Viel Platz da, keine Feinde, sieht gemütlich aus«, aber zu fressen gab es dort nichts, und wie man dort atmen sollte, war
auch noch unbekannt.

Die Ersten, die den Schritt tatsächlich wagten, waren die Pflanzen. Wenn man
die **Cyanobakterien**, die ja auch schon eine Form der Photosynthese betreiben, als
Blaualgen auch zu den Pflanzen zählt, stellt man also wieder fest: Diese sind die
Pioniere des Lebens, wie man es auch heute noch von Brandflächen oder Eiswüsten kennt. Irgendwann im Silur um 420 Millionen Jahre vor heute hüpfte die erste
Alge oder ein Moos (nehmen wir ruhig an, dass es kein kompletter Baum, sondern
vermutlich wieder irgendein Algchen war), die schon geraume Zeit im Gezeitenbereich zugebracht und sich daran gewöhnt hatte, mal mit und mal ohne Wasser existieren zu können, komplett an Land, und die Alge breitete sich ungehemmt aus.

Ich brauche euch wohl nicht zu sagen, dass diese kleine Alge der Vorläufer aller
unserer heutigen Landpflanzen ist, oder? Wenn ihr also heute im Wald spazieren
geht, einen schönen Salat esst oder im Herbst einen Kürbis aushöhlt, ein Gesicht
hineinschnitzt und eine Kerze hineinstellt, dann denkt einmal an jene kleine Alge,
aus der sich das alles in den letzten vierhundert Millionen Jahren entwickelt hat.
Wie erfolgreich diese Alge oder genauer die Nachfahren diese Alge waren, kann
man aber nicht nur an unseren heutigen Wäldern sehen, sondern auch in den
gewaltigen Kohleflözen des Ruhrgebietes, die sich im Westen bis Wales und im
Osten bis Polen weiter fortsetzen: riesige Wälder, Sumpfwälder aus Schachtelhalmen und verschiedenen anderen Arten, zehnermeterhohe Pflanzen, die bei ihrem
Absterben in den Sumpf fielen und von Sedimenten bedeckt schließlich zu Kohle
wurden. Das sind die Ursprünge der auch heute noch abgebauten Kohleflöze aus
dem Karbon (290 bis 355 Millionen Jahre). Die Benennung dieses Erdzeitalters ist
für uns sehr logisch, denn Karbon kommt natürlich von Kohlenstoff, und es ist
genau die Zeit, zu der sich bei uns die Steinkohlen bildeten.

Das Karbon war die Zeit der ersten großen Blüte der Landpflanzen; stellt euch
zum ersten Mal große Teile der Kontinente grün vor, von Leben überzogen, riesige
Sumpfwälder aus Schachtelhalmen und – welch paradiesischer Gedanke angesichts unserer dicht besiedelten, kleinräumig bewirtschafteten Landschaft – niemand da! Dieses Niemand schließt auch giftige Schlangen und Skorpione ein, aber
leider nicht diese lästigen, winzigen schwarzen Fliegen und Mücken, die einem

auch heute noch die Sumpf- und Moorwanderungen zur Hölle machen können. Sie oder deren Vorläufer nämlich gab es wahrscheinlich schon.

Das bringt uns wieder einen kurzen Schritt zurück, denn mit den Pflanzen sind wir vom **Silur** (das nach dem **Ordoviz** kam, das wiederum dem **Kambrium** folgte) ins **Karbon** nach vorn gesprungen, ohne dabei das **Devon** zu berücksichtigen, das doch das Zeitalter war, in dem die ersten Tiere das Land eroberten. Nochmals kurz zusammengefasst, um Verwirrung zu vermeiden: Experimentierphase des Lebens im späten **Präkambrium**, Explosion im **Kambrium**, Eroberung des Landes durch Pflanzen im **Silur**, erste Vorläufer von Insekten und Fischen vermutlich im **Devon** und die riesigen, heute zu Kohle gewordenen Wälder im **Karbon**. So, alles klar?

Die allerersten Tiere an Land waren vermutlich Vorläufer der Insekten, aber ganz genau weiß man es leider nicht, und es wird kompliziert durch die Frage: Wo zieht man eigentlich Grenzen zwischen Tausendfüßlern und Insekten, Fischen und Amphibien? Heute ist das kein Problem, denn niemand erwartet, einen Fisch an der Fensterscheibe auf und ab laufen zu sehen – sondern da handelt es sich sicher um ein Insekt. Zwischen all diesen Tiergruppen muss es aber einmal Übergangsformen gegeben haben, und das macht die klare Abgrenzung nicht eben einfach. Hinzu kommt, dass wir natürlich allein auf Fossilien angewiesen sind, die häufig nur teilweise erhalten sind. Und wer schaut schon gern nach Fossilien von Insekten, solange es Dinosaurier auszugraben gibt, obwohl es mindestens genauso interessant wäre, die kleinen Dingerchen genau zu kennen?

Im frühen Devon jedenfalls gab es die so genannten **Ur-Insekten**, zu denen heute beispielsweise die in manchen Badezimmern verbreiteten **Silberfischchen** gehören. Aus den Ur-Insekten entwickelte sich dann bis zum späten Devon ein ganzer Zoo von verschiedenen Insektenfamilien, und wenn man so will, dann war dadurch der Tisch für andere Tiere gedeckt, die an Land kommen und sich von diesen Insekten ernähren konnten. Wie zu erwarten, traten dann Zwischenformen zwischen Fischen und Amphibien gegen Ende des Devons auf und schlugen sich den Bauch mit Insekten und Ur-Insekten voll, bevor beide Tiergruppen – Amphibien und Insekten – dann in den großen Wäldern des Karbons ihre große Vermehrung und Verbreitung begannen.

So gingen also nach dem Kambrium das Ordovizium, das Silur, das Devon (mit dem Beginn der Bildung des letzten Superkontinents Pangaea) und das Karbon vorbei, und bevor das **Perm** bereits das Zeitalter des Paläozoikums abschließt, möchte ich euch jetzt neben dem ganzen Getümmel des Lebens auch einmal wieder etwas zur unbelebten Natur berichten. Ich kann euch nämlich sagen, wie es damals in Europa aussah. Vielleicht interessiert es euch ja: Ihr habt eine Oma im Spessart oder einen Onkel im Münsterland und fragt euch: Wo war denn dieses kleine

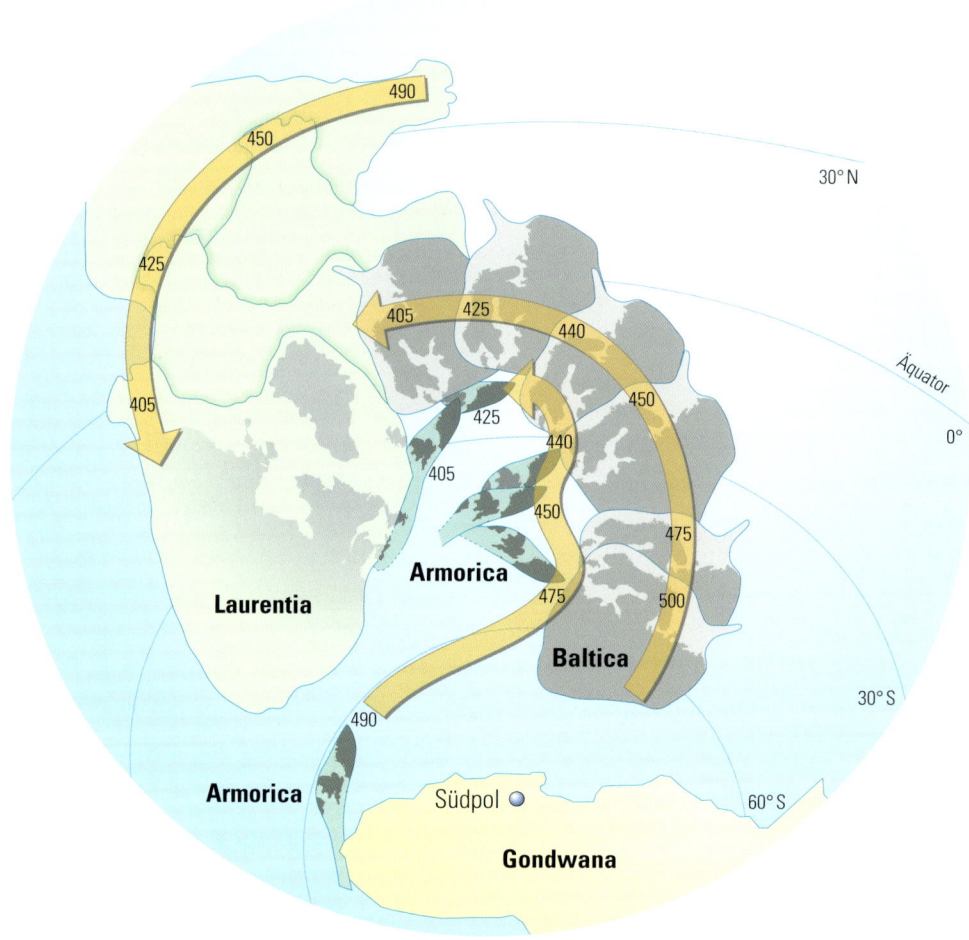

Fleckchen Erde wohl im Silur? Nun, das ist nicht so einfach zu beantworten, denn, und jetzt haltet euch fest: Mitteleuropa gab es noch gar nicht! Nord- und Südamerika waren große Kontinente, Afrika riesig und stark (nämlich mit Südamerika, Australien und Antarktika in Gondwana vereinigt), und auch Asien war schon ziemlich vollständig (gut, Indien und ein paar andere kleine Zubehöre fehlten noch, aber im Großen und Ganzen sah es schon nicht schlecht aus). Aber Europa? Nichts, keine Spur davon!

Bevor wir Mitteleuropa zusammenbasteln, müssen wir aber noch kurz eine andere kleine Gebirgsbildung, die die Nordhälfte des heutigen Europas durchzog, über uns ergehen lassen. Dazu muss man erwähnen, dass nicht nur Europa fehlte,

Die Plattenbewegungen während der Vorbereitungen zur Bildung Europas

Baltica, das das heutige Nord- und Osteuropa umfasste, bewegte sich zwischen 500 und 405 Millionen Jahren vor heute (Zahlen in den gelben Pfeilen) von nahe dem Südpol bis zum Äquator, während Laurentia, das heutige Nordamerika mit Grönland, sich nach Süden bewegte. Es kam zur Kollision und zur Schließung des großen Iapetus-Ozeans, der vorher zwischen diesen beiden Kontinenten gelegen hatte. Diese Kollision und die damit in Zusammenhang stehende Gebirgsauffaltung wird als kaledonische Gebirgsbildung bezeichnet. Die Insel Armorica, aus der später Südengland, die Bretagne und Norddeutschland werden sollten, stammt ursprünglich vom Südkontinent Gondwana (der u. a. Afrika und die Antarktis umfasste), doch legte sie weite

Wege zurück und fand sich um 405 Millionen Jahre vor heute am Ostrand Laurentias »geparkt«. Am Ende der Sequenz, die hier dargestellt ist, gab es Mitteleuropa noch nicht, das erst etwa 70 Millionen Jahre später zusammengeschoben wurde, als Gondwana von Süden mit dem aus Laurentia und Baltica bestehenden Nordkontinent kollidierte. Dabei spielte noch eine weitere größere Insel, Avalonia, eine Rolle, die ebenfalls vom Südkontinent Gondwana stammte, hier nicht eingezeichnet ist und heute Zentralfrankreich, Süddeutschland und Tschechien umfasst. Armorica und Avalonia wurden im Endeffekt also zwischen dem Nord- und dem Südkontinent eingeklemmt, und dieser Flickenteppich ist Mitteleuropa, auf dem wir heute leben.

sondern dass es auch den Atlantik noch nicht gab! Es gab stattdessen einen riesigen Ozean namens **Iapetus**, der gerade geschlossen wurde, während die Pflanzen das Land eroberten, also im Ordovizium und Silur zwischen 470 und 420 Millionen Jahren. Bei dieser Ozeanschließung kollidierten die den Ozean begrenzenden Kontinente **Laurentia** und **Baltica**, die Vorläufer von Nordamerika und Asien, und schufen dadurch ein riesiges Gebirge, die **Kaledoniden**, das zum Teil auch heute noch steht. Es sind die Berge im Westen Norwegens und die Hügel und Berge der schottischen Highlands (woher auch der Name stammt, da **Caledonia** der alte lateinische Name für Schottland war).

Zurück zu Europa. Der Iapetus war also geschlossen, die Kaledoniden türmten sich in Nordeuropa auf, und Mitteleuropa … ja, Mitteleuropa war nichts anderes als ein Sammelsurium von kleineren Inseln, Kontinentfragmentchen, und diese Terrane schwammen in mehr oder weniger flachen Meeren herum. Die sichtbarste Hinterlassenschaft dieser Meere ist das Rheinische Schiefergebirge, denn es besteht aus den Sedimenten des Schelfbereiches und Kontinentabhanges. Den Spessart, den Pfälzer Wald, den Odenwald, eventuell auch den Nord- und Mittelschwarzwald sowie den Südschwarzwald (mit Ausnahme einer schmalen Zone zwischen Badenweiler und Lenzkirch), den Bayrischen Wald und das Erz- und Fichtelgebirge scheint es als Landmassen gegeben zu haben, nicht alle zusammenhängend (auch zwischen Odenwald und Nordschwarzwald war eine Senke mit Wasser, also eventuell wieder ein Ozean oder zumindest ein Randmeer), sondern auf mehrere kleine Inseln verteilt.

Könnt ihr euch das vorstellen? Überall ordentliche Kontinente und Europa ein einziges Durcheinander? Aber so war es. Das heutige Deutschland war damals also ein Flickenteppich aus Randmeeren und Inseln von der Größe Madagaskars oder der Seychellen. Aber keine Sorge: Noch in diesem Kapitel kleben wir es zusammen. Vor 340 Millionen Jahren wurden diese Kontinentfragmente nämlich zusammen-geschoben, die Randmeere und Ozeane dabei zusammengedrückt und teilweise subduziert. Es war eine riesige Zone von Gebirgsbildungen, zwischen Südengland im Norden, Spanien im Westen, Sardinien im Süden und Polen und Ungarn im Osten. Diese Konsolidierungsphase Europas dauerte vierzig Millionen Jahre, danach war Europa praktisch fertig – der jüngste Kontinent (nur Italien und Teile Südosteuropas fehlten noch)! Um es nicht gar zu unübersichtlich zu machen, beschränken wir uns auf Mitteleuropa. Hier bezeichnet man die mit der Bildung Europas verbundene Gebirgsbildung als **variszische Gebirgsbildung**. Was geschah?

Soweit wir heute wissen (die Forschung ist gerade dabei, es noch genauer zu ent-schlüsseln), gab es drei größere Krustenblöcke, die in diesem Raum von Bedeutung waren: **Armorica**, von Cornwall in Südwestengland bis Frankreich reichend, die **mitteldeutsche Kristallinschwelle**, die den Odenwald, den Spessart und das, was heute unter dem Pfäl-zer Wald liegt, umfasste, und das **Moldanubische Land**, Avalonia, das vom Massif Central im Westen bis zum Bayrischen Wald im Osten reichte. Dazwischen: mehrere Kilo-meter tiefe Becken und Ozeane un-bekannten Ausmaßes. Als lokale Verzierung sei noch ein kleines Kon-tinentchen erwähnt, das wir heute im südlichsten Teil des Südschwarz-

Wo sich heute die schönen Hügel des Südschwarz-waldes erstrecken, befand sich vor 350 Millionen Jahren ein Ozean

waldes sehen, der **Hotzenwald**, der aber vermutlich mit dem Aare- und Gotthard-Massiv der Schweizer Alpen in Verbindung stand, eventuell aber nicht zum Moldan-ubischen Land gehörte.

Das sind also unsere Spielsteine, und jetzt geht alles ganz einfach: Nehmt diese Kontinentchen, schiebt sie zusammen, drückt dabei die Sedimente des nördlichen Schelfs und Kontinentabhanges nach Süden über die Kontinentchen hinweg (diese

Sedimente bilden heute das Rheinische Schiefergebirge zwischen Eifel und Ardennen im Westen und Harz im Osten), versenkt einen Teil der ganzen Becken und Ozeanböden durch Subduktion und verklebt alles kräftig miteinander. Das dadurch entstehende Europa dürft ihr euch ruhig als riesiges Hochgebirge vorstellen, in seinen Ausmaßen wie die Alpen. Unsere hügeligen Mittelgebirge sind der kümmerliche Rest, den die Erosion davon übrig gelassen hat. Macht euch bewusst, dass die Hauptmasse der Gesteine, die heute im Bayrischen Wald und im Schwarzwald an der Erdoberfläche sind, damals, vor 330 Millionen Jahren, fünfzehn bis zwanzig Kilometer unter der Erdoberfläche lagen. Das alles wurde durch Erosion abgetragen. Wir leben heute also im Kern des weitestgehend erodierten variszischen Gebirges. Stellt euch im Rheinland ein paar deutlich über tausend Meter hohe Berge vor und Zwei- und Dreitausender über Süddeutschland. Alles zerbröselt und aufgelöst, durch die Flüsse weggespült, ins Meer geschüttet. Und trotzdem können wir es heute noch rekonstruieren.

Während des Zechsteins, also im späten Perm um 260 Millionen Jahre vor heute, als der Superkontinent Pangaea existierte, war das Gebirge schon so weit erodiert, dass im zentralen und nördlichen Mitteleuropa riesige Salzvorkommen in Flachmeeren abgelagert wurden, die heute in Hessen, Thüringen und Niedersachsen abgebaut werden oder bis vor kurzem abgebaut wurden. Der Salzstock bei Gorleben in Niedersachsen, in dem das heiß diskutierte Endlager für radioaktive Abfälle der Bundesrepublik untergebracht werden soll, stammt aus dieser Zeit.

Zum Abschluss dieses Kapitels will ich euch einen wichtigen Teil dieser variszischen Gebirgsbildung nicht vorenthalten, nämlich den **Magmatismus**. Mit ihm schließen wir dann auch das Paläozoikum ab. Das variszische Gebirge ist ungewöhnlich reich an Intrusionen granitischer Gesteine, die sich durch ganz Europa ziehen. An manchen Stellen, wie im Spessart und im Pfälzer Wald, entstanden sie etwas früher (um 340 Millionen Jahre), an anderen, wie im Schwarzwald, etwas später (um 330 Millionen Jahre). Wir finden sie in Cornwall, in Frankreich, in Sardinien und Korsika, in Deutschland, der Schweiz und Böhmen: eine riesige Zone kontinentaler Kruste, die durch die Kollision heiß geworden war, und wo, kaum dass der Druck etwas nachgelassen hatte, Gesteine zu schmelzen begannen und diese Schmelzen ihren Weg nach oben fanden. Nicht nur Intrusionen gab es damals, sondern als Schlussphase der Gebirgsbildung entstanden im Bereich von Saar und Nahe bei Mainz sowie in Schwarzwald und Vogesen auch Vulkane, die zwischen 300 und 290 Millionen Jahre alt sind. Wenn ihr heute zum Beispiel eine Wanderung im Schwarzwälder Münstertal auf den Scharfenstein unternehmt, so steht ihr mitten in der Caldera eines einstmals wohl riesigen, rhyolitischen Vulkans.

Das Mesozoikum: die Zeit der Dinosaurier

Natürlich beginnt jetzt die Zeit der Landtiere, zunächst der Dinosaurier. Aus geologischer Sicht aber ist das nicht von Bedeutung, denn auf geologische Prozesse hat es keine Auswirkungen. Es handelt sich lediglich um die Fortsetzung des schon in den vorigen Kapiteln Beschriebenen, der biologischen Evolution. Allerdings müssen wir uns am Ende des Kapitels kurz über einen kleinen Zusammenstoß an der Kreide-Tertiär-Grenze unterhalten, der die ohnehin faszinierenden Dinosaurier für immer zu tragischen Helden machte. Nebenbei, damit wir nicht nur von Tieren reden, öffnet sich übrigens auch noch der Atlantik.

In der Nacht wachten Paul und Melanie immer wieder auf und hörten unheimliche Geräusche – meist einen Knall, als ob ein schweres Tier ins Wasser fällt. Sie hatten beide unwillkürlich den riesigen Hai vor Augen, der aus dem Wasser sprang und mit lautem Platschen zurückfiel. Sie fühlten sich auf ihrem Inselchen zwar einigermaßen sicher, aber alles andere als wohl. Als sie am Morgen aus dem Zelt krochen und sich umsahen, konnten sie zwar weder irgendetwas Bedrohliches, noch auch nur irgendeine Veränderung feststellen, doch waren sie sich einig, dass dies ihre letzte Nacht auf der Erde gewesen war. Angesichts solcher Monstren wie diesem Haifisch erlahmte ihr Forscherdrang nach und nach. Wenn sie allerdings gewusst hätten, was sie gerade an diesem Tag erwartete, wären sie unverzüglich nach Hause zurückgekehrt. Dabei fing alles ganz harmlos an.

Nach dem Frühstück machten sie sich wieder auf die Zeitreise. Sie schlugen ein gemütliches Tempo an, um genau verfolgen zu können, was

Eines der größten Lebewesen aller Zeiten: der Brachiosaurus

Gemütliche Gesellen: Brachiosaurier beim Fressen

sich auf der Erde so alles entwickelte, denn ab jetzt hatten sie es mit größeren Tieren zu tun. Sie waren im Karbon vor 320 Millionen Jahren stehen geblieben und hatten gerade das Perm hinter sich gebracht, als sie vor 250 Millionen Jahren tatsächlich zum ersten Mal ein größeres Tier an Land herumlaufen sahen. Es war ein Vierbeiner und sah aus wie ein zu groß geratener Tapir, allerdings ohne Fell, sondern mit der warzigen, runzligen Haut der Reptilien und Amphibien. Sie umflogen das Tier ein paar Mal, doch es suchte schnell in einem struppigen, dichten Wald Zuflucht.

Das Iguanodon ist an seinen hochgereck-
ten »Daumen« zu erkennen

Sie setzten ihre Zeitreise fort und beobachteten aus ihrem FORD heraus, den nicht
mehr zu verlassen sie sich vorgenommen
hatten, wie immer mehr und immer größere
Tiere die Erde bevölkerten, wie die Kontinente sich veränderten, wie Ozeane sich öffneten und schlossen. 200, 160, 120 Millionen Jahre, die Millionen flogen nur so vorbei.
Als der Zeitmesser 110 Millionen Jahre an-
zeigte, sahen sie am Horizont eine riesige
Staubwolke wie von einer riesigen Explosion.
Große Vulkaneruptionen waren sie inzwischen gewöhnt, doch diese sah anders aus.

Paul stoppte die Zeitreise und beschleunigte den FORD, sie rasten auf die Eruption
zu. Es stellte sich heraus, dass es ein ganz
kleiner Vulkan war, nicht mehr als einige
Hundert Meter groß, der aber Schmelze und Asche bis in höchste Höhen, viele Kilometer hoch, ausgeworfen hatte. »Klein, aber explosiv. Das muss dann wohl einer
dieser berühmten Kimberlit-Vulkane sein, nehme ich an«, sagte Paul zu Melanie.
»Ui, ein Diamant-Vulkan? Komm, lass uns landen und noch mal nach Diamanten
suchen!« Vergessen waren alle Ängste und Gefahren, doch Paul behielt zum Glück
einen kühleren Kopf: »Erstens haben wir schon eine ganze Schachtel voll Diamanten, zweitens ist der Vulkan hier gerade erst am Ausbrechen, und wenn er erloschen
ist, dann wissen wir drittens nicht, was uns da unten für Tiere über den Weg laufen.
Also mich bringen keine zehn Pferde aus dem FORD raus.« »Ja, hast ja Recht«, gab
Melanie zu, doch sie kamen gar nicht dazu, weiter darüber zu diskutieren, da in einiger Entfernung gerade wieder ein Kimberlit-Ausbruch stattfand.

»Sonderbar, die ganze Zeit haben wir keine solchen Ausbrüche gesehen, und
jetzt gleich zwei?« Tatsächlich sahen sie innerhalb der nächsten Stunde ihrer Zeitreise nicht weniger als sieben solcher Ausbrüche in drei verschiedenen Gebieten –
eine schier unglaubliche Häufung dieses ansonsten so raren Vulkantyps. Auch
sonstige Vulkanausbrüche schienen zuzunehmen, an allen Ecken und Enden der
Erde rauchte und dampfte es, und vermehrt zogen Eruptionswolken an ihnen vorüber. Sie bemerkten auch noch etwas anderes: das Meer wanderte ins Landesinnere, überschwemmte also weite Teile vorher über dem Wasser gelegenen Landes.
»Hat das etwas miteinander zu tun?«, wollte Melanie wissen. »Dieser gesteigerte
Vulkanismus, die Kimberlite und der Anstieg des Meeresspiegels?« »Keine Ahnung,

aber ich kann mir kaum vorstellen, dass das etwas miteinander zu tun hat, denn der Vulkanismus kommt aus dem Erdinneren, aber der Meeresspiegelanstieg ist ja nur auf der Erdoberfläche.« Wie Paul sich irrte! Allerdings konnte er ja auch nicht erfassen, wozu Generationen von Forschern viele Jahrzehnte gebraucht hatten!

Sie nahmen ihre Zeitreise wieder auf. Um etwa siebzig Millionen vor heute schrie Melanie plötzlich überrascht auf: »Schau mal, das ist ja unglaublich! Schau dir dieses riesige Tier an!« Unter ihnen stand eine Kreatur am Rande eines Sumpfes, wie es sie wohl vorher und nachher in der Erdgeschichte nie wieder gegeben hat – ein **Brachiosaurier**. Mehr als dreißig Meter lang, mit einem über zehn Meter langen Hals, stand er ruhig und majestätisch da. Sie unterbrachen ihre Zeitreise und näherten sich in ihrem Ford dem Tier, das friedlich mampfend an dem Sumpf stand und Wasserkräuter zerkaute. Neben ihm entdeckten sie ein kleineres Tier derselben Art, ein Jungtier, immer noch eineinhalb Meter lang, aber offenbar gerade erst geboren, denn es war noch wacklig auf den Beinen.

Paul landete und fuhr durch hohes Gras auf den Brachiosaurier zu. Dieser schaute sich gemächlich nach dem Ford um, schien es aber nicht als Bedrohung zu empfinden, sondern fraß ruhig weiter. Plötzlich bremste Paul mit einem Ruck: Direkt vor ihm lag ein geradezu surreales Ei, fast drei Viertel Meter groß, braungrün gesprenkelt, halb in einem Sandhaufen vergraben. Daneben ragten noch zwei andere Eier mit ihren Spitzen an die Luft, und aus einem dieser beiden kam gerade ein Kopf auf einem langen, dünnen Hals zum Vorschein. »Das ist ja ein Urmel!« Melanie konnte es kaum fassen. »Nix Urmel, das ist einfach ein Gelege dieses Burschen da vorne, vermute ich. Deswegen tollt auch dieses Junge da herum!« Doch auch Paul konnte sich eines Gefühls der Aufregung nicht erwehren, dass er gerade Zeuge der Geburt eines der skurrilsten Lebewesen wurde, die den Erdboden je bevölkern sollten. Er zog schnell seine Kamera hervor und knipste, was das Zeug hielt.

Beinahe eine Stunde waren sie bei dem Brachiosaurier mit seiner kleinen Familie und folgten ihm, als er langsam von dem Sumpf zu einem kleinen See weiterzog, der in der Ferne zu sehen war. Sie fuhren hinter ihm her und unterhielten sich begeistert über die vielen kleinen Details, die sie an dem großen Tier und seinem Verhalten entdeckten. Plötzlich jedoch schien Unruhe aufzukommen. Der große Saurier hob auf einmal schnell den Kopf – was gar nicht zu seinen sonstigen langsamen Bewegungen passte, stieß dann einen markerschütternden Schrei aus, wendete, begann sich schneller zu bewegen und rannte schließlich richtig los – direkt auf den Ford zu!

»Was ist denn nun los, um Himmels willen?« Paul gab Gas und versuchte fieberhaft, den Ford zu wenden, blieb dabei aber in einem Schlammloch stecken und verlor wertvolle Sekunden, bis er – indem er Vollgas gab – da wieder herauskam. Inzwischen

Zwei Tyrannosaurier und ihre Beute, ein Triceratops

Im Mesozoikum gab es viele sonderbare Lebensformen wie z.B. das Dimetrodon

war der Saurier auf zwanzig Meter herangekommen und sowohl Paul als auch Melanie erstarrten, als sie sahen, wovor der Saurier davonlief – in riesigen, hüpfenden Sprüngen folgte ihm ein weiterer Saurier auf den Fersen, riesig, fast zehn Meter groß, zweibeinig, mit winzigen, stummeligen Vorderbeinen zwar, doch mit einem riesigen, metergroßen Kopf, der nur aus spitzen Zähnen und bösartig funkelnden, kleinen Augen zu bestehen schien. Ihr werdet es erraten haben, es handelte sich um den schrecklichen **Tyrannosaurus rex**. »Oh mein Gott ... «, stöhnten beide gleichzeitig, und dies war der Moment, in dem Paul schließlich gewendet hatte und Gas geben konnte, um sich in die Lüfte zu erheben und diesem gefährlichen Treiben zu entkommen.

Doch zu spät. In seiner Panik war der Brachiosaurier genau auf den Ford zugelaufen und war nun direkt über ihnen. Eines seiner riesigen, fünf Meter hohen Beine krachte links von ihnen ins Gras, eines streifte rechts vorne den Kotflügel, und mit einem Hinterbein passierte es – er trat auf den Kofferraum, der zusammengedrückt wurde und aufriss, als ob es sich lediglich um eine Dose aus dünnem Blech handeln würde. Der linke Hinterreifen platzte mit lautem Knall, als dreißig Tonnen Lebewesen auf ihm landeten. Das ganze Ford zitterte, schwang herum und wurde geschüttelt, hinten öffnete sich ein dezimeterbreiter Riss. Paul und Melanie glaubten, ihr letztes Stündlein hätte geschlagen, als der Tyrannosaurier sich dem Ford näherte, daran schnüffelte und versuchte, in das Blech zu beißen.

Glücklicherweise war jedoch der Motor nicht beschädigt worden und auch nicht ausgegangen, und Paul gab röhrend Vollgas, wobei dem Tyrannosaurier eine ganze Wolke von blauem Abgas in die Nase stieg – der Auspuff war durch den Brachiosaurier-Tritt zermalmt worden. Umgehend ließ er gereizt vom Ford ab und zog sich einige Meter zurück, um zum Sprung auf dieses merkwürdige, stinkende Ding anzuset-

Der Schrecken der Kreide: der Tyrannosaurus rex

zen, doch diese wenigen Sekunden nutzte Paul, gab weiter Vollgas, ließ die Kupplung kommen und schoss dann mit dröhnendem Motor auf drei Rädern und einer verbeulten Felge über die Grasfläche. Nach wenigen Metern zog er das FORD steil nach oben und ließ so diese urzeitliche Welt mit ihren unvorstellbaren Kreaturen hinter sich.

Um ein Haar hätten Paul und Melanie die Geschichte ihrer Expeditionen nie erzählen können! Lassen wir sie also ein wenig verschnaufen und arbeiten auf, was sie an einem Vormittag durchflogen haben. Wir sind jetzt in Zeiträumen angekommen, die vielen von uns vielleicht geläufig sind: Wer hat nicht als Kind »Schnecken« (**Ammoniten**, die allerdings aufgerollte Tintenfische und keine Schnecken sind) und »Donnerkeile« (**Belemniten**, ebenfalls Tintenfische, aber nicht aufgerollt) gesammelt? Wer hat nicht begeistert von Dinosauriern gelesen und sich vorgestellt, im Wald hinter der Stadt einem zu begegnen? Was Paul und Melanie erlebten, spielte sich im Mesozoikum ab, dem »mittleren Zeitalter des Lebens«, vor 65 bis 250 Millionen Jahren. **Trias**, **Jura** und **Kreide**, das sind die drei großen Einteilungen des Mesozoikums, wobei die Trias der älteste, die Kreide der jüngste Abschnitt dieses Erdzeitalters ist. Die jurassischen Kalke der Fränkischen Alb, in denen die fossilen Reste des Urvogels **Archaeopterix** entdeckt wurden, die ebenfalls jurassischen Tonschiefer bei Holzmaden in Württemberg, deren Fischsaurier-

Der erste Vogel: ein Skelett des Urvogels Archaeopterix aus den Plattenkalken von Solnhofen, Bayern, und die Rekonstruktion, wie er wohl zu Lebzeiten ausgesehen hat

Fossilien ihren Weg in alle großen Museen der Welt fanden, oder die riesigen trias-sischen Buntsandstein-Flächen im Pfälzer Wald und im Nordschwarzwald sind Zeugen dieser Zeit.

Schauen wir uns Mitteleuropa damals etwas genauer an, in Form eines Zeitraf-ferdurchganges durch die verschiedenen Epochen des Mesozoikums. Das heutige »Mitteleuropa« reichte zu dieser Zeit etwa vom Nordtessin bis an die Nordsee. Im Südteil dieses Bereichs gab es seit der Trias mal wieder einen netten Ozean (den **penninischen**, einen Zipfel des Atlantiks), dessen Sedimentreste heutzutage in den Alpen in Höhen bis über viertausend Meter zu besichtigen sind.

Nördlich dieses Meeres, etwa bei Basel, begann das Festland, auf dem am Beginn des Mesozoikums, vor 250 Millionen Jahren, mehrere Hundert Meter Sandsteine abgelagert wurden. Diese waren schön flach, rotbraun (diese Farbe stammt wieder einmal vom Eisen(III)-Oxid Hämatit) und bestanden nur aus Schutt der Abtra-gung der letzten variszischen Gebirgsreste. Es war warm, **arid** (trocken), wüstenhaft zu dieser Zeit in Süddeutschland, aber gelegentlich gefundene, versteinerte Fußab-drücke belegen, dass größere Tiere, frühe Dinosaurier, in diesem Wüstensand her-umliefen. Diese frühe Periode wird nach den rotbraunen Gesteinen **Buntsandstein** genannt.

Ab dem **Muschelkalk**, der zweiten Periode innerhalb der Trias, kehrte dann allerdings das Meer über ganz Mitteleuropa zurück, als Flachmeer, und eventuelle Tiere konnten nicht mehr herumlaufen. Stattdessen schwamm man herum, und wenn man modern war, war man Fisch oder Fischsaurier. Ständige Schwankungen des Meeresspiegels um einige Hundert Meter gehörten damals zwar nicht zur Tages-, aber doch zur Jahrmillionenordnung, und saß man im Buntsandstein auf dem Trockenen, so konnte man sich schon im Muschelkalk in einem Randmeer wieder finden, wo Hunderte von Metern Kalk abgelagert wurden. Im Muschelkalk sehen wir in Mitteleuropa also große Mengen von Fossilien im Flachwasser lebender Tiere. Fische, Muscheln (daher der Name, wer hätte das gedacht?) und viele

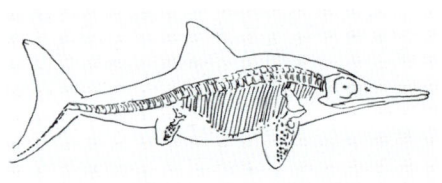

So sieht ein Fischsaurier im Röntgenbild aus

mehr, aber bald trockneten Randbereiche dieses Meeres wieder ein, und es bildeten sich Salzlagerstätten, diesmal in der Gegend von Heilbronn, bei Haigerloch in Württemberg und bei Bad Reichenhall in Bayern, also weiter im Süden als im Perm. Der **Keuper**, die letzte Untereinheit der Trias, war wieder eine Zeit des Wechsels zwischen Flachmeer, Eintrocknen des Flachmeeres (wobei sich wichtige Gipslagerstätten entlang der Schwäbischen und Fränkischen Alb bildeten) und vermutlich deltaartigen, riesigen Flussmündungen.

Es folgte der Jura mit seiner ersten Untereinheit, dem **Lias**. Betrachten wir einen größeren Bildausschnitt, denn nun, ab etwa 180 Millionen Jahren vor heute, begann der Atlantik aufzureißen. Damit brach der Superkontinent Pangaea, der sich – wie Europa – am Ende des Devons zu bilden begonnen hatte und gerade erst im Perm zu voller Größe zusammengewachsen war, bereits wieder auseinander (wobei allerdings Europa nicht gleich wieder auseinanderbrach). Zunächst öffnete sich der Atlantik im Süden, dann im Bereich der heutigen Karibik, daraufhin trennten sich die seit der Zeit der Kaledoniden verbundenen Kontinente Nordamerika und Europa. Sie blieben zunächst allerdings noch über Grönland verbunden, und erst vor sechzig Millionen Jahren brach auch noch der Nordwestatlantik auf und trennte Grönland von Nordamerika. Dieses Aufreißen des Atlantiks wird später auch für uns Mitteleuropäer noch eine große Bedeutung haben.

Im Jura begann die große Zeit der Dinosaurier, die bis zum Ende der Kreide vor 65 Millionen Jahren anhalten sollte. Die Fischsaurier aus dem Lias von Holzmaden bei Stuttgart habe ich schon erwähnt, und sie sind leider aus dem Jura auch die Einzigen, die in unserer Gegend einige Berühmtheit erlangt haben, denn der gesamte Jura sah Mitteleuropa unter Wasser. Viele hundert Meter Kalk, die komplette

Schwäbische und Fränkische Alb, wurden damals abgelagert, darin einige Eisenerzlagerstätten (am Schwarzwaldrand bei Offenburg und Freiburg).

Obwohl weltweit der Meeresspiegel dann in der Kreide anstieg, hatte sich das Land in Südwestdeutschland wieder über das Meer hinausgehoben, während im Alpenraum, in Bayern und in Norddeutschland noch einmal riesige Meeressedimente abgelagert wurden. Sicher turnten auf dem Festland damals Dinosaurier herum, doch haben wir davon praktisch keine Zeugnisse. Auch die Saurierfunde in den Kreidekalken sind rar, und lediglich der Fund des Urvogels Archaeopterix aus Solnhofen im Altmühltal aus dieser Zeit (frühe Kreide um 140 Millionen Jahre) zeigt, dass durchaus Leben herrschte und die Evolution mit großer Geschwindigkeit voranschritt.

Wir stellen uns also in der Kreide Mitteleuropa als teilweise flache, wohl recht tropische Insel vor, umgeben von schönen, weißen Sandstränden und blauem Wasser, eine paradiesische Landschaft, die nur durch einige Großsaurier etwas gestört wird, die versehentlich mal auf ein Nest eines Kleinsauriers treten. Ansonsten aber war die Kreide eine schöne Zeit, es war warm, viel wärmer als heute, und zwar weltweit, es herrschte Treibhausklima (und das völlig ohne Menschen!).

Das müssen wir nun noch etwas genauer beleuchten. Nie seit dem Archaikum waren die Kohlendioxid-Konzentrationen in der Atmosphäre höher gewesen als in der Kreide, und selbst heute noch, trotz des vom Menschen (mit)verursachten Anstiegs des Kohlendioxid-Gehalts der Atmosphäre, sind wir weit von den Werten der Kreide-Zeit entfernt. Dies hatte vermutlich einen entscheidenden Einfluss auf die Entwicklung der wechselwarmen, also auf relativ warme Umweltbedingungen angewiesenen Dinosaurier (wobei die ganz großen Dinosaurier eventuell doch schon gleichwarm waren, hier ist man sich nicht sicher).

Was war für all diese Besonderheiten in der Kreide verantwortlich, für das warme Klima, den hohen Kohlendioxid-Gehalt der Atmosphäre und den hohen Meeresspiegel? Eine Reihe von Indizien deutet darauf hin, dass etwas

Ein springender Fischsaurier

Sie ähneln unseren Delphinen: die Ichthyo- oder Fischsaurier

in den letzten eine Milliarde Jahren Einmaliges, die Entstehung eines **Superplumes** an der Grenze zwischen Erdkern und Erdmantel, dafür verantwortlich war, der riesige Mengen von Schmelzen, und mit ihnen von Wärme und Kohlendioxid an die Oberfläche brachte. Was haben wir uns unter einem Superplume vorzustellen? In der Kreidezeit scheint es nicht nur die »normalen« Plume-Aktivitäten gegeben zu haben, wie wir sie schon bei den ozeanischen Inseln kennen gelernt haben, sondern erheblich größere und/oder mehrere Plumes. Die Ursache dafür ist nicht völlig geklärt, hängt aber vermutlich damit zusammen, dass sich über geologisch lange Zeiten Wärme, die der äußere Erdkern abgegeben hat, im unteren Mantel gestaut hatte, statt gleichmäßig nach außen abzufließen. Als der untere Mantel dann stark »überhitzt« war, kam es vor 125 Millionen Jahren zu besonders gewaltigen Aufschmelz-Vorgängen, die an der Oberfläche der Erde gewaltige Spuren hinterließen. Die Kreidezeit kann daher in vieler Hinsicht mit Superlativen dienen, nicht nur mit dem Tyrannosaurus rex:

- Während der Zeit zwischen 120 und 125 Millionen Jahren vor heute wurde mehr als doppelt soviel Ozeanboden gebildet wie zu durchschnittlichen Zeiten.
- Tausende von Quadratkilometern Ozeanboden im Pazifik, Indik, Atlantik und der Karibik wurden von gewaltigen, bis über zwei Kilometer mächtigen Basaltströmen überflutet.
- Daraufhin stieg der Meeresspiegel um 250 Meter über das heutige Niveau.
- Die meisten Diamant-Lagerstätten der Welt entstanden in der Kreide. Während die Diamanten selbst überwiegend uralt sind (mehr als zwei Milliarden Jahre), sind die Kimberlit-Vulkane, die sie an die Oberfläche brachten, überwiegend **kretazisch**, also in der Kreide entstanden. Auch dies ist vermutlich auf die Überhitzung des Erdmantels zurückzuführen.
- Die vermehrte Produktion von Ozeanboden erforderte auch eine schnellere Subduktion, was wiederum zur Folge hatte, dass der Subduktionszonen-Vulkanismus zunahm. In dieser Folge begann sich damals eines der heute mächtigsten und längsten Gebirge der Welt zu bilden, das sich auf der Westküste bei der Amerikas, von Alaska bis Feuerland, entlangzieht: die **Rocky Mountains** und die **Anden**.
- Durch die mit den Basalten ausgestoßenen Gase, besonders das Kohlendioxid, wurde ein Treibhausklima verursacht, das die Temperaturen weltweit um bis zu zehn Grad Celsius über das heutige Niveau steigen ließ; die Kohlendioxid-Gehalte der Atmosphäre waren um mindestens den Faktor zehn höher als heutzutage.
- Durch die große Ozeanfläche und die warmen Temperaturen stieg die Menge an Plankton in den Flachwasserbereichen, wodurch wiederum mehr Kalk abgelagert wurde; die Kreidefelsen auf Rügen oder die Klippen von Dover sind Zeugnis dieser gewaltigen Kalkablagerungen.
- Das Absterben des Planktons führte zur Akkumulation organischen Materials, das später zusedimentiert wurde und heute bis zu fünfzig Prozent unserer Erdöl- und Erdgasvorräte enthält. Das Treibhausklima der Kreidezeit versorgt uns heute also mit fossilen Brennstoffen (Erdöl, Erdgas), deren Verbrennung zu Kohlendioxid durch den Menschen ironischerweise ein neues Treibhausklima hervorrufen könnte.
- Schließlich ist die Kreidezeit auch noch die Zeit mit dem stabilsten Erdmagnetfeld, das sich ansonsten durchschnittlich etwa einmal in fünfhunderttausend Jahren umkehrt (wobei Süd zu Nord und Nord zu Süd auf dem Kompass wird), in der Kreidezeit aber 35 Millionen Jahre stabil blieb.

Eine tolle Zeit, diese Kreidezeit! Eine Zeit der Extreme und Superlative. Eine Zeit, die uns heute noch mit Energie, Diamanten und Gesprächsstoff (in Form der

Ein weiterer Riese: der Brontosaurus

Gefährlicher Räuber im Meer: der Elasmosaurus

Dinosaurier) versorgt. Erst seit zehn bis fünfzehn Jahren beginnen wir zu verstehen, dass all diese Dinge, von Kimberliten über Erdmagnetfeld bis zu Schwankungen des Meeresspiegels, miteinander zusammenhängen. Auch hier ist weitere Forschung vonnöten, um Details zu verstehen, die gerade in unserer heutigen Zeit so wichtig sind, um Vergangenes als Möglichkeit zur Vorhersage von Zukünftigem zu nutzen.

Die Dinosaurier waren also uneingeschränkte Herrscher über Luft (**Flugsaurier**), Land (**Landsaurier**) und Wasser (**Ichthyosaurier**, allerdings mit ein paar unerfreulichen, nicht saurier-verwandten Haifischen dabei, deren Vorfahren ja bekanntermaßen schon seit dem Devon in den Meeren ihr Unwesen trieben), und das für hundert Millionen Jahre, vom frühen Jura bis zur spätesten Kreide – eine gewaltige Erfolgsgeschichte.

Lasst uns nochmals kurz zurückblicken. Von einzelligen Blaualgen zu Würmern hat es mindestens 2,9, vielleicht sogar 3,4 Milliarden Jahre gedauert, von Würmern zum Tyrannosaurus dann gerade einmal fünfhundert Millionen Jahre. Alles beschleunigte sich, am Ende der Kreide tauchen die ersten, allerdings noch kleinen und den Dinosauriern noch unterlegenen Säugetiere auf (nachdem säugerähnliche Reptilien allerdings schon seit der Trias existiert hatten), und wer weiß, wie alles weitergegangen wäre, wenn nicht an einem Mittwoch des Jahres 65 Millionen vor heute (ihr wisst inzwischen, wie genau unsere Zeitinformationen sind, nicht wahr? Für dieses Ereignis etwa plusminus ein paar zehntausend Jahre) ein Super-GAU passiert wäre, genauer gesagt ein GAUF: größter anzunehmender Unfall im kosmischen Flugbetrieb, der alle Planungen der Dinosaurier für noch einmal gemütliche hundert Millionen Jahre als Herrscher der Welt zunichte machte. Stellt es euch wie einen riesigen Zusammenstoß zweier Flugzeuge vor, nur unendlich viel schlimmer und größer. Was war geschehen?

Ein kleiner, unscheinbarer Flugkörper, ein Meteorit mit nur zwölf bis vierzehn Kilometer Durchmesser, hatte die Erde gerammt. Ihr werdet mir zustimmen, dass man es nicht fassen kann: Ein »Steinchen« von nur vierzehn Kilometern fällt auf einen ausgewachsenen, in der Blüte seiner Jahre stehenden Planeten von über zwölftausend Kilometer Durchmesser und zerstört beinahe alles auf ihm existierende Leben? Einen Großteil der Landpflanzen, fast alle Dinosaurier, darunter alle großen Landsaurier, selbst viele in den Ozeanen lebende Tiergruppen wurden extrem dezimiert. Gut, das war schon öfter vorgekommen, an der Perm / Trias-Grenze zum Beispiel am allerschlimmsten, aber aufgrund des so plötzlichen Aussterbens einer über hundert Millionen Jahre so immens erfolgreichen Tiergruppe wie der Dinosaurier entzündet sich hier, am **K-T-Einschlag** der **Kreide/Tertiär-Grenze**, die Phantasie am leichtesten.

Der Katastrophen-Meteorit, der dieses riesige Aussterben vermutlich auslöste (ich muss »vermutlich« dazusetzen, da trotz jahrzehntelanger Forschung nach wie vor unklar ist, ob es der Meteorit alleine oder eine Verkettung mit verschiedenen anderen Ursachen war), fiel in das Gebiet der heutigen Halbinsel Yucatán in Mexiko und hinterließ dort einen Krater von 170 Kilometer Durchmesser, bekannt als **Chixulub-Krater**. Der Meteorit selbst verdampfte beim Aufprall komplett. Dass man in dieser Gegend hinterher nicht mehr besonders frisch

Dem Elasmosaurus ähnlich sind die Plesiosaurier

aussah und vermutlich eine kräftige Föhnfrisur hatte, ist ja leicht verständlich, aber warum mussten auch Saurier in Zentralasien darunter leiden? Auch hier geht die Forschung schnell voran, und es ist noch nicht alles geklärt, aber eines scheint bewiesen: Der Meteorit schlug wohl in einem Schelfgebiet ein, also einem Randmeer, wo es Hunderte von Metern mächtige Ablagerungen von Steinsalz, aber besonders auch von **Gips** und **Anhydrit**, gab. Ersteres ist ein Chlorid, letztere sind Sulfate, also Schwefelverbindungen, und die Verdampfung einer so gewaltigen Menge von Chlor und Schwefel auf einen Schlag (so etwas geht tatsächlich nicht in geologischen Zeiträumen, sondern in Bruchteilen von Sekunden vor sich) hat katastrophale Auswirkungen auf die Atmosphäre, die über einige Jahre oder Jahrzehnte anhalten können.

Ihr seht, wir reden über einen kurzen Moment in der Erdgeschichte. Wir, die wir mittlerweile mit Jahrmillionen jonglieren, blicken auf ein Ereignis von Zehntelse-

Aussterbe-Ereignisse

Seit es auf der Erde eine gewisse Vielfalt von Organismen gibt, sind diese immer wieder während Phasen erhöhter Aussterberaten dezimiert worden. Die allermeisten Tier- und Pflanzenarten sterben nach einer mehr oder weniger langen (im geologischen Zeitmaßstab eher kurzen) Zeit aus, aber in Phasen des Massenaussterbens beschleunigt sich dies um ein Vielfaches. Neben einer ganzen Reihe von weniger bedeutenden Massenaussterbe-Ereignissen (der zum Beispiel auch die so herzlich begrüßte Ediacara-Fauna zum Opfer fiel) sind es vor allem fünf Perioden, in denen innerhalb weniger Millionen Jahre (oder sogar nur einer halben Million Jahre) bis zu 95 Prozent aller im Meer lebenden Tierarten ausstarben. Manche dieser Massenextinktionen nutzen Paläontologen übrigens zur Abgrenzung der Erdzeitalter. Interessanterweise scheinen die Flora und die Landfauna (mit Ausnahme des Ereignisses an der K-T-Grenze) weit weniger von diesen Massenaussterbe-Ereignissen betroffen gewesen zu sein als die Lebewesen in den Meeren. Die vier wichtigsten dieser Massenaussterbe-Ereignisse waren:

- Während des Massenaussterbens im **Ober-Ordovizium** verschwanden ein Drittel aller **Brachiopoden** (den Muscheln ähnlich sehende, aber von ihnen verschiedene Tiere, **Armfüßer** genannt) und **Bryozoen** (ein Tierstamm koloniebildender Wirbelloser) und Teile vieler weiterer Tiergruppen, darunter auch Trilobiten.
- Das Massenaussterben im **Ober-Devon** betraf besonders stark die frühen **Riffbildner**. Die Vorgänger unserer Korallen wurden dabei so stark dezimiert, dass bis ins Mesozoikum hinein, als sich die modernen Korallen zu entwickeln begannen, Riffe in Meeren nur eine geringe Rolle spielten. Außerdem überlebten siebzig Prozent aller weiteren Arten dieses Aussterbe-Ereignis nicht, darunter die meisten Trilobiten, die das Ordoviz-Ereignis überlebt oder sich seither entwickelt hatten.
- Das Massenaussterben an der **Perm/Trias**-Grenze war das größte Aussterbe-Ereignis der Erdgeschichte – über 95 Prozent aller Tierarten in den Meeren fielen ihm zum Opfer.

...

kunden Dauer mit Nachwirkungen von ein paar Jahrzehnten, aber mit Bedeutung für die gesamte Erde. Schwefel und Chlor (korrekter: Verbindungen dieser zwei Elemente mit anderen Elementen) haben in der Atmosphäre nämlich zwei unangenehme Nebenwirkungen: Sie produzieren Schwefel- und Salzsäure und daraus Wolken und Moleküle, die den Lichteinfall der Sonne drosseln. Hinzu kommt der Staub, die Asche, der verdampfte Meteorit und die sonstigen verdampften Gesteine,

...

● Das Massenaussterben an der Kreide/Tertiär-Grenze (KT-Ereignis) war das zweit-verheerendste der Erdgeschichte, und man nimmt an, dass etwa 85 Prozent aller Arten dabei verschwanden, wobei diesmal neben den Meerbewohnern auch viele auf dem Land lebende Arten betroffen waren, unter denen die Dinosaurier zwar die bekanntesten, aber nicht die einzigen sind. Insgesamt verschwanden Belemniten, viele Pflanzenarten (außer Farnen und samenproduzierenden Pflanzen), Ammoniten, marine Reptilien und die so genannten Rudisten vollständig, viele weitere Tier- und Pflanzengruppen erlitten arge Verluste, darunter übrigens auch Fische. Interessanterweise scheinen einige Tiergruppen allerdings praktisch gar nicht betroffen, darunter Säugetiere, Vögel (die sich ja aus den Dinosauriern entwickelt hatten), Schildkröten, Krokodile, Warane, Schlangen und Amphibien.

Das KT-Ereignis ist übrigens das einzige, bei dem ein Zusammenhang mit einem Meteoriten-Einschlag nachgewiesen wurde, wobei auch erwähnt werden muss, dass gerade um diese Zeit Vulkanismus im heutigen Indien einsetzte, der die riesigen Dekkan-Trapps, die Basalte des Dekkan-Hochlandes, innerhalb von nur fünfhunderttausend Jahren bildete. Auch hier wurde lange Zeit ein Zusammenhang mit dem Massenaussterben diskutiert, und möglicherweise handelt es sich ja wirklich um eine Kombination verschiedener Ursachen. Der Hotspot, der damals diese Dekkan-Basalte produzierte, befindet sich heute übrigens unter der Insel Réunion im Indischen Ozean.

Der große Unterschied zu den anderen Aussterbe-Ereignissen, die hauptsächlich marine Lebewesen betrafen, deutet darauf hin, dass hier wirklich verschiedene Ursachen vorliegen, und so werden heute für die anderen oben genannten Aussterbe-Ereignisse großflächige Vergletscherungen des über den größten Teil der betrachteten Zeit stabilen Superkontinents Gondwana verantwortlich gemacht.

die ebenfalls die Erde verdunkeln und den Licht- und damit Wärmeeinfall der Sonne, unserer wichtigsten Energiequelle, mindern. Schlagartig wurde es also kalt, vermutlich sackte innerhalb weniger Tage oder Wochen die Temperatur um mehrere Grad Celsius ab, und da die Höhenwinde Staub und Säuretröpfchen gleichmäßig über die Erde verteilten, blieb kaum ein Gebiet davon verschont. Wo es regnete, regnete es Säure, Trinkwasser wurde ungenießbar, Pflanzen gingen ein. Eine

Die Lüfte wurden im Mesozoikum beherrscht von Flugsauriern, hier der Gattung Pteranodon

Art atomarer Winter, völlig »natürlich«, aber nichtsdestoweniger grausam und schrecklich.

Mit diesem Schlag wurden die Saurier offenbar nicht fertig. Sie hatten sich zu immer größeren, immer gewaltigeren Formen entwickelt, die sich in der warmen Kreidezeit prächtig entfalten konnten, aber einer drastischen Änderung der Umweltbedingungen waren sie einfach nicht gewachsen, als Wechselwarme einem drastischen Absacken der Temperatur schon gar nicht. Hier also begann die Stunde der Säugetiere und Vögel, die beweglich blieben, auch wenn es draußen kalt war, da sie ihre eigene Wärme produzierten und die ihre Jungen selbst austrugen oder ihre Eier bebrüteten, also ihre Eier nicht einfach der Umwelt-Temperatur aussetzten, so dass sie bei der kühlen Witterung einfach erfroren oder nicht »reif« wurden. Es muss ein gewaltiges Fressen gewesen sein für die kleinen, noch am Boden herumhuschenden Säuger, als überall die riesigen Fleischberge von Dinosauriern herumlagen und verwesten – und innerhalb vielleicht nur einer Generation sah alles anders aus auf der Welt. Die Zeit der »kalten Riesen« war für immer vorbei, das **Känozoikum**, die Zeit der Säugetiere, hatte begonnen.

Das Känozoikum: Alpen und Säugetiere

In diesem Kapitel räumen wir mit dem Rest der Erdgeschichte auf, sehen die Menschenaffen und Affenmenschen auf der Bildfläche auftauchen, blicken Wollnashörnern und Mammuts in den großen eiszeitlichen Ebenen nach, betrachten im Vorübergehen etwas ausführlicher das Gebirge, das heute vor unserer Haustür steht, und nähern uns schließlich der Gegenwart – also uns selbst!

Paul und Melanie stand der Schock über ihr Erlebnis noch in die Gesichter geschrieben. Bleich sahen sie sich an, sagten kein Wort, und Paul flog ohne Ziel voran, nur weg von diesem Ort des Schreckens. »Ich glaube, wir sollten jetzt nach Hause fliegen«, meinte er, und Melanie lächelte ihn dankbar an. »Ja, das glaube ich auch. Noch so eine Aufregung brauche ich in diesen Ferien nicht mehr. Erst der Vulkan, und jetzt das hier …« »Wir haben allerdings das Problem, dass der FORD jetzt hinten offen ist, durch den Riss. Das heißt, wir haben keinen Druckausgleich und keine Sauerstoff-Versorgung mehr im Inneren und können daher nicht mehr durch den Weltraum nach Hause fliegen. Der Sauerstoff wäre ja kein Problem, dafür haben wir ja unsere Sauerstoff-Masken, aber was machen wir, um zumindest einigermaßen einen Druckausgleich hinzubekommen?« Paul dachte nach, kam aber zu keinem Ergebnis.

Auch Melanie dachte nach und sagte schließlich: »Da hilft wohl nichts, wir müssen einen SOS-Ruf per Handy absetzen.« Sie suchte es heraus und schaltete es ein. Paul blieb stumm, musste ihr aber Recht geben, dass dies vermutlich die einzige Lösung war. Er schaltete seinen Peilsender ein, mit dem sie den Rettungs-FORD orten können würden. Melanie tippte 911 und wartete. Nach langen dreißig Sekunden meldete sich undeutlich eine Stimme, und Melanie schaffte es, ihre momentanen Koordinaten und ihr Problem zu berichten, bevor die Verbindung wieder zusammenbrach.

Bereits 45 Minuten später tauchte ein gelber Rettungs-FORD in der Ferne auf. Paul schaltete Fernlicht und Warnblinkleuchte an, und der große gelbe FORD kam

Ein Wollnashorn in der arktischen Landschaft

neben ihnen in der Luft zum Stehen. »So, ihr wart das, die hier Probleme hatten, was?« Der Fahrer hatte das Fenster heruntergekurbelt und sprach Paul jetzt an. »Donnerwetter, was ist euch denn da drauf getreten! Eure linke hintere Ecke ist ja total platt! So was habe ich ja noch nie gesehen! Na, egal, was es war, jetzt nehme ich euch erstmal in den Laderaum.« Kaum hatte Paul im Laderaum aufgesetzt, öffnete sich die Tür zur Fahrerkabine. Als sie sich angeschnallt hatten, war ihnen schon wieder bedeutend wohler, und freudig erregt sahen sie dem Super-Schnell-Trip zurück zu ihrem Planeten entgegen. Die Zeit dahin reichte kaum aus, um dem Rettungs-FORD-Fahrer Benni alles zu erzählen, was ihnen widerfahren war. Der staunte nur noch und sagte ein ums andere Mal: »Das gibt's doch gar nicht … das glaubt man ja kaum …«

Zu Hause angekommen, stellte sich heraus, dass Pauls FORD irreparabel war. Auch die Rettungsaktion war ziemlich kostspielig gewesen, wegen des weiten Fluges, und so sahen sowohl Paul als auch Melanie schon ihre gesamten Ersparnisse in Luft aufgelöst. Allerdings zeigte sich, dass sich Paul mit dem Erlös aus ihren Diamantenfunden einen anderen gebrauchten FORD kaufen konnte, und das eingeschmolzene Gold reichte nicht nur aus, um die Rettungsaktion zu bezahlen, sondern auch noch, um Melanie eine hübsche Brosche mit dem blauen Diamanten machen zu lassen – und natürlich erhielt Pauls Schwester Julia das versprochene Mitbringsel in Form eines schönen Goldblechs, worüber sie sich sehr freute.

Der Bau der Alpen

Der Bau der Alpen ist auf der Karte (oben) und im Schnitt (unten) gezeigt. Der Schnitt ist entlang der oben eingezeichneten Linie N-S gelegt. In der Kombination beider Bilder sieht man deutlich, wie die alpinen Einheiten (also Penninikum, Helvetikum und Ostalpen) durch den adriatischen Sporn nach Norden überschoben wurden. Dieser Sporn, das Nordende der afrikanischen Platte, hat sich vornehmlich nach Nordwesten in die europäische Platte hineingebohrt. Der zwischen Europa und Afrika liegende Ozean wurde subduziert, die Kontinentränder von Europa als Helvetikum und von Afrika als Penninikum übereinnader geschoben, sodass sie heute als Decken aufeinander liegen. Je höher die Decke heute liegt, desto südlicher war ihr Ursprungsraum. In Orange sind die zwei einzigen größeren Intrusionen der Alpen eingezeichnet: das Bergell und das Adamello sind beide tertiären Alters. Hier liegt ein großer Unterschied zum variskischen Gebirge Mitteleuropas, das riesige Mengen von Intrusionen hervorgebracht hat. Eine dieser Intrusionen ist heute übrigens als Gotthard- und Aaremassiv in den Zentralalpen sichtbar – deformiert und metamorph überprägt zwar, aber immer noch ein Teil des Grundgebirges, das weiter nördlich erst im Schwarzwald wieder aufgeschlossen ist.

Nach einigen Wochen war der Schrecken ihrer Expeditionen verblasst, und sie fieberten zu Beginn des neuen Schuljahres schon den nächsten Ferien entgegen, in denen sie wieder eine Geo-Expedition machen wollten – diesmal vielleicht auf den Mars, weiter in die Zukunft der Erde oder in ein anderes Sonnensystem. Ihren Eltern sagten sie davon allerdings noch nichts, denn die konnten die Lebensgefahr, in der Paul und Melanie geschwebt hatten, nicht so schnell vergessen. Alle zusammen allerdings freuten sich riesig, als sowohl Paul als auch Melanie für ihre reich mit Bildern und Anschauungsmaterial versehenen Ferienprojekte Landesmeister in den »Schüler forschen«-Wettbewerben ihrer jeweiligen Altersstufen wurden. Was später aus ihnen wurde, kann man sich leicht denken: Naturwissenschaftler!

Es ist zwar verständlich, aber schade, dass Paul und Melanie so überstürzt von der Erde aufbrachen. So verpassten sie das Zeitalter der Säugetiere und die Begegnung mit Menschen – wobei das vielleicht sogar ein glücklicher Zufall war? Wer weiß, wie solch eine Begegnung ausgegangen wäre?

Auch ohne Paul und Melanie werden wir jetzt die Erdgeschichte bis zum heutigen Tag verfolgen und damit abschließen, was wir vor 4556 Millionen Jahren begonnen haben. Das jüngste Erdzeitalter, das **Känozoikum** mit seinen zwei Untereinheiten, dem **Tertiär** und dem **Quartär**, ist also angebrochen. Merkt ihr was? Schon wieder zwei so völlig unlogische Bezeichnungen. Tertiär und Quartär, »das

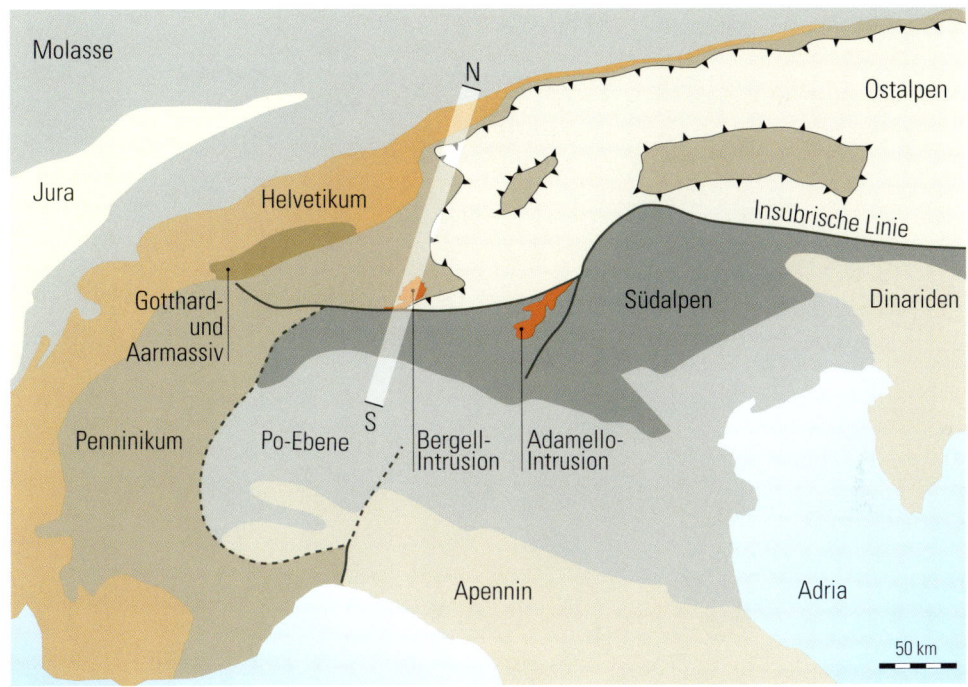

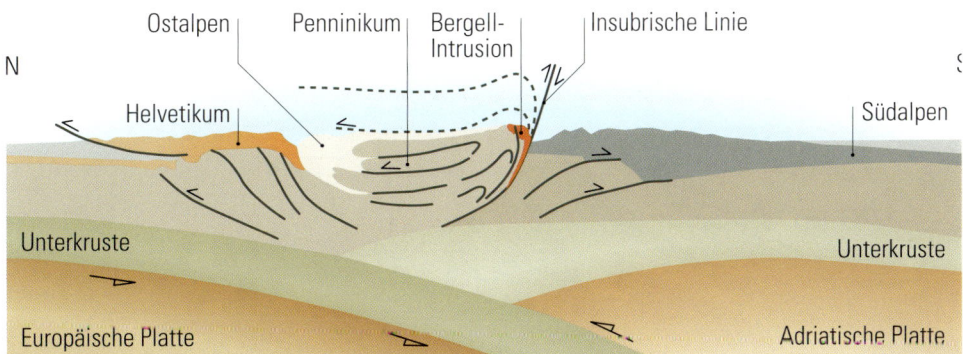

Dritte« und »das Vierte«, was soll denn das nun wieder? Nachdem mittlerweile etwa 98,5 Prozent der Erdgeschichte vorbei sind, kommen die Herren Geologen (Damen gab es damals, als die Benennungen erfolgten, in der Geologie leider noch nicht) mit Zeitalter Nr. 3 und Nr. 4. Was sind dann eins und zwei? Müßig, darüber nachzudenken (tatsächlich wurden das Paläozoikum und das Mesozoikum früher Primär und Sekundär genannt, und das Präkambrium fiel in dieser Nomenklatur

einfach unter den Tisch), aber unerwähnt wollte ich es auch nicht lassen, dass die ach so logischen Naturwissenschaften sich manchmal auch selbst ein Bein stellen – hoffentlich nur in den Bezeichnungen, nicht aber in den Gedanken!

Das Tertiär von 65 bis zwei Millionen Jahre vor heute und das Quartär, das sich von damals bis heute erstreckt, wären eigentlich aus geologischer Sicht schnell abgehandelt, hätte sich da nicht etwas direkt vor unserer Haustür ereignet: die Bildung der Alpen.

Die Alpen sind ein so genanntes **Deckengebirge**, im Unterschied zu einem **Faltengebirge**, wie man es etwa im Schweizer Jura vor sich hat. Beides ist leicht zu verstehen, wenn man sich die Entstehung von Gebirgen in Erinnerung ruft. Das Verschlucken eines Ozeans und die Kollision zweier Kontinente bewirken immer eine Verkürzung (oder sogar völlige Schließung) des Raumes zwischen beiden Kontinenten und der Kontinentränder. Dieser Raum ist ja nicht leer, sondern wiederum mit Sedimenten oder anderen Gesteinen gefüllt. Somit gibt es drei Möglichkeiten, diese Raumverkürzung zu kompensieren, und alle drei nutzt die Natur aus:

1. Subduktion: Material wird »einfach« in den Erdmantel hinuntergedrückt oder gezogen, also unter den einen Kontinent, der bei einer solchen Kollision die Oberplatte bildet. Dies funktioniert hervorragend mit schweren Gesteinen, also Ozeanboden-Basalten, da diese dichter sind als ein durchschnittlicher Kontinent und somit schon durch die Schwerkraft nach unten gezogen werden, ohne dass man besonders viel drücken müsste. Deswegen werden Ozeanböden bei solchen Gebirgsbildungen in den meisten Fällen **subduziert**, also versenkt, aber nur selten **obduziert**, also auf die Oberplatte aufgeschoben.

2. Deckenstapelung: Das ist ein ebenso häufiger Weg, Platz in der Breite zu gewinnen, wenn man Material nicht einfach versenken kann: Man stapelt es aufeinander. Es ist offensichtlich, dass dies zu massiv erhöhtem Relief führen wird, denn eine typische Decke, die auf eine vorherige Decke überschoben wird, ist einige hundert Meter bis einige Kilometer mächtig (wobei allerdings aufgrund des auch für Gesteine gültigen **Schwimmgleichgewichts** [**Isostasie**] eine ein Kilometer mächtige aufgeschobene Decke nur eine Erhöhung des Gebirges um etwa 150 Meter bewirkt, der Rest von 850 Metern bewirkt eine Verdickung der Kruste nach unten). Meist werden relativ leichte, also wenig dichte Sedimente als solche Decken überschoben, denn aufgrund ihrer geringeren oder mit dem Kontinent in etwa vergleichbaren Dichte sind sie schwerer zu subduzieren.

3. Faltung: Ist der Einengungsbetrag, also der zu schließende oder zu verkleinernde Raum, nicht zu groß, so kann man die darin liegenden Gesteine auch einfach falten. Probiert es einmal mit einem Stapel Papier, den ihr von beiden Seiten gegeneinander schiebt – die Blätter werden sich in Falten legen und dabei deutlich

Mammut in verschneiter Landschaft

höher werden; auch dies ist also eine Verlagerung des Materials aus der Fläche in die Höhe und in die Tiefe (Faustregel wegen der oben schon erwähnten Isostasie: 5/6 gehen in die Tiefe, 1/6 in die Höhe).

Wenn ihr euch die drei Möglichkeiten betrachtet, kommt euch als Vergleich vielleicht Müll in den Sinn: entweder man versenkt ihn, oder man stapelt ihn, oder man presst ihn zusammen. Bei den zwei letzteren Möglichkeiten entsteht dabei also ein richtiges Müllgebirge. Die Alpen haben alle drei Möglichkeiten genutzt, wie ich gleich erläutern werde. Zunächst müssen wir aber klären: Warum kommt es eigentlich zu dieser Gebirgsbildung?

Wenn ihr zurückblättert, werdet ihr auf die Öffnung des Atlantiks stoßen, die bereits im Mesozoikum einsetzte. Durch das Aufreißen des Südatlantiks wurde Afrika nämlich im Gegenuhrzeigersinn rotiert und drückte dadurch einen relativ kleinen »Wurmfortsatz«, den **apulischen** Sporn (den ihr euch als im wesentlichen mit Italien identisch vorstellen könnt) nach Norden. Ist das nicht phänomenal? In Namibia geht ein Ozean auf, und in der Schweiz bilden sich dadurch die Alpen. Das nenne ich Fernwirkung!

Was passierte genau? Bitte glaubt mir, dass die Beantwortung dieser Frage weder nach derzeitigem Forschungsstand abschließend möglich ist, noch dass dies in den wenigen Seiten geschehen könnte, die mir hier dafür zur Verfügung stehen. Ich werde also lediglich versuchen, euch ein grobes Bild zu geben.

Im zentralen Bereich der heutigen Alpen sah es in der späten Kreide folgendermaßen aus: Im Süden lag Afrika und drückte nach Norden. Im Norden aber lag Europa. Zwischen beiden lag ein Becken, der nur einige Hundert Kilometer schmale **penninische** Ozean, eine Fortsetzung des Atlantiks. In diesem Becken lag ein Stück Kontinent, das allerdings nur zeitweise aus dem Wasser herausragte und deshalb als **Briançonnais-Schwelle** und nicht als Insel bezeichnet wird. Diese Schwelle war übrigens vermutlich ein Stück von Europa, das im Jura oder der frühen Kreide abgebrochen war und sich nun »herumtrieb«. Das sind also die Zutaten, aus denen wir die Alpen zusammensetzen. Von Norden nach Süden, noch einmal zum Mitschreiben: Europa, nördliches penninisches Becken, Briançonnais-Schwelle, südliches penninisches Becken, Apulien/Afrika.

Eigentlich funktioniert dann alles ganz logisch: Die schweren Ozeanboden-Gesteine werden etwa ab dem frühen Tertiär (65 Millionen Jahre) nach Süden, unter die afrikanische Platte, subduziert. Dadurch findet nach und nach eine Schließung der beiden penninischen Becken statt. Die Schwelle zwischen den Ozeanen sowie die in den Becken und an den Kontinenträndern seit der Trias abgelagerten Sedimente werden dadurch nach Norden obduziert, also in diesem Fall als Decken auf Europa aufgeschoben und übereinander gestapelt. Der Kontinentrand Europas wurde bei dieser Behandlung leider arg in Mitleidenschaft gezogen, zusammengedrückt und seiner Sedimente weitgehend beraubt, weshalb wir ihn heute an der Erdoberfläche nur noch in Form des völlig deformierten Gotthard- und Aaremassivs in der Zentralschweiz sehen können. Die unmittelbar südlich des europäischen Kontinentrandes gelegenen Sedimente wurden alle nach Norden verfrachtet und bilden dort heute die **helvetischen Decken** in der Gegend zwischen Luzern und dem Gotthard-Pass sowie in der Westschweiz nördlich der Rhône. Noch weiter nördlich gelegene Sedimente wurden lediglich gefaltet und liegen daher heute als Faltengebirge im Schweizerisch-Französischen Jura vor.

Schauen wir weiter nach Süden. Bisher haben wir lediglich den europäischen Kontinentrand betrachtet. Der penninische Bereich wurde Stück für Stück von Süden nach Norden zusammengeschoben, wobei die schweren Gesteine (Ozeanböden) subduziert, die leichteren (Gneise und Sediment-Decken) aufgestapelt wurden. Nach und nach schloss sich also dadurch der penninische Bereich, und am Ende wurde das Gesamtpaket **Penninikum**, das von unten nach oben aus den nordpenninischen Einheiten, der Briançonnais-Schwelle, dem Südpenninikum und dem afrikanisch-apulischen Kontinentrand bestand, nach Norden geschoben und am Rand des dadurch arg gestauchten europäischen Kontinentrandes, aber südlich und östlich der helvetischen Decken, fein säuberlich aufgeschichtet. Diese Decken kann man heute im Tessin, im Wallis oder auch in Graubünden wunderbar

So sahen europäische Elefanten in der Eiszeit aus: Mammuts rekonstruiert nach Funden u. a. im Permafrost Sibiriens

sehen und unterscheiden. Es gilt dabei ein sehr einfaches Gesetz: Je weiter im Norden die ehemaligen Sedimente lagen, desto tiefer sitzen sie heute im Deckenstapel, da ja alles von Süden »überrollt« wurde.

Ein Teil der nach Süden subduzierten Gesteine des südpenninischen Ozeanbodens kam übrigens nach ihrer Subduktion wieder nach oben und ist heute zum Beispiel in der Gegend um Zermatt und Saas Fee zu bewundern– wer dort wandert, wandert auf ehemaligem Ozeanboden, der in 75 Kilometer Tiefe versenkt und dann durch tektonische Bewegungen wieder gehoben und in die Alpen eingeschuppt wurde! Wo sehen wir heute in den Zentral- und Westalpen noch ein Stück von Afrika? Dafür müssen wir in den höchsten Einheiten nachschauen, also in den hohen Gipfeln. Und siehe da! – wie ein Sahnehäubchen besteht die **Dent-Blanche-Decke** der Westalpen, die einige der höchsten Gipfel westlich von Zermatt bildet (auch ein Stückchen des Matterhorns), aus afrikanischen Einheiten, genauso wie das Oberostalpin der Ostalpen.

Erschöpft? Keine Bange: wir sind fast fertig. War doch eigentlich gar nicht so schwer, diese Gebirgsbildung. Hauptsächlich besteht sie im Aufeinandertürmen von Decken, die eine nach der anderen von Süden angefahren kommen. Sehr ordentlich. Irgendwie schweizerisch halt. Über die Vielzahl von verzwickten Kleinigkeiten sehen wir jetzt freilich großzügig hinweg, aber prinzipiell habt ihr jetzt die Entstehung der Alpen verstanden.

Nach der Deckenstapelung, die etwa vor dreißig Millionen Jahren beendet war, geschah noch einiges Kleinere, insbesondere im Norden und Nordwesten des Gebirges: Im Norden bildete sich eine drei Kilometer tiefe Senke, die heutzutage durch den gesamten Erosionsschutt der Alpen aufgefüllt ist und als **Molasse** bezeichnet wird. Der Bodensee, ganz Oberschwaben und der Voralpenraum in Oberbayern liegen in diesem gewaltigen Mülleimer der Alpen, in den jeder Fluss an Sand und Schotter hinein schüttet, was er gerade zu fassen vermag. Im Nordwesten hielt der ohnehin schon beanspruchte europäische Kontinent die Beanspruchung nicht mehr aus und bekam einen Riss – den Oberrheingraben. Wenn Afrika weiterhin so gedrückt hätte wie im frühen Tertiär, dann wäre Europa dort vermutlich komplett auseinander gebrochen, ein neuer Ozean hätte sich gebildet, und Freiburg läge jetzt am Meer. So aber hörte der Grabenbruch nach einiger Zeit wieder auf, und es bildete sich vor 16 Millionen Jahren lediglich ein kleiner Vulkan, der Kaiserstuhl.

Das zeitweise in den Graben von Süden, durch die Molassezone, eingeströmte Meer dampfte wieder ein, wobei es südlich von Freiburg und im Elsass einige kleinere Salzlagerstätten hinterließ. Der einzige bleibende Effekt bis heute ist die Ebene des Oberrheingrabens und die an seinen Seiten bei dessen Einbruch angehobenen Grabenschultern der Vogesen und des Schwarzwaldes. Ein paar kleine Vulkane bildeten sich etwas später übrigens auch noch auf der Schwäbischen Alb, im Hegau, größere Vulkane dagegen in Hessen (Vogelsberg), im Westerwald, im Siebengebirge und in der Eifel. Hier fand der letzte große Ausbruch, der den Laacher See nordwestlich von Koblenz schuf, erst vor elftausend Jahren statt, und immer noch brodelt es in ihm, da weiterhin vulkanische Gase aufsteigen. Die Nachwehen der alpinen Gebirgsbildung, wenn diese Phänomene denn tatsächlich

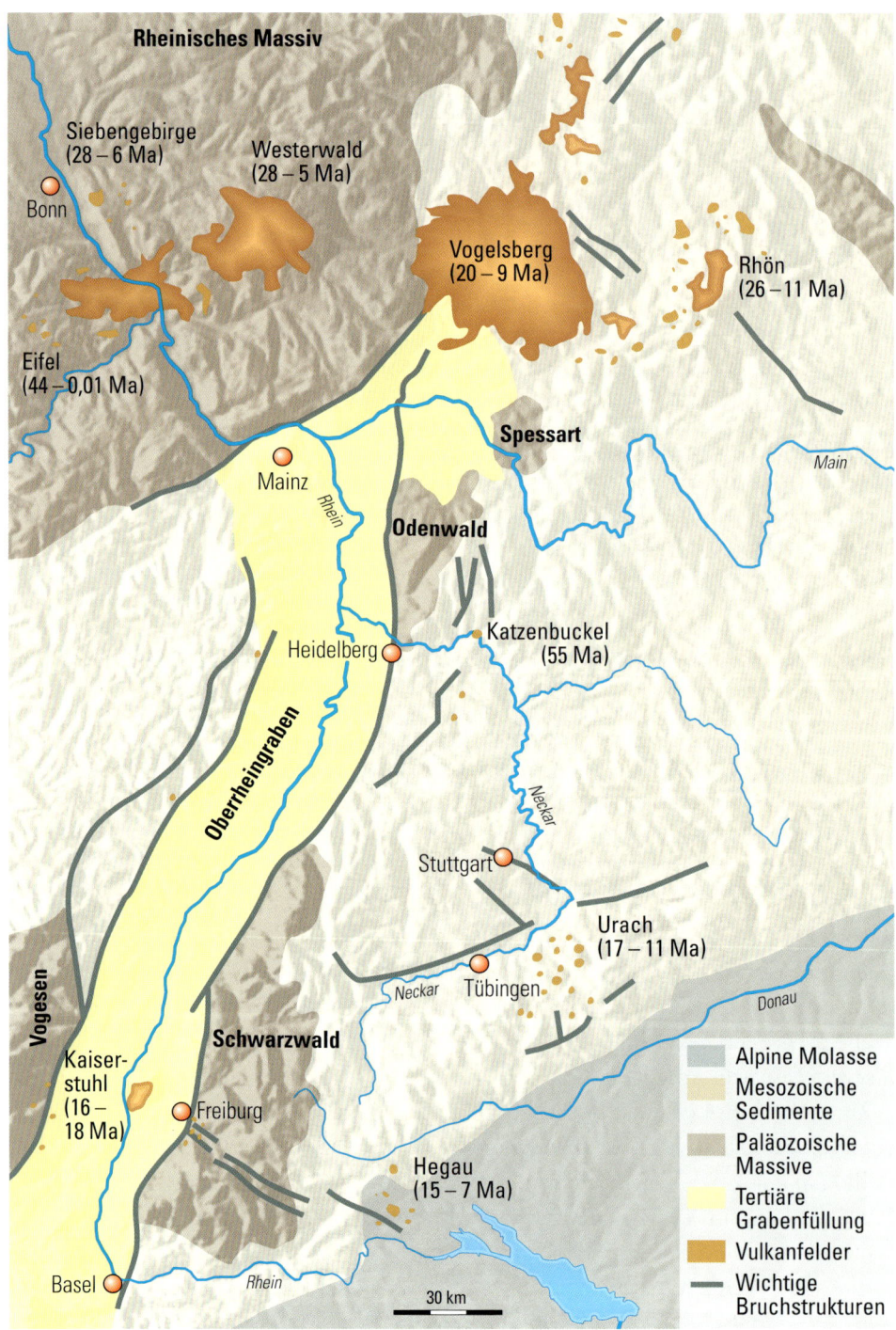

Rheinisches Massiv

Siebengebirge
(28 – 6 Ma)

Westerwald
(28 – 5 Ma)

Bonn

Vogelsberg
(20 – 9 Ma)

Rhön
(26 – 11 Ma)

Eifel
(44 – 0,01 Ma)

Spessart

Main

Mainz

Rhein

Odenwald

Katzenbuckel
(55 Ma)

Heidelberg

Oberrheingraben

Neckar

Stuttgart

Urach
(17 – 11 Ma)

Neckar Tübingen

Donau

Vogesen

Schwarzwald

Kaiser-
stuhl
(16 –
18 Ma)

Freiburg

Hegau
(15 – 7 Ma)

Basel Rhein

30 km

Alpine Molasse

Mesozoische
Sedimente

Paläozoische
Massive

Tertiäre
Grabenfüllung

Vulkanfelder

Wichtige
Bruchstrukturen

Vulkanismus in Mitteleuropa

Der größte Vulkan Mitteleuropas ist der tertiäre Vogelsberg in Hessen, der zwischen 9 und 20 Millionen Jahre alt ist (Ma ist die international gebräuchliche Abkürzung für Millionen Jahre). Wie man sieht, gibt es ähnliche Alter auch in Vulkaniten der Rhön, des Westerwalds und des Siebengebirges, während die Eifel schon länger vulkanisch aktiv war und heute sogar noch als aktiv gilt, da der letzte Ausbruch (der des Laacher See-Vulkans) erst 11 000 Jahre zurückliegt. Die Vulkangebiete in Süddeutschland sind generell kleiner und jünger, und meist handelt es sich nicht um große, zusammenhängende Vulkanitvorkommen, sondern um kleine Schlotfüllungen (z. B. Hegau) und Maare (z. B. Urach). Lediglich den Kaiserstuhl im Oberrheingraben kann man sich als einen größeren Vulkan vorstellen, der u. a. die berühmten karbonatitischen Schmelzen produziert hat. In Süddeutschland ist der Zusammenhang des Vulkanismus mit größeren Bruchstrukturen wie dem Oberrheingraben, dem Bonndorfer Graben zwischen Hegau und Kaiserstuhl oder dem Zollerngraben südlich von Tübingen gut sichtbar.

damit zusammenhängen (was noch nicht abschließend geklärt ist), sind also längst nicht ausgestanden.

In den Alpen begann nach der Phase der **Kompression** (Zusammenstoß) die Phase der **Extension** (Entspannung). Im Zuge dieser Entspannung und der damit verbundenen Hebung, die durch den isostatischen Auftrieb (Schwimmgleichgewicht) der extrem verdickten Gebirgswurzel bedingt ist, bildeten sich dann durch das Auseinanderreißen der nach oben gedrückten Gesteine die wegen ihrer Kristalle so geschätzten Hohlräume, die **alpinen Zerrklüfte**. In diesen wuchsen während dieser Zeit, also erst in den letzten etwa 25 Millionen Jahren, die schönen Rauchquarze und Bergkristalle, die fast jeder von uns zu Hause im Bücherregal stehen hat. Auch heute noch heben sich die Alpen mit einem Millimeter pro Jahr, werden aber etwa gleich schnell erodiert, sodass sie zurzeit konstante Höhe behalten. Nachdem der Höhepunkt ihrer Bildung inzwischen bereits einige Millionen Jahre zurückliegt, ist wohl nicht damit zu rechnen, dass sie ebenso schnell von der Bildfläche verschwinden wie das variszische Gebirge Mitteleuropas, das in diesem Alter ja schon fast wieder eingeebnet war.

Zum Abschluss des geologischen Teils sei – damit ihr seht, dass es immer nach gewohntem Strickmuster weitergeht mit der Erde – noch kurz erwähnt, dass vor 15 Millionen Jahren mal wieder ein Stein vom Himmel fiel, also ein Meteorit, der diesmal zwar nur 1,4 Kilometer Durchmesser hatte, aber dafür exakt auf Süddeutschland fiel. In gewohnter Art und Weise verdampfte er beim Aufprall, schleuderte kräftig geschmolzenes Material in die Luft (das erst in Böhmen als grüne Glasbrocken, also als **Tektite**, die nach dem Fluss Moldau **Moldavite** genannt werden, wieder auf den Boden fiel), ließ ein paar hausgroße Gesteinsblöcke bis in dreißig Kilometer Entfernung fliegen und hinterließ einen schönen runden Krater von fünfzehn bis zwanzig Kilometer Durchmesser, der heute in Bayern liegt und als das **Nördlinger Ries** bekannt ist. Ein kleiner, abgebrochener Teil desselben Meteoriten erzeugte übrigens nebenbei noch das **Steinheimer Becken** in Baden-Württemberg, zwanzig Kilometer westlich des Rieses. Der Meteorit und sein Bruchstück fielen beide in die mesozoischen Kalke der Alb, und es scheint keine größeren Umweltschäden (abgesehen von der Verwüstung in Süddeutschland) gegeben zu haben. Das Einzige, was an dieser Geschichte wirklich beunruhigend ist, ist die Tatsache, dass immer wieder solche Steine vom Himmel fallen, auch noch in der allerjüngsten Erdgeschichte. Statistisch gesehen allerdings sollten jetzt sowohl Mexiko als auch Süddeutschland zu den Gebieten mit den niedrigsten Wahrscheinlichkeiten für den Einschlag eines Großmeteoriten gehören.

Wenden wir uns abschließend noch einmal der Biologie zu, also den Säugetieren und den Menschen. Nachdem die Dinosaurier ja über eine lange Zeit eine unglaublich erfolgreiche Tiergruppe gewesen waren, legten auch die Säugetiere eine bis heute andauernde Erfolgsserie hin und entwickelten mit Tiger, Elefant und Blauwal (sowie ein paar ausgestorbenen Arten) ähnliche Schwergewichte wie die Dinosaurier, besiedelten praktisch alle Lebensräume bis auf extreme Wüsten und Eiswüsten und überlebten eine ganze Reihe von Eiszeiten. Diese Eiszeiten waren in Mitteleuropa insbesondere im Quartär verbreitet und bedeckten ganz Norddeutschland mit Gletscherschutt, der heute noch den Untergrund nördlich der Mittelgebirge bildet. Die Klimabedingungen der Eiszeit brachten Geschöpfe wie das **Wollnashorn** und das **Mammut** hervor, die sich offenbar warm anziehen mussten, um die tiefen Temperaturen zu überleben.

Apropos Mammut und Wollnashorn: Man stellt fest, dass in der Natur ein ewiges »stirb und werde« gilt, auch ohne das Zutun des Menschen. Manche Arten sterben aus, andere überleben, entwickeln sich weiter, neue Arten entstehen und erobern den Lebensraum der Verblichenen. Dies ist auch heute noch so. Allerdings hat seit zwei Millionen Jahren der Mensch die Bühne der Erdgeschichte betreten – übrigens in Afrika. **Mensch** heißt in diesem Zusammenhang einer, der aufrecht lief und das für uns Menschen typische, gegenüber unseren Vorfahren, den Menschenaffen, vergrößerte Gehirn aufweist, der erste Vertreter der Gattung **Homo**, der auch wir angehören (als ach so kluger **Homo sapiens sapiens**, also als **kluger, kluger Mensch** in der wörtlichen Übersetzung aus dem Lateinischen).

Das bekannte Skelettfragment der Afrikanerin **Lucy**, die einige Zeit als **Urmutter der Menschheit** angesehen wurde, ist zwischen 3 und 3,9 Millionen Jahre alt. Allerdings ist Lucy bestenfalls als Vormensch anzusehen, also als Übergangsform

Etwa so sahen die frühen Vormenschen der Gattung Australopithecus vor 3 – 4 Millionen Jahren aus – Lucy gehörte zu ihnen

zu den Menschenaffen, denn sie wies noch nicht das typische vergrößerte Gehirn auf (obwohl sie vermutlich schon aufrecht lief). Die Trennung verschwimmt hier wie schon oben am Übergang von Amphibien zu Fischen erläutert. Wenn neue Arten entstehen, ist die Abgrenzung zu Beginn schwierig. Andere Vormenschen (oder waren es noch Menschenaffen?), die in den letzten Jahren ebenfalls in Afrika entdeckt wurden, werden auf fünf bis sechs Millionen Jahre vor heute datiert. Die genetische Trennung von den Menschenaffen scheint ebenfalls zu dieser Zeit erfolgt zu sein.

Spätestens seit zwei Millionen Jahren trat dann aber sicher der Mensch als »Raubtier« in Erscheinung, zunächst noch nicht sehr bedeutsam, aber aufgrund seiner Intelligenz und Anpassungsfähigkeit schnell aufholend. Heute bestimmen also nicht mehr ausschließlich Umweltfaktoren über das Geschick der Welt, sondern – und das in vielen Teilen der Welt sogar überwiegend – eine einzige Art von Säugetier: Der Mensch tritt also als Umweltfaktor in Erscheinung, als der wichtigste Faktor für die natürliche Umwelt, doch erstaunlicherweise tut er dies bisher

trotz allen Verstandes (der ja bekanntlich mit der Vernunft nur mittelbar etwas zu tun hat) fast genauso wenig planend, planbar und auf die Zukunft der Gesamterde bedacht wie die anderen Umweltfaktoren, die keinen Verstand besitzen.

So, liebe Leserinnen und Leser, das war nun ein Schnelldurchgang durch die Erdgeschichte, von Anfang bis Ende. So ein Schnelldurchgang hat immer seine Tücken – man will das große Ganze im Auge behalten und muss daher viele interessante Details weglassen. Andererseits will man ja gerade über den Raum, in dem wir leben, also Mitteleuropa, auch Details berichten, die ihr vielleicht in eurer unmittelbaren Umgebung überprüfen könnt. Ich hoffe, diese Gratwanderung hat sowohl zum einen wie auch zum anderen beigetragen, zum großen Bild und zum lokalen Detailverständnis.

Was bringt die Zukunft?

Dieses letzte Kapitel versucht sich in etwas, worin Geowissenschaftler bisher unge-übt sind: dem Blick nach vorne. Während wir normalerweise zurückblicken, um ver-gangene Prozesse zu verstehen, wird es zunehmend wichtig, diese vergangenen Prozesse auf das zu übertragen, was heute und was in Zukunft auf diesem Planeten geschehen wird, und wie es geschehen wird. Dass dies niemals exakt geschehen kann, liegt in der Natur der Geowissenschaften, die wie kaum eine andere Wissen-schaft (außer vielleicht der Biologie) mit einer Fülle von historischen Randbedingun-gen und unerwarteten Umwelteinflüssen umgehen müssen. Entsprechend kann man heute lediglich sagen, was möglich sein könnte, aber nicht, was tatsächlich ein-treffen wird und wann es eintreffen wird. Hilft uns das? Bildet euch selbst euer Urteil!

Wir haben zusammen mit Melanie und Paul eine Reise durch die Zeit gemacht, haben die wichtigsten Entwicklungsphasen unserer Erde und was wir heute darü-ber wissen oder zu verstehen glauben, kennen gelernt. Ich hoffe, dass bei euch allen eines mehr als alles andere hängen geblieben ist: Selbst im 21. Jahrhundert haben wir noch nicht alles entdeckt, was es zu entdecken gibt, wir haben bei wei-tem noch nicht verstanden, wie alle beobachteten Phänomene miteinander zusammenhängen, unsere Erde hält nach wie vor Überraschungen für uns bereit. Wer hätte vor zwanzig Jahren gedacht, dass ein Energiereservoir von der doppelten Größe der gesamten (Erdöl+Erdgas+Kohle)-Vorräte der Welt in Form von Methan-hydraten auf dem Meeresboden lagert? Wer hätte es vor sechzig Jahren für möglich gehalten, dass es Gesteinsschmelzen gibt, die nur aus Karbonat bestehen? Wer hätte noch vor fünfzehn Jahren gedacht, dass Wärme-Instabilitäten an der Grenze zwischen unterem Erdmantel und äußerem Erdkern nicht nur das Erdmagnetfeld steuern, sondern vermutlich auch für die längste Wärmephase der jüngeren Erdge-schichte verantwortlich sind und daher indirekt auch für die Entwicklung riesiger Reptilien, die wir heute als Dinosaurier bezeichnen? Vor zehn Jahren hätte noch niemand mit Sicherheit sagen können, ob am Aussterben dieser Monstren wirklich ein Meteoriteneinschlag beteiligt war, denn erst danach wurde der Einschlagkrater vor der Küste Mexikos entdeckt.

Diese Aufzählung ließe sich beliebig fortsetzen. Die Geowissenschaften sind ein nach wie vor spannendes, aber gerade in neuester Zeit auch zunehmend für die Menschheit unverzichtbares Wissenschaftsfeld. Es klang im ganzen Buch immer wieder an: Was ist denn die Beziehung zwischen dem, was auf der Oberfläche der Erde abläuft, und dem, was im Inneren der Erde geschieht? Müssen wir damit rechnen, dass in absehbarer Zeit wieder ein Superplume die Erde in ein Treibhaus verwandelt, das Meer um 250 Meter steigt und dadurch Holland und Norddeutschland überflutet werden? Oder sorgen wir durch die Verbrennung fossiler Energieträger gerade selbst dafür, dass sich das Klima verändert? Wie wird die Erde darauf reagieren? Wie, auf der anderen Seite, können wir unseren zunehmenden Verbrauch von Rohstoffen, und hier eben nicht nur von nachwachsenden Rohstoffen und fossilen Energieträgern, sondern auch von Metallen und Industriemineralen, auch in Zukunft sicherstellen? All diese Fragen sind nicht akademische Fragen, die die Neugier irgendwelcher – hoffentlich nicht allzu skurriler und schrulliger – Wissenschaftler hervorbringt, sondern es sind für den Wohlstand, die

Durch Klimaveränderungen können in der Zukunft Extremereignisse, wie z.B. Tornados, zunehmen

Bequemlichkeit und nicht zuletzt unter Umständen das Überleben der Menschheit entscheidende Fragen, auf die man derzeit überwiegend dadurch Antworten erhalten kann, indem man zurückblickt, in vergangene Epochen, vergangene Erdzeitalter, und zu verstehen versucht, welche Veränderungen damals stattgefunden haben, worauf sie beruhten und welche Konsequenzen sie hatten. Dieses Zurückblicken, Lernen und die Entwicklung von nach vorne schauenden Modellen, die beispielsweise Klimaveränderungen berechnen lassen, ist die Aufgabe von Geowissenschaftlern, die damit gleichsam ihr eigenes Motto, nach dem sie mehr als zweihundert Jahre lang arbeiteten, umkehrten: Früher hieß es: **The present is the key to the past** (**die Gegenwart ist der Schlüssel zur Vergangenheit**), denn am Beginn der geologischen Wissenschaft konnte man nur durch Beobachten heutzutage ablaufender Vorgänge auf Vergangenes zurückschließen. Mittlerweile ist es in vielen Feldern unserer Wissenschaft andersherum: **The past is the key to the future** (**Die Vergangenheit ist der Schlüssel zur Zukunft**) ist vermutlich ein geeignetes Motto moderner, geowissenschaftlicher Forschung. Deshalb ist es eben auch heute noch – oder gerade heutzutage – wichtig, sich mit Eiszeiten vor fünfhundert Millionen Jahren zu beschäftigen, mit Meteoriteneinschlägen vor 65 Millionen Jahren, mit Gebirgsbildungen vor vierzig Millionen Jahren und mit Instabilitäten des unteren Erdmantels vor 125 Millionen Jahren. Es geht darum, die Zusammenhänge zu verstehen, die unseren immer noch so lebendigen Planeten – der Mars, der Mond, die Venus sind schon lange erstarrt – antreiben und verändern.

Wenn ich ein Resümee ziehe aus all dem, was wir bisher über die Geschichte unserer Erde und die Entwicklung des Lebens auf ihr gelernt haben, so ist es dies: Die Erde hält anscheinend alles aus, was wir uns an katastrophalen Ereignissen auch nur in unseren düstersten Träumen ausmalen können, und hat sicher auch das meiste davon schon erlebt, sei es ein Zusammenprall mit einem so großen Körper, dass ein Teil der Erde abbricht (wie bei der Entstehung des Mondes), sei es die extreme Erwärmung wie in der Kreidezeit, sei es auch eine extreme Abkühlung, die vielleicht sogar die ganze Erde einmal mit Eis bedeckte, wie die bisher noch unbewiesene **snowball Earth-Theorie** besagt.

Auch das Leben hält dies alles aus, das Leben als solches. Wir wissen heute, dass bestimmte Mikroben Temperaturen über denen von kochendem Wasser aushalten und dass sie, vermutlich sogar über geologisch lange Zeiträume, Temperaturen nur knapp über dem absoluten Nullpunkt bei minus 273 Grad überleben können, tief gefroren, und sich nachher wieder vermehren können. Auch Leben in zehn Kilometer tiefen Gesteinsspalten ist heute nachgewiesen. Das Leben wird also der Mensch nicht als solches vernichten können, ob er nun ein Treibhausklima erzeugt (in dem sogar besonders eindrucksvolle Lebewesen zu gedeihen

Überschwemmungen kennen wir schon lange, doch auch sie gehören zu den Ereignissen die durch Klimaveränderungen häufiger werden

scheinen, wenn wir die Kreidezeit als Vorbild nehmen) oder einen atomaren Krieg herbeiführt, der heutzutage zwar nicht mehr im Vordergrund unserer Befürchtungen steht, aber dessen prinzipielle Möglichkeit natürlich auch nicht aus der Welt ist. Allerdings muss man klar unterscheiden: Das Leben als solches kann der Mensch wohl nicht vernichten, wohl aber die derzeit existierende Vielfalt an Lebensformen. Er ist sogar schon kräftig dabei, dies zu tun.

Was der Mensch nämlich durchaus beeinflussen kann, sind die großflächigen und langfristigen Lebensbedingungen auf der Oberfläche unseres Planeten. Wenn wir betrachten, welch unglaublichen Einfluss selbst Mikroben in der Entwicklung der Erdgeschichte hatten – denken wir nur an die sauerstoffproduzierende Blaualge oder an die Eroberung der Landmassen –, so müssen wir feststellen, dass auch einzelne Pionierarten einen Einfluss auf die Entwicklung der Gesamterde haben können. Im Moment scheint es allerdings so, als ob der Mensch das bisher erste Lebewesen ist, das solche Veränderungen in geologisch kurzen Zeiten, vielleicht sogar innerhalb der Lebenszeit von nur wenigen Generationen, zu bewirken vermag. Obwohl wir auch heute noch nicht in der Lage sind, eindeutig zu sagen: Die Verbrennung von Kohle, Erdgas und Erdöl ist für den ohne Zweifel derzeit beob-

Durch Starkregenfälle kann es vermehrt zu Bergrutschen kommen

achteten Temperaturanstieg, den Klimawandel, ursächlich verantwortlich, obwohl wir also nicht eine eindeutige Ursachen-Folgen-Beziehung herstellen können, so wissen wir doch, dass diese Möglichkeit besteht, und wir wissen, dass die Erde auf steigende Temperaturen mit einer Reihe von Veränderungen reagieren wird, die wir, als eine in vielen Teilen der Erde dicht gedrängt lebende, auf riesige Zahlen angewachsene Menschheit, nicht mehr so umgehen können wie zum Beispiel unsere Vorfahren vor einigen zehntausend Jahren, die vor einer herannahenden Eiszeit halt in andere, unvereiste Gebiete ausweichen konnten.

Die Erkenntnis, dass Klimaschwankungen genauso wie Meteoriten-Einschläge und Vulkanausbrüche zu den immer wiederkehrenden und nicht vorhersagbaren Prozessen und Ereignissen der Erdgeschichte gehören, ist eine Lehre aus den Geowissenschaften, die vielleicht nicht direkt hilfreich, aber psychologisch wichtig ist: erst verstehen, dann vorbereiten, dann handeln, und bei alldem nicht in Panik geraten. Für uns Wissenschaftler geht es folglich zur Zeit darum, die Erde immer zu verstehen, in der ganzen Vielfalt ihrer Prozesse, denn soviel ist inzwischen klar: Es gibt in der Geologie keine einfachen Ursache-Wirkungs-Beziehungen, sondern alles hängt mit vielen anderen, auf den ersten Blick nicht sichtbar verknüpften

Menschen haben gelernt, mit Überschwemmungen zu leben

Dingen zusammen. Insofern ist jeder Erkenntnisgewinn wichtig, auch wenn es vielleicht im ersten Augenblick bei manchen neuen Entdeckungen nicht so erscheinen
mag.

Für Politiker hingegen darf die Unvollständigkeit des wissenschaftlichen Ver-
ständnisses nicht der Grund sein, die Hände in den Schoß zu legen und mit Ver-
weis auf nicht gesicherte Voraussagen die gesicherten Erkenntnisse nicht zu beach-
ten oder zu verleugnen. Sie haben daher eine andere Aufgabe, nämlich vorbeugend
zu handeln, auf dem Boden dessen, was wir heute nach bestem Wissen und Gewissen schon verstehen, und ansonsten die Wissenschaft darin zu unterstützen, fortwährend mehr gesicherte Erkenntnisse und daraus abzuleitende Handlungsmaxi-
men zu produzieren. Diese Unterstützung ist nur zum Teil finanzieller Art, denn
das wichtigste Kapital der Wissenschaft sind junge Menschen: gut ausgebildete,
neugierige, zielbewusste junge Menschen, die mit Fantasie und Fleiß unseren Wis-
senshorizont erweitern. Macht dabei mit!

Dank

Ich danke meinen Eltern und insbesondere Britta Trautwein für ihr unermüdliches Engagement, mit dem sie den Fortschritt dieses Buches nicht nur interessiert verfolgt, sondern auch durch Diskussionen, Anmerkungen und Vorschläge vorangetrieben haben. Ihre Hilfe hat viele Fehler und sprachliche Unzulänglichkeiten ausgemerzt und das Buch dadurch in hohem Maße verbessert. Für seine Kommentare und Vorschläge zu einzelnen Teilen des Buches bin ich meinem Kollegen Wolfgang Frisch besonders zu Dank verpflichtet – es ist schön, dass jemand mit so fundiertem Wissen in allen Bereichen der Geologie immer so selbstverständlich, konstruktiv und freundlich auf »Hilferufe« reagiert.

Für die kostenlose Überlassung von Bildvorlagen danke ich insbesondere Jörg Keller, daneben aber auch Peter Herzig, Erik Sturkell, der Familie Thorarinsson, Rune Selbekk, Martin Staiger, Michael Marks und der Firma Siltronic AG, München (Michael Gölz).